高 等 学 校 教 材

生 物 工 程 导 论

岑沛霖　主编

化 学 工 业 出 版 社
教 材 出 版 中 心
·北　京·

图书在版编目（CIP）数据

生物工程导论/岑沛霖主编. —北京：化学工业出版
社，2003.11（2023.8重印）

高等学校教材

ISBN 978-7-5025-4903-9

Ⅰ. 生…　Ⅱ. 岑…　Ⅲ. 生物工程-高等学校-教材
Ⅳ. Q81

中国版本图书馆 CIP 数据核字（2003）第 096019 号

责任编辑：何　丽　杜进祥　徐雅妮　　　　　文字编辑：周　偶
责任校对：李　林　　　　　　　　　　　　　装帧设计：关　飞

出版发行：化学工业出版社　教材出版中心（北京市东城区青年湖南街 13 号　邮政编码 100011）
印　　装：涿州市殷润文化传播有限公司
787mm×1092mm　1/16　印张 14¾　字数 356 千字　　2023 年 8 月北京第 1 版第 14 次印刷

购书咨询：010-64518888　　　　　　售后服务：010-64518899
网　　址：http://www.cip.com.cn
凡购买本书，如有缺损质量问题，本社销售中心负责调换。

定　　价：38.00 元

前　言

　　由于生物技术和生物工程的飞速发展，生物工程与人们的日常生活、经济和社会的发展关系越来越密切，生物工程与其他学科的交叉越来越普遍，生物工程几乎已经渗透到所有的学科，包括：工程科学，生物、物理、化学、数学等基础科学，管理科学，经济学，人文科学等。在其他学科的学习与研究中都不可避免地会遇到与生物工程相关的问题，在中学阶段所学习的生物知识已经远不能适应新的形势。因此，非常有必要为每一位大学本科生开设一门介绍生物工程历史、现状及展望的生物工程导论课，使每一位大学生都能了解、掌握生物工程的基本理论和方法，认识生物工程在未来世界中的重要地位。

　　《生物工程导论》是一本适合于综合性大学非生物类专业一、二年级学生学习生物工程的发展历史、基本原理和应用领域的教科书，也适合于相关专业的人士和管理人员了解、掌握现代生物工程。在内容的编排上，第1章绪论（岑沛霖编写），对生物工程的学科基础、研究和服务领域进行了简要介绍。第2章基因工程（徐志南编写），对基因工程的发展历史、理论基础、工具酶、载体、获得目的基因的方法和途径、载体质粒的构建及转化方法、目的基因的高效表达及基因工程的应用和发展前景等进行了论述。第3章细胞工程（孟琴编写），重点介绍了动植物细胞株的建立方法和大规模培养技术、转基因动植物、干细胞技术和组织工程等内容。第4章酶工程（梅乐和编写），在论述了酶的分类和命名、酶的化学本质及酶催化反应机理的基础上，主要讨论了酶的来源和生产、酶的固定化和固定化酶反应器及酶在食品、化工、医药、检测及科学研究中的重要用途，并对酶工程的最新研究进展进行了评述。第5章微生物工程（林建平编写），论述了微生物工程的发展历史，介绍了常见的工业微生物、微生物的育种技术，重点讨论了微生物的营养和生长、发酵工业的生产流程、生物反应器和反应动力学、微生物发酵获得的主要产品工程及微生物工程在资源和能源领域的应用等。第6章环境生物工程（陈欢林编写），在对环境污染现状进行评述的基础上，讨论了环境微生物及其在自然界物质循环中的作用、影响污染物生物降解的主要因素、典型有机污染物的生物降解机理及污染物在生态系统中的生物自净原理，对好氧、厌氧污水生物处理过程及生物脱氮脱磷过程等进行了较系统的介绍，对废气生物净化、生物脱硫及污染环境的生物修复等近年来受到普遍关注的问题进行了讨论。我们希望，通过对本书的学习，将使读者对生物工程有一个全面和正确的了解，并能促进生物工程与其他学科的交叉发展。

　　本书的编者都长期从事有关领域的教学和科研工作，具有较高的学术造诣，但由于本书的编写是在大家都很忙的时候并在较短的时间内完成的，难免存在差错和不足，希望读者批评指正。

编　者

2003 年 9 月于浙江大学

目 录

第 1 章　绪　论

众所周知，生命科学是当前最重要和发展最快的学科之一。世界各国的许多专家学者、企业决策者和政府官员都已经充分地认识到，21 世纪将是生命科学迅速发展的世纪，生物技术产业将成为 21 世纪的支柱产业之一。要实现这一目标，生物工程将起到至关重要的作用。生物工程是生命科学和工程科学的交叉科学。生物工程学科的任务是促进和实现生命科学的实验室研究成果向应用领域的转化。生物工程的学科基础、所包涵的研究领域及生物工程的服务对象可以用图 1-1 形象地表示。

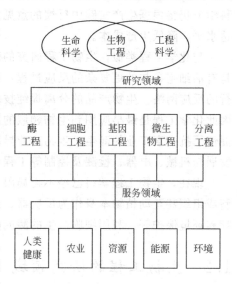

图 1-1　生物工程的学科基础、所包涵的研究领域及生物工程的服务对象

1.1　生物工程的学科基础

生物工程所覆盖的学科领域非常广泛，它是以生物科学和生物技术为基础，结合化学工程、机械工程、控制工程、环境工程等工程科学，研究和发展利用生物体系或其中的一部分生产有益于社会的产品或达到一定社会目标的过程工程科学。生物科学家的优势在于他们对生命现象善于观察并提出合理的假设，并针对复杂的生物系统科学地设计新的实验方法、发展新的研究工具，通过对实验结果的科学分析，最终证实所提出的假设并发现新的规律；但是生物科学家不善于利用数学工具、不熟悉过程开发，因而往往无法将他们在实验室中的发现转化为工业规模的产品生产过程。工程科学家则掌握了较多的数学工具，他们善于对复杂的生物系统进行分析，找出其中的关键，将复杂的问题进行合理的简化，并设计出高效的工业过程，实现生物技术的产业化。因此，生物科学家和工程科学家的知识是互补的。作为生物工程科学家，既需要全面掌握工程科学知识，又必须具备良好的生物科学素养，才能担当起生命科学的基础研究和工业化过程间的桥梁作用。

生物工程的研究对象包括活的生物体或它们的一部分。在活的生物体（组织或细胞）中，为满足细胞生长和代谢的需要，同时进行着成千上万个由酶催化的化学反应，这些反应构成了一个极其复杂的反应网络，而且受到良好的调节和控制，使组织或细胞中代谢中间产物及终产物都维持在适当的生理浓度，以满足细胞生长和适应外界环境变化的需要。生物科学通过深入研究细胞中的代谢途径、鉴别代谢产物，往往能够发现具有重要应用前景的化合物，如医药、诊断试剂、精细化学品及生物催化剂（酶）等，然后通过打破细胞中已有的调节和控制机制的方法，使细胞具有过量积累目标产物的能力。

生物工程的任务就是为细胞的生长和目标产物的积累创造最好的条件，研究开发最适合的工艺路线和设备，实现工业化生产以满足社会需要。但是两者并不是截然分开，而是有机地结合在一起。在一种生物技术产品研究和开发的开始阶段，生物工程科学家就应该参加到生物科学家的研究工作中，充分参与意见和研究方案设计；同样，即使在生物技术产品已经开发成功，投入了工业化生产后，为了不断地提高生产效率，生物科学家仍将在细胞改造及高产细胞株选育等方面发挥重要作用。例如，在基因工程产物的研究开发中，早在质粒设计时就会邀请工程科学家的参与，共同设计目标产物的诱导表达方法、产物的积累方式（细胞内、周质体或释放到胞外）及宿主细胞选择等，这些因素将直接影响大规模生产时培养基设计、生物反应器选择、细胞培养策略、产物分离提纯及生产成本等；在工业化生产后，生物科学家仍将根据生产实践中反馈的意见，不断地对质粒、宿主细胞等进行改进，不断提高表达水平、降低生产成本。

与化学工程类似，生物工程研究的对象也包含化学反应的过程，只不过生物工程研究的是有活细胞参与的更复杂的反应过程，面对的是由生物催化剂催化的成千上万个反应同时进行的反应网络。生物产品的分离提纯技术也与化学工程已经建立起的方法有许多共同之处。因此化学工程是最早应用到生物领域的工程学科，在 20 世纪 40 年代，两个学科的紧密结合促使了抗生素工业的诞生，生物产业异军突起，也导致了生物化工学科的创建。生物工程的发展与机械、电器、检测及控制等工程学科也有着密切的关系。

现在，生物工程学科已经不再局限于细胞培养及其代谢产物的生产，已经推广到利用细胞或组织甚至动植物本身作为反应器、最终产物或达到一定的社会目标，如直接用于疾病治疗和环境保护等。利用细胞产生的酶或酶系实现生物转化也已经获得了广泛应用。

1.2 生物工程的研究领域

生物工程的研究领域包括：基因工程、细胞工程、酶工程、微生物工程（发酵工程）及生物分离工程。由于篇幅的限制，生物分离工程将不在本书中设章详细介绍。

1.2.1 基因工程

自从生物科学家发现并证明了 DNA 是遗传的物质基础后，人们就被重组 DNA 的巨大潜力和美好未来所吸引，倾注了无穷的热情，而且从一开始，就将目光投向了基因重组技术在生产中的应用，诞生了基因工程。在 1967 年完全确定 DNA 分子中 64 个三联密码子后不久，第一个基因工程产品——人胰岛素就面世了。

基因的功能是编码蛋白质，因此，基因重组技术从一面世就将主要精力集中在蛋白质产物的生产。将目标蛋白质的基因克隆，在体外重组到载体中，再转化入宿主细胞，宿主细胞就具备了表达目标蛋白质的能力。经过几十年来无数科学家的努力，基因工程已经发展成一种比较成熟的技术，已经有愈来愈多的人掌握了基因操作方法。基因重组的宿主细胞已经从开始时的大肠杆菌推广到枯草杆菌、酵母、霉菌、植物细胞、昆虫细胞及哺乳动物细胞；外源基因不但能够克隆到质粒中，而且能整合到细胞的染色体上；产物的表达部位也从开始时的包涵体，发展到了细胞的周质体和释放到胞外，所表达的蛋白质还能进行翻译后的修饰和加工。这些进步大大丰富了基因工程的产品、提高了表达水平、降低了生产成本，在工业上已经取得了巨大的成功。

除了直接获得蛋白质产品外，基因工程又在代谢工程和蛋白质工程中找到了用武之地。利用基因重组技术强化细胞中某一代谢途径或赋予细胞新的代谢能力是代谢工程的主要研究内容，已经广泛用于传统发酵工业中的菌种改造及环境工程。通过定位突变的方法使所表达的蛋白质产物的结构和功能发生变化，根据需要设计新的蛋白质氨基酸序列，已经发展成为一门新的交叉学科——蛋白质工程。

此外，利用转基因动物和转基因植物作为生物反应器生产目标蛋白质已经获得初步成功，具有抗病虫害及抗病毒功能的转基因植物已经大规模种植，基因诊断和基因治疗正在进行临床试验，基因芯片已经开始使用，克隆羊、牛、鼠、猴等相继问世等，都为我们展示了基因工程的美好未来。更有甚者，有人还正在进行克隆人类自身的研究。

基因工程已经成了现代生物技术的核心，使人类掌握了改造生物、保护环境、战胜疾病、改善生活质量的强有力的武器，将在 21 世纪中大放异彩。但另一方面，基因工程也带来了人们对其可能产生的生态和伦理问题的争论和忧虑。

1.2.2 细胞工程

细胞是构成包括人类、动物、植物和微生物在内的几乎所有生物的基本单元，细胞的重要生理功能已经得到充分的认识。细胞最显著的特点是：吸收环境中的营养物质，通过细胞内无数个由酶催化而得到良好组织和调节的化学反应，在复制细胞本身的同时，向环境释放代谢产物。各类细胞在自然界的元素循环及生态系统平衡中发挥着独特的作用，为人类提供了丰富的生活必需品和良好的生存环境。

科学家们发现，许多细胞本身或它们的代谢中间产物或最终产物对人类健康、工农业生产、资源利用及环境等都具有十分重要的用途。因此，通过培养细胞获得所需产品及达到一定的社会目标就成了生物工程的重要研究内容。

人类利用动物、植物和微生物的历史几乎与人类本身的历史同样古老，但是这种利用都是初步的、不自觉的，主要是满足日常生活需要。只有到了 20 世纪的后半叶，人们才开始自觉地利用细胞、改造细胞、大规模地培养细胞。

在适当的条件下，微生物细胞、植物细胞和昆虫细胞等都具有无限复制自身的能力，因此可以通过大规模培养增殖细胞，获得大量的细胞及它们的代谢产物。许多哺乳动物细胞传代若干代后就会自动死亡，这样就为哺乳动物细胞的培养带来了很大的困难。近年来的研究表明，哺乳动物的干细胞（即未分化的细胞）也具有全能性和无限增殖的能力。

通过生物科学家与工程科学家的长期研究和通力合作，人们已经掌握了采用筛选、诱变、杂交、原生质体融合及基因重组等手段改造细胞，使之更符合人类的要求。许多具有重要经济价值和社会意义的产物已经通过细胞培养获得，例如，从微生物细胞培养中，得到了抗生素、氨基酸、有机酸、溶剂、酶制剂及 SCP（单细胞蛋白）等；从植物细胞培养得到了紫杉醇、紫草宁等；从动物细胞培养得到了 EPO（促红细胞生成素）、生长因子及单克隆抗体等。

生物多样性决定了细胞的多样性。我们现在所研究、利用的细胞还只是生物圈中很小的一部分，巨大的细胞资源为细胞工程的发展提供了坚实的物质基础，快速筛选技术、基因组学及基因重组技术、蛋白质进化技术等为细胞工程的发展提供了有力的工具，发酵工程和生物分离技术的进步则是提高细胞培养工程和目标产物回收过程效率的可靠保障。

1.2.3 酶工程

我们知道，几乎所有的酶都是蛋白质，酶又具有催化剂的功能，即能够降低化学反应的活化能、加快反应速率，在反应中不消耗，反应结束时恢复到原来的状态。酶工程是研究酶的分离、提纯及利用酶作为生物催化剂，实现化学转化，合成各种产物或达到人类所需社会目标的工程科学。

酶的来源包括动物、植物及微生物，来源不同的酶有不同的用途。动物来源的酶一般用于医药或诊断试剂；植物和部分微生物来源的酶可以用于食品工业；而工业用酶一般都来源于微生物。不是所有的酶都必须很纯才能应用，根据酶的应用对象可以采用不同纯度的酶。科学研究、医药及诊断试剂用酶必须有很高的纯度；用于食品工业的酶需要考虑其安全性；工业生产及环境保护用酶则必须有较高的活性和选择性，对纯度的要求就不是那么严格，有时甚至能用整细胞来代替提纯的酶。除了单一酶催化的反应外，多酶催化的反应系统也正日益引起人们的重视。

酶催化反应的特点是有很高的效率和专一性，酶催化反应的专一性包括底物专一性、基团专一性及立体专一性等。科学家的任务就是充分利用酶作为催化剂的特性和优点，尽可能避免它们的缺点，最大限度地提高酶催化反应的效率，拓展它们的应用领域。例如，将原本在水相中进行的酶催化反应转移到有机相中进行以改进反应选择性和提高转化率，通过酶的固定化提高酶的稳定性和实现酶的重复或连续使用，利用酶催化反应的立体专一性合成手性化合物等。

酶工程已经广泛地用于科学研究、医药、疾病诊断、分析检测、日常生活、工农业生产及环境保护。酶催化反应的规模可以大到上千万吨，如淀粉水解及高果玉米糖浆（HFCS）生产；小到几个分子的检测，如蛋白质芯片。

近年来，核酶、人工合成的仿生酶等也引起了人们的兴趣。随着人类基因组计划的完成及许多重要动物、植物和微生物基因组的测定，将有愈来愈多的酶被鉴别，酶的许多特殊功能将被发现，蛋白质工程则为酶的性质改造和赋予新的功能提供了有力的工具。酶工程将在21世纪中继续发挥重要作用。

1.2.4　发酵工程

"发酵"源自希腊语，原来是指酿酒时产生气泡的现象。现在，发酵工程已经泛指所有细胞（动物、植物、微生物及基因工程细胞）的大规模培养并获得目标产物的过程。

每种细胞都有其特殊的营养要求和生长-增殖-死亡规律，细胞代谢所产生的目标产物种类繁多、性质各异，有些积累在细胞内、有些分泌到细胞外，有些产物的合成与细胞生长同步、另一些则并不同步。发酵工程的任务就是尽可能地满足和优化细胞的生长条件，以最低的原料和动力消耗生产出尽可能多的目标产物。

严格地说，发酵工程是以细胞为催化剂的化学反应工程。与普通化学反应过程不同的是：在化学反应器中，往往只进行一种主反应和若干种副反应，催化剂一般是无机物，在反应过程中，催化剂只会逐渐丧失催化活性；而在发酵罐中，无数个反应在细胞内外同时进行，与产物合成有关的反应只占其中很小的一部分，作为催化剂的细胞数量在培养过程中将发生很大的变化，有时甚至呈指数增加。

发酵工程是典型的多相、多尺度问题。细胞本身是固相，有时细胞利用的营养物质也以固相的形式存在；所有细胞都必须在有水的环境中才能生存，绝大部分工业发酵过程都采用液体深层发酵的方法，有些细胞的营养物质是难溶于水的有机溶剂，还可能形成双液相；动物、植物及大多数微生物细胞都必须生活在有氧的环境中，发酵过程必须通入空气以满足细胞生长对氧的需求，即使是厌氧生长的微生物，它们在代谢过程中也会释放出二氧化碳、氢气及甲烷等气相产物。细胞内外的生物化学反应属于微观尺度，它们的反应速率属于本征动力学的研究范畴；细胞本身的生长-增殖-死亡规律则属于介观动力学的范畴，而且即使在纯种培养时也存在着细胞个体的差异；生物反应器（发酵罐）属于宏观尺度，反应器中的剪应力、传质、传热及混合都会影响细胞的生长及生物化学反应。对这种复杂的多相、多尺度的发酵工程问题，虽然已经进行了大量的研究工作，并在工业实践中得到了应用，但是仍处于半理论、半经验的水平上，要从理论上预测发酵工程还需要继续努力。

发酵过程一般都采用纯种培养，防止其他细胞或噬菌体的污染就成了发酵成功的关键，因此，在发酵开始前，需要对设备、管道等进行充分灭菌，发酵过程中也需要对空气及补充的原料灭菌，以保持纯种培养的顺利进行，但是要保持长时间内无外来细胞污染仍是一个很困难的任务；细胞又具有易变异的特点，在每次细胞分裂时都可能产生遗传突变，而发酵过程所用的细胞往往是通过遗传改造的，很容易产生回复突变，降低甚至丧失其高水平合成目标产物的能力。正是由于上述原因，使发酵过程的主要操作方式是间歇发酵或流加发酵，很少采用连续操作方式。

任何需要通过细胞培养获得的生物技术产品都离不开发酵工程的支持，发酵工程的技术进步将促进生物技术和生物工程的发展。目前建立在半理论、半经验基础上的发酵工程还需要不断地发展和提高。

1.2.5 生物分离工程

任何产品在投放到市场前都必须达到一定的纯度和其他质量标准，生物技术产品也不例外，因此必须采用适当的产物分离提纯工艺。与其他分离过程类似，生物技术产品的分离方法也是根据被分离对象及主要杂质的物理化学性质设计分离提纯流程，但是生物技术产品的分离也具有其特殊性，主要表现如下。

① 目标产物的浓度低。在化工分离过程中，分离对象的浓度一般高达百分之几到几十，而在生物分离中，很少有这种幸运，许多目标产物的浓度只有千分之几、万分之几，甚至更低。许多研究结果表明，随着产物浓度的降低，分离提纯的费用将呈指数上升，这是造成生物技术产品价格居高不下的主要原因之一。

② 目标产物与杂质的物理和化学性质十分接近，而且成分非常复杂。以蛋白质的分离为例，目标蛋白质与杂质蛋白质都是由同样的 20 种氨基酸组成的，有时连分子量也十分接近，要将这样的体系分离提纯，需要采用特殊的分离手段和复杂的分离工艺。

③ 目标产物往往具有生物活性。蛋白质必须维持其特殊的空间构象才具有生物活性，许多复杂的次级代谢产物很容易被降解而失去其功能。因此，几乎所有的生物分离过程都应该在常温（甚至低温）、常压、中等 pH 值及适当的离子强度下进行，只有这样，才能使产物在分离提纯过程中保持其生物活性。

④ 在许多应用领域，生物技术产品有很高的纯度和安全性要求。很多生物技术产品的应用领域是医药和食品工业，与人类健康有着密切关系。例如，对于静脉注射用药，不但应有很高的纯度，还应该去除热源，以免引起不良的免疫反应；用于食品工业的生物技术产品纯度要求虽然低于医药，但是同样需要符合很高的安全性标准。

正是由于上述原因，生物技术产品的分离提纯在产品的成本构成中占有很大的比例，分离提纯的投资和操作费用往往占到成本的 50% 以上甚至高达 80%。

许多生物分离方法都是属于非常规或对其他分离过程而言不经济的方法。例如，根据密度的微小差异采用的梯度离心技术、根据分子量不同的超滤技术、根据静电性质不同的电泳分离技术及各种色谱（吸附色谱、离子交换色谱、凝胶色谱、亲和色谱等）分离技术等。

为了提高生物分离提纯的效率、降低成本，必须研究和开发具有高度选择性的新颖分离技术，同时尽可能地将几种分离技术或生物反应与生物分离技术集成在一个工艺过程中进行，这样就可以简化分离工艺、提高产物的得率。近年来出现的各种亲和分离技术、膜生物反应和分离耦合、色谱分离技术的集成及膨胀床分离技术等就是这种趋势的典型代表。

1.3 生物工程的服务领域

许多科学家、企业家和政府官员都预测现代生物技术将与信息技术及新材料一起成为21世纪的支柱产业，为生物技术产业化服务的生物工程也将做出重要贡献。生物工程的服务领域将覆盖当前人类所面临的几乎所有的重大问题，如人类健康、农业、资源、能源及环境。

1.3.1 人类健康

健康和长寿始终是人类最关心的问题。除了锻炼身体、保持良好的生活习惯外，保证各种营养的平衡供应、预防疾病发生、患病后的正确诊断和用针对性的药物治疗等对人类的健康同样起着至关重要的作用。可以从满足人类的营养需求、疾病的预防、诊断和治疗四个方面分析讨论生物工程对人类健康的影响。

为了保持人类健康的体魄，必须摄入各种营养物质，但是天然食物中的营养往往是不均衡的。例如，由于人类本身不能合成8种氨基酸，如赖氨酸、苯丙氨酸等，必须依赖于从食物中摄取，而不同的食物中氨基酸的种类与含量是不同的，为了保证这些氨基酸的供应，就必须提供额外的氨基酸，市场上出售的复合氨基酸产品中，除了个别氨基酸是化学合成或直接提取的外，其他氨基酸都是采用微生物发酵或生物催化转化获得的。有些氨基酸还是重要的调味品，如谷氨酸钠和谷氨酰胺。人体所需要的大部分维生素，如维生素B、维生素C等，也不能在人体中合成，必须依赖于食物和药物补充。大多数维生素也是通过微生物转化获得的。许多与食品工业有关的调味剂、营养强化剂、防腐剂、色素等都是发酵工业的产品。

预防疾病的发生一直是人类的理想。许多传染病曾经在人类历史上肆虐，鼠疫、炭疽病、天花等曾经夺走了无数人的生命，如今，疫苗的大规模生产和预防接种已经将这些瘟疫彻底消灭。预防肺结核、肝炎等疾病的疫苗也正在发挥着巨大的作用。一些预防艾滋病、癌症的疫苗正在加速研制。即使对近年来新出现的传染病，如尼罗河病毒、埃博拉病毒、SARS病毒等，疫苗的研制也正在取得重要的进展。人们通过大量的研究已经发现，即使对于一些常见病、多发病，也是可以预防的，如老年痴呆症、心血管疾病等，并正在研究开发新的生物工程药物。

虽然人类为预防疾病采取了各种预防措施，但还是不能完全避免疾病的发生，从某种意义上说，人类发展史就是与疾病作斗争的历史，疾病的治疗取决于对疾病的正确诊断和药物的正确使用。

"庸医杀人"往往是由于庸医对病人疾病的诊断错误。我国传统的中医总结了一套"望闻问切"的完整理论用于疾病的诊断，而西医则倾向于利用各种仪器和分析数据对人体的疾病做出客观的评价，对大部分疾病而言，分析数据起着至关重要的作用。人的体液（血液、尿液、汗液等）中特定成分的变化是最灵敏的疾病指示剂。过去，常用化学或物理的分析方法进行化验，不但需要很长的时间，而且其准确性也无法得到保障，对于一些含量极微的组分，根本无法进行分析。随着生物技术和生物工程的进展，许多疾病的形成机制已经比较清楚，随着各种酶制剂及单克隆抗体生产技术的飞速发展，酶电极、免疫分析、PCR 扩增、基因芯片和蛋白质芯片等新技术已经广泛用于疾病诊断，大大缩短了分析时间、提高了正确性，使疾病诊断水平达到了新的高度，即使是早期癌症患者或处于潜伏期的病人，也能得到正确的诊断，为及时和正确的治疗提供了可靠的依据。

人类对药物的使用经历了从利用天然动植物药物、化学合成药物到生物工程药物的发展进程，但是这三者是不可分割的，即使在科学技术高度发达的今天，这三类药物仍然在共同为人类健康做出贡献。细菌感染是人类最容易感染的疾病，人们发现，许多植物都具有杀菌的功能。随后，人们发现，磺胺类化合物是四氢叶酸的类似物，它们与四氢叶酸合成酶结合后，阻断了四氢叶酸的合成，从而导致了微生物的死亡。1928 年，英国科学家 Flaming 发现由青霉菌释放的青霉素对细菌有很强的杀死作用，从而宣告了抗生素时代的诞生，青霉素的发酵水平已从刚开始时的 $0.01\ g\cdot L^{-1}$ 提高到了目前高于 $50\ g\cdot L^{-1}$，价格也从原来的比黄金还贵，降低到了每针不足一元钱，为人类健康做出了巨大的贡献，倾注了生物学家和生物工程师无数的心血。1982 年，用于治疗糖尿病的第一个基因工程药物人胰岛素的批准上市则成了现代生物工程药物的里程碑。科学家们发现，许多采用基因工程技术生产的蛋白质和多肽，如人防御素等，也具有杀菌能力，而且不会使细菌产生耐药性。

在 21 世纪中，人们期望着攻克那些严重威胁人类健康的疾病，如癌症、艾滋病、老年痴呆症等；期待着对遗传缺陷疾病治疗的突破，进行基因诊断和基因治疗；希望能够预防流行性感冒、心血管疾病、肥胖症等常见病和多发病等。可以肯定地说，许多新的药物将来自于细胞（动植物细胞、微生物细胞及基因工程细胞）的大规模培养。同时，人们又提出了个性化药物的设想，能够针对每位病人的不同情况设计制造药物。这些新的要求都将通过生物工程科学的发展得到实现。

1.3.2 农业

农业是基础，农业是最大的生物产业，农业的发展离不开生物工程的进步，并形成了农业生物工程学科。

农业的发展离不开肥料和农药。长期、大规模使用化学肥料和化学农药在提高农产品产量的同时也留下了许多后遗症，如土壤退化、环境污染及农药残留等。在 20 世纪，就有许多人注意到了这些问题，并开始采用生物工程的方法解决这些问题。许多生物农药（如苏云金杆菌及井冈霉素等）、生物除草剂、生物肥料和作物生长调节剂等已经投入了大规模工业化生产，为农业的发展做出了很大贡献。与类似功能的化学制剂相比，生物制剂具有药效高、残毒低、环境友好等优点，具有显著的竞争优势，将成为今后的发展方向。

在农产品储存及加工中，生物工程产品也发挥着日益巨大的作用，促进了农产品的增值和农民收入提高。例如，在果汁加工中，纤维素酶及果胶酶的使用大大提高了果汁的产量和质量；在淀粉加工工业中，广泛使用了淀粉酶、糖化酶、葡萄糖异构酶等酶制剂生产麦芽糖、葡萄糖、高果糖浆等具有高附加价值的产品等。生物工程产品在食品储藏、保鲜及加工的所有领域都发挥着不可忽视的作用。

在畜牧业及渔业生产中，生物工程产品在促进饲料转化和动物生长、防病治病等方面同样起着很重要的作用。例如，植酸酶可以强化饲料中植酸水解、提高磷利用率、降低废水中磷含量；盐霉素、阿福霉素等抗生素已经广泛用于家畜疾病防治。

随着人们对绿色食品的呼声越来越高，许多化学合成的农用化学品将逐渐退出历史舞台，取而代之的将是大批环境友好的生物制剂；转基因植物不但可以将固氮基因、抗虫基因、抗病毒基因等转入农作物中，大幅度降低化肥和农药施用量，而且可能成为生产药物的生物反应器。转基因动物、克隆动物等的成功实现将为动物反应器生产基因工程药物和良种繁殖开辟新途径。生物工程在农业领域将大有可为。

1.3.3 资源和能源

　　资源和能源是一个国家是否能够可持续发展的物质基础。像中国这样的大国，为了国家安全，显然不能将资源和能源完全依赖于进口。一次性的矿物资源和能源是不可再生的，随着经济发展和人们生活水平的提高，一次性资源和能源的消耗速度越来越快。以金属矿产资源为例，金属含量高的富矿已经越来越少，使人们不得不面对贫矿的利用问题；又如原油开采，必须考虑尽可能多地将埋藏在地底的原油开采出来。与此同时，还应该考虑利用可再生的资源代替不可再生的资源和能源。

　　中国一直号称地大物博，其实按人均计算，各种矿物的人均占有量就不那么乐观了。近年来，中国经济的高速发展，使矿产资源的消耗速度越来越快，一些矿产，如原油、铜矿石、铁矿石等，已经需要依赖进口。表1-1列出了中国45种主要矿产满足2010年时需求的保证程度，可以看到，一些重要矿产品的保证程度是很低的，需要大量进口才能满足需要，这样，将对中国的安全和外汇平衡产生沉重的压力。

表 1-1　中国 45 种主要矿产满足 2010 年需求的保证程度

矿产品类别	矿物种数	主　要　矿　物
短缺矿产品	5	铬,钴,铂,钾盐,金刚石
不能保证矿产品	10	原油,铁,锰,铜,铝,镍,金,银,硫,硼
基本保证矿产品	7	天然气,铀,耐火材料,磷,石棉,铅锌
可保证矿产品	23	菱镁矿,钼,稀土,芒硝,钠盐,煤,钛,水泥原料,玻璃原料,石材,萤石,钨锡锌,锶,重金石,滑石,高岭土,石墨,膨润土,石膏

　　中国矿产资源的另一特点是低品位贫矿及复杂难处理矿多。例如，中国的铜矿平均品位只有 0.87%，大大低于智利、赞比亚等主要产铜国的铜矿品位；占黄金储量 22% 的金矿伴生矿是高砷难处理矿等。采用常规冶炼技术利用这些矿产的成本高，缺乏市场竞争力。

　　现代生物冶金技术通过利用以矿物为能源物质的微生物氧化分解矿物，使金属元素成为金属离子进入溶液，进一步分离提取就可以获得所需的金属。这种方法具有生产流程短、成本低、环境友好、低污染等优点，已经成为世界上非铁金属矿物加工的前沿技术。美国 30%、世界 25% 的铜产量都已经采用了浸出（细菌)-萃取-电积工艺生产。中国在生物冶金方面的研究也取得了重要进展，江西得兴铜矿已成功地建成了生物冶铜装置，山东莱州也建成了生物氧化预处理提黄金的生产线。生物冶金的另一可能途径是利用微生物富集金属离子，某些微生物具有选择性地积累或吸附金属离子的能力，利用这种性质，将来甚至可能从海水中获得我们所需要的金属。

　　生物技术在原油开采中的应用是多方面的。一些微生物发酵产物，如黄原胶及生物表面活性剂等已经广泛用于钻井、提高原油采取率等；另一方面，微生物已经直接用于原油开采，向油井中直接注入合适的微生物可以起到降低原油黏度、提高开采率的良好效果。今后，利用微生物转化丰富的煤炭资源生产液体燃料或氢气也将不是梦想。

　　光合作用是"上帝"施予人类社会的特殊礼物，它不但为人类提供了丰富的食物，而且是碳和氧元素循环的载体，为人类提供了氧气，与此同时，还产生了大量的木质纤维素。木质纤维素是世界上产量最大的可再生生物质资源，包括农作物秸秆及木材加工工业废料等。

中国目前粮食产量维持在每年 5 亿吨左右的水平上，以木质纤维素为主的秸秆产量约为粮食的 1～1.5 倍，加上其他农作物秸秆和木材加工工业废料及生活垃圾，可利用的木质纤维素产量约为每年 15～20 亿吨，其中所含有的能量与中国每年的总能源消耗量相当，而且每年都能得到再生，是取之不尽、用之不竭的资源。如果能将其中的一部分加以利用，将它们转化成能源及化工原料，将产生巨大的经济和社会效益。

众所周知，纤维素资源的最佳利用途径是利用纤维素酶将纤维素水解为葡萄糖，再利用微生物发酵将葡萄糖转化为各种大宗化工产品和精细化学品，其中最受人们关注的是燃料酒精和乳酸。在汽油中添加酒精不但可以降低汽油消耗、降低二氧化碳和氮氧化物的排放量，而且能够提高汽油的辛烷值，改善汽油的燃烧性能。以乳酸为原料生产的聚乳酸是一种新型高分子材料，具有与聚酯树脂类似的优良性能，而且可以生物降解，已经在生物医学材料及包装材料中开始应用，因此有人预计，乳酸将成为新世纪的大宗化学品之一。从木质纤维素资源经微生物生物转化生产新一代清洁能源——氢气也已经成为科学家关注的重点，中国在这一领域取得了处于世界上领先的科研成果，已经能够利用有机废水生产氢气，该项成果曾被评为 2000 年中国十大科技成果之一。利用植物油经生物转化生产生物柴油也已经受到人们的重视。

1.3.4 环境保护

利用生物技术保护环境具有效率高、处理成本低、不存在二次污染等优点。在自然界中，生物一直在默默地从事着保护环境的工作，参与自然界的元素循环并保持着生态平衡。现代生物工程只是强化了这一过程。例如，在传统的活性污泥法处理污水时，由于生物量巨大及优势生物的参与，以及为它们创造的良好生存条件，大大提高了污染物的降解速率，在短时间内就可以将高浓度污水降解后达到排放标准。在能耗最低的条件下为活性污泥中的微生物创造最佳的代谢污染物的环境就是生物工程做出的贡献。

除了用于污水处理，环境生物工程已经推广应用到了废气和固态废弃物的处理，同样取得了显著的效果。例如，卷烟厂及养猪场附近的刺鼻异味迫使行人掩鼻而逃，现在，通过生物处理尾气后，已经可以基本上去除异味；又如，固体废弃物经微生物处理后，不但可以大大减少废弃物的量，而且可以转化为能量和有机肥料。

值得引起重视的是利用生物技术对已受污染环境的生物修复。在工业化发展进程初期，由于不重视环境保护，使土地、地面和地下水的环境遭受了严重的损坏；即使人们已经认识到了环境保护的重要性，仍不可避免地发生严重的事故，如满载原油的油轮事故所引起的局部环境破坏。如何快速修复这些受污染的环境一直是人们的美好愿望，生物修复就是其中最有效、最安全的方法。

与生物技术用于医药等领域不同的是，在生物环境工程中，不是某一种纯微生物单独起作用，而是在许多微生物、原生动物、甚至还有水生植物的共同作用下完成的。一种生物的代谢产物将成为另一种生物的营养物质，甚至生物本身也能作为其他生物的美食。正是通过这种食物链的作用，使污染物能完全降解为最简单的分子，如二氧化碳、水及氮气等。因此，研究生物间的相互作用，采用合适的生物和工程手段尽可能地强化它们间有利于污染物降解的积极因素、消除消极因素将是一个很有意义的研究领域。

第 2 章 基 因 工 程

2.1 概述

2.1.1 基因工程的诞生

基因工程诞生于 1973 年, 它是数十年来无数科学家辛勤劳动的成果和智慧的结晶。从 20 世纪 40 年代起, 科学家们从理论和技术两方面为基因工程的诞生奠定了坚实的基础。概括起来, 从 20 世纪 40 年代~20 世纪 70 年代初基因工程诞生, 现代分子生物学领域理论上的三大发现及技术上的三大发明对基因工程的诞生起到了决定性的作用。

2.1.1.1 理论上的三大发现

(1) 20 世纪 40 年代发现了生物的遗传物质是 DNA

1934 年, Avery 在一次学术会议上首次报道了肺炎双球菌 (*Diplococcus pneumoniae*) 的转化现象。当时 Avery 的报道没有得到公认。事隔 10 年, 这一成果才公开发表。事实上, Avery 不仅证明了 DNA 是生物的遗传物质, 而且也证明了 DNA 可以把一个细菌的性状转化给另一个细菌。Avery 的工作是现代生物科学革命的开端, 是基因工程的先导。

(2) 20 世纪 50 年代提出了 DNA 的双螺旋结构

1953 年, Watson 和 Crick 提出了 DNA 的双螺旋结构模型和半保留复制机理。随后 X 射线衍射证明 DNA 具有规则的螺旋结构。该项工作奠定了分子遗传学的基础, 极大地推动了生命科学的发展。

(3) 20 世纪 60 年代确定了遗传信息的传递方式

1961 年, Monod 和 Jacob 提出了基因的操纵子学说。以 Nireberg 为代表的一批科学家, 经过艰苦努力, 确定了遗传信息是以密码方式传递的, 每三个核苷酸组成一个密码子, 代表一种氨基酸。到 1966 年, 全部破译了 64 个密码, 编排了密码字典, 叙述了中心法则, 提出遗传信息流, 即 DNA→RNA→蛋白质。从而在分子水平上揭示了遗传现象。

2.1.1.2 技术上的三大发明

(1) 工具酶

从 20 世纪 40 年代~20 世纪 60 年代, 虽然从理论上确立了基因重组的可能性, 为基因工程设计了一幅美好的蓝图, 但是, 科学家们面对庞大的双链 DNA 分子, 仍然束手无策, 不能把它切割成单个的基因片段。尽管那时酶学知识已得到相当大的发展, 但没有任何一种酶能对 DNA 进行有效的切割。

1970 年, Smith 和 Wilcox 从流感嗜血杆菌 (*Haemophilus influenzae*) 中分离并纯化了限制性核酸内切酶 Hind Ⅱ, 使 DNA 分子的切割成为可能。1972 年, Boyer 实验室又发现了 EcoR Ⅰ核酸内切酶, 能够识别核苷酸链上的 GAATTC 序列, 将双链 DNA 分子切开形成特定的 DNA 片段。随后, 又相继发现了大量类似于 EcoR Ⅰ的限制性核酸内切酶, 从而使研究者可以获得所需的 DNA 特殊片段, 为基因工程提供了技术基础。对基因工程技术的突破起重要作用的另一重要发现是 DNA 连接酶。1967 年，世界上 5 个实验室几乎同时发现了 DNA 连接酶。这种酶能够参与 DNA 裂口的修复，将两个 DNA 片段按预定的方向重新连接在一起。1970 年，美国 Khorana 实验室发现了具有更高的连接活性的 T_4 DNA 连接酶。有人非常形象地将限制性核酸内切酶称为"剪刀"，而把 DNA 连接酶比喻为"缝纫针线"，生物科学家就是手艺高超的"时装设计大师"，从而奉献给世界一个又一个新的 DNA 分子。

（2）载体

有了对 DNA 切割和连接的工具酶，还不能完成 DNA 体外重组的工作，因为大多数 DNA 片段不具备自我复制的能力。为了能够在宿主细胞中进行繁殖，必须将 DNA 片段连接到一种特定的、具有自我复制能力的 DNA 分子上。这种 DNA 分子就是基因工程载体（vector）。从 1946 年起，Lederberg 开始研究细菌的性因子——F 因子，以后相继发现了其他质粒，如耐药性因子（R 因子）、大肠杆菌素因子（CoE）。1973 年，Cohen 首先将质粒作为基因工程的载体使用，实现了基因工程诞生的第二项技术发明。

（3）逆转录酶

1970 年，Baltimore 等人和 Temin 等人同时在各自的实验室发现了逆转录酶，打破了中心法则，使真核基因的制备成为可能。

在完成以上三大理论发现和三大技术发明后，基因工程诞生的条件已经成熟。1972 年，斯坦福大学的 Berg 等人在世界上第一次成功地实现了 DNA 体外重组。他们使用限制性内切酶 EcoR I，在体外对猿猴病毒 SV40 的 DNA 和 λ 噬菌体的 DNA 分别进行酶切，再用 T_4 DNA 连接酶把两种酶切的 DNA 片段连接起来，获得了重组的 DNA 分子。1973 年，斯坦福大学的 Cohen 等人进行了另一个体外重组 DNA 实验并成功地实现了细菌间性状的转移。他们将大肠杆菌的抗四环素（TC^r）质粒 pSC101 和抗新霉素（Ne^r）及抗磺胺（S^r）的质粒 R6-3，在体外用限制性内切酶 EcoR I 切割，连接成新的重组质粒，然后转化到大肠杆菌中。结果在含四环素和新霉素的平板中，选出了抗四环素和抗新霉素的重组菌落，即表型为 $TC^r Ne^r$ 的菌落。这是人类历史上第一次有目的地进行基因重组实验，是第一个实现重组体转化的成功例子。基因工程从此诞生，这一年被许多科学家称为基因工程元年。

在这之后的二十几年中，发展了一系列新的基因工程操作技术，如特异性 DNA 片段的体外快速扩增技术（polymerase chain reaction，PCR）和 DNA 序列快速自动测定等，推动了基因工程基础研究趋向成熟和应用研究的广泛开展，基因工程进入了迅速发展的阶段。

2.1.2 基因工程的内容

2.1.2.1 基因工程的定义

将外源基因通过体外重组后导入受体细胞内，使这个基因能在受体细胞内复制、转录、翻译表达的操作过程称为基因工程。

基因工程包括基因的分离、重组、转移以及基因在受体细胞内的保持、转录、翻译表达等全过程。因而基因工程的实施至少要有四个必要条件：①工具酶；②基因；③载体；④受体细胞。

从本质上讲，基因工程强调将外源 DNA 分子的新组合引入到一种新的宿主生物中进行繁殖和表达。这种 DNA 分子的新组合是按照工程学的方法进行设计和操作的。这就赋予了基因工程跨越天然物种屏障的能力，克服了固有的生物种间的限制，引入了定向创造新物种的可能性。这是基因工程区别于其他遗传育种方法的显著特点。

基因工程问世以来，各种名称相继出现在文献中，常见的有遗传工程（genetic engineering）、基因工程（gene engineering）、基因操作（gene manipulation）、重组 DNA 技术

(recombinant DNA technique)、分子克隆（molecular cloning）、基因克隆（gene cloning）等，这些术语所代表的具体内容彼此相关，在许多场合下被混同使用，难以严格区分，不过它们之间还是存在一定的区别。

上述概念针对的都是 DNA。遗传工程、基因工程、DNA 重组之间的差别在于：遗传工程是发生在遗传过程中的自然界原本存在的导致变异的一种现象，即自然出现的不同 DNA 链断裂并连接成新的 DNA 分子，新的 DNA 分子含有不同于亲体的 DNA 片段；DNA 重组是人们根据遗传工程原理利用限制性内切酶在体外对 DNA 进行的人工操作，即采用酶法，将来源不同的 DNA 进行体外切割与连接，构成杂种 DNA 分子，在自然界一般不能自发实现；基因工程是遗传重组和 DNA 重组的目的和结果，无论是利用自然的（遗传重组）还是人工的（DNA 重组）方法，最终目的都是要实现基因重组。从操作对象都是 DNA 的角度分析，DNA 重组是本质和根本的。所以，DNA 重组在广义上包括了遗传重组和基因重组。

克隆（clone）一词，当作为名词时，是指从同一个祖先通过无性繁殖方式产生的后代，或具有相同遗传性状的 DNA 分子、细胞或个体所组成的特殊的生命群体；当作为动词时，是指从同一祖先生产这类同一的 DNA 分子群或细胞群的过程。

在体外重组 DNA 的过程中，以能够独立自主复制的载体为媒介，把外源 DNA（片段）引入宿主细胞进行繁殖。实质上是从一个 DNA 片段增殖了结构和功能完全相同的 DNA 分子群的过程，为遗传同一的生物品系（它们都带有重组 DNA 分子）成批地繁殖和生长提供了有效的途径。因此，基因工程也称为基因克隆或 DNA 分子克隆。

2.1.2.2 基因工程的主要内容

基因工程研究的主要内容包括如下几个方面：①带有目的基因的 DNA 片段的分离或人工合成；②在体外，将带有目的基因的 DNA 片段连接到载体上，形成重组 DNA 分子；③

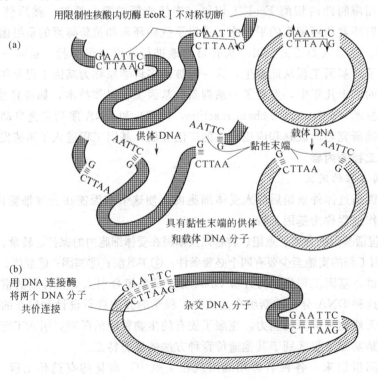

图 2-1　体外杂交 DNA 分子形成的基本过程

重组 DNA 分子导入受体细胞（也称宿主细胞或寄主细胞）；④带有重组 DNA 分子的细胞培养，获得大量的细胞繁殖群体；⑤重组体的筛选；⑥重组体中目的基因的功能表达。其中主要的体外杂交 DNA 分子形成的基本过程见图 2-1。

2.2 基因工程的理论基础

基因工程的理论基础是分子生物学，主要得益于在 20 世纪 50 年代开始的对 DNA 的结构和功能研究的快速进展，遗传信息流的中心法则和基因表达调控的操纵子理论等。一方面，分子生物学的快速发展促成了基因工程的建立和发展完善；另一方面，基因工程的诞生和发展不仅带动了现代生物技术产业化，而且也使整个生命科学的研究产生了革命性的变化，从而使得生命科学成为当今发展最快速的学科之一。

2.2.1 DNA 的结构与功能

基因工程的核心是重组 DNA。生物界中，每个细胞都含有 DNA（脱氧核糖核酸，deoxyribonucleic acid，DNA）。DNA 携带着决定生物遗传、细胞分裂、分化、生长以及蛋白质生物合成等生命过程的全部信息。

2.2.1.1 DNA 的组成

DNA 是由大量的脱氧核糖核苷酸组成的极长的线状或环状大分子。DNA 分子的基本单位是脱氧核糖核苷酸，它由碱基、脱氧核糖和磷酸基三部分组成。在核苷酸分子中有 4 种不同的碱基，即腺嘌呤（A）、鸟嘌呤（G）、胸腺嘧啶（T）和胞嘧啶（C）。

一个脱氧核糖核苷酸中五碳糖的 $3'$ 羟基与另一个核苷酸中五碳糖的 $5'$ 磷酸通过一个 $3',5'$-磷酸二酯键相连，从而以这种方式使许多个脱氧核糖核苷酸连接起来，形成了单链的 DNA 分子。DNA 中的嘌呤和嘧啶碱基携带遗传信息，其中的糖和磷酸基则起结构作用。

2.2.1.2 DNA 结构

1953 年，Watson 和 Crick 提出了 DNA 的双螺旋结构模型，阐明了 DNA 分子的二级结构（图 2-2）。这一理论的要点是：①DNA 分子由两条互补的链组成，两链平行反向且右旋；②两链之间碱基以氢键配对互补，A===T，G===C；③螺旋每周含 10 个碱基对（bp），每周垂直升高 340 nm，螺旋直径 200 nm；④磷酸-核糖主链在螺旋外侧，碱基对平面在内侧且与主链垂直。

这一理论的核心是碱基配对互补。该理论模型的意义在于，通过碱基配对互补，可以解释：①细胞减数分裂和有性生殖——配子与受精卵的形成，即 DNA 双链分开和来自双方配子的单链 DNA 分子重新组合成双链；②个体发育，一个受精卵的 DNA 双链通过互补复制而重复合成；③遗传与变异，DNA 分子碱基序列具有保守性、可变性，碱基

图 2-2 Watson & Crick 与最初的 DNA 双螺旋模型

是突变的最小单位；④性状控制，蛋白质生物合成时密码与反密码的配对识别。

碱基配对是 DNA 分子结构的主要特性，即一条链中的 A 总是与另一条链中的 T 配对，一条链中的 G 总是与另一条链中的 C 配对，两条链中的碱基序列总是互补的，从而可从一条链的碱基序列推测另一条链的碱基序列。

决定 DNA 双螺旋结构的因素有：氢键的形成、碱基的堆积力、磷酸基之间的静电斥力、碱基分子内能的作用等。在这些因素中，互补碱基的氢键结合力和相邻碱基的堆积力有利于维持 DNA 双螺旋构型；磷酸基团的静电斥力和碱基分子的内能则不利于 DNA 维持双螺旋结构。DNA 分子结构状态的维持依赖于上述诸多因素的总体效应。

2.2.1.3　DNA 的复制

DNA 携带着生物细胞的全部遗传信息，作为遗传物质，DNA 分子就必须能够准确地自我复制。如图 2-3 所示，一个 DNA 分子可以通过半保留复制机制精确地复制成两个完全相同的 DNA 分子，并分配到两个子细胞中，从而将亲代细胞所含的遗传信息原原本本地传到子代细胞。

DNA 复制有如下特点：①DNA 的复制从特定的位点开始，这个特定的位点称为复制起始点，在复制起始点双链 DNA 解旋，形成复制叉；②半保留复制，即双链 DNA 分子在复制过程中，DNA 的两条链各自作为新链合成时的模板，复制方向是从 $3'→5'$，复制后，每一双链体都是由一条亲链和一条新合成的子链组成；③DNA 复制具有高度的忠实性，其复制的忠实性同 DNA 聚合酶所具有的自我校正功能密不可分；④虽然 DNA 聚合酶是 DNA 复制的主酶，然而 DNA 复制是多种酶和蛋白因子协同有序工作的结果。如螺旋失稳蛋白或称单链 DNA 结合蛋白，其功能是同单链 DNA 结合，使相关的 DNA 双螺旋失掉稳定性，有利于 DNA 双螺旋的解旋；DNA 解旋酶（DNA helicases）的功能是在复制叉处使双螺旋 DNA 解旋；DNA 拓扑异构酶（DNA topoisomerases）通过分别在 DNA 双螺旋的一条链和两条链的不同位点产生断裂和重新连接的方式，帮助 DNA 双螺旋有效地旋转、解旋，并能在复制完成后在 DNA 双链中引入超螺旋，帮助 DNA 缠绕、折叠；DNA 连接酶则将 DNA 片段通过 $3',5'$-磷酸二酯键连接起来。

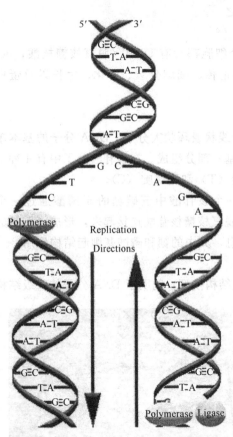

图 2-3　DNA 分子的半保留复制

2.2.1.4　DNA 作为遗传物质的优点

DNA 作为遗传物质有许多优点，其中最主要的是：①信息量大，可以微缩；②表面互补，电荷互补，双螺旋结构保证了精确复制的机制；③核糖的 $2'$ 位脱氧，在水溶液中稳定性好；④可以突变，以求进化；⑤有 T 无 U，基因组得以增大。

如果 DNA 是最初的遗传物质，那么由于 DNA 复制需要酶，而酶是蛋白质，蛋白质又是由 DNA 的核苷酸序列编码的，这就成了一个"鸡生蛋、蛋生鸡"的争论。20 世纪 80 年

14

代初发现了 RNA 核酶，这个争论才得到平息。RNA 核酶集信息传递作用和酶催化作用于一身，很可能是最初的遗传物质。在这个基础上，一个由 RNA 世界到 RNA 蛋白质世界，由 RNA 蛋白质世界到 DNA 世界的进化图景，已被科学界广泛接受。

2.2.2 DNA 的变性、复性与杂交

在加热或某些试剂的作用下，DNA 配对碱基之间的氢键结构受到破坏，双链 DNA 的多核苷酸链能完全分离，分离过程称为变性（denaturation）或熔解（melting）。DNA 分子的变性不仅受外部条件的影响，而且也取决于 DNA 分子本身的稳定性。如升高 DNA 溶液温度可使 DNA 变性。另外 G+C 含量高的 DNA 分子就比较稳定，因为 G 与 C 之间有三对氢键，而 A 与 T 之间只有两对氢键。环状 DNA 比线状 DNA 稳定。

变性后的 DNA 在一定条件下能够复性，由单链形成双链。复性的过程为：当两条链互相碰撞，一条链的某个区域遇到了互补的另一条链的配对碱基时，便在这个区段形成双链核心，然后从核心向两侧对应互补链扩大互补配对，最后完成复性过程。显然，复性过程的限制因素是分子间的碰撞过程。不完全变性的 DNA 分子容易复性，而且不需要这样的碰撞过程。复性 DNA 分子不一定是起初原有的一对互补链，大部分复性 DNA 双链分子都不是原配，但并不影响复性后 DNA 应有的结构和性质。复性后 DNA 的一系列物理、化学性质得到恢复。通常发生复性必须满足两个条件：①盐浓度必须高到足以消除两条链中的磷酸基团的静电斥力，通常用 0.15～0.5 mol/L NaCl；②温度必须升高到足以破坏其随机形成的链内氢键，但温度又不能太高，否则不能形成和维持稳定的链间碱基配对。

当复性的 DNA 分子由不同的两条单链分子形成时，称为杂交（hybridization）。不仅 DNA-DNA 的同源序列之间可以进行杂交，而且 DNA-RNA 之间只要存在有互补的碱基序列也可以进行杂交。不同来源的两条 DNA 单链之间的互补序列在特殊条件下形成的杂交分子并不要求两条 DNA 链完全互补，少量偏差（错配、缺失）对形成杂交分子并不产生很大影响。杂交过程可以在溶液中进行，也可以使一种 DNA 分子结合到固相载体后进行杂交。

在基因工程的实验中，常利用以上 DNA 的变性、复性与杂交等特点，发展出多种基因工程研究的新方法，并应用到生命科学研究的各个领域。

2.2.3 遗传信息的传递方向——中心法则

生物体结构和生化功能是由体内的 DNA 所包含的遗传信息决定的。作为遗传信息的基本单位，基因功能的实现则需要通过蛋白质分子。

1958 年，Crick 提出遗传信息传递的中心法则：DNA 通过以自身为模板进行复制而使遗传信息代代相传，并通过 RNA 最终将遗传信息传递给蛋白质分子，最后由蛋白质分子表现出各种性状，即 DNA（基因）→RNA→蛋白质（性状）。利用 DNA 为模板合成 RNA 的过程叫转录，以 RNA 为模板合成蛋白质的过程叫翻译。

2.2.3.1 RNA 的转录

转录是基因表达的关键一步，DNA 分子中所储存的遗传信息，必须转录成信使 RNA（mRNA）才能通过蛋白质生物合成的过程转变成具有生物活性的蛋白质。

mRNA 合成过程包括：①RNA 聚合酶结合于 DNA 分子上的特定位置；②使 DNA 双链解旋，起始 RNA 合成；③RNA 链的延伸；④RNA 合成的终止和释放。

在原核和真核生物中，有不同的合成 RNA 的 RNA 聚合酶，也是 RNA 合成的关键酶。在原核生物中只有一种 RNA 聚合酶，催化所有种类的 RNA 合成；在真核生物中有三种不同的 RNA 聚合酶，分别称为 RNA 聚合酶Ⅰ、Ⅱ、Ⅲ。RNA 聚合酶能在 DNA 模板上起始一条新链的合成，起

始的核苷酸一般为嘌呤核苷酸，而且在 RNA 链的 5′端保持这一个三磷酸基团。

RNA 合成以四种核糖核苷三磷酸为底物，即 ATP、GTP、CTP、UTP。RNA 转录以一条 DNA 链为模板，按照碱基互补的原则（A═U，G≡C）进行转录。

2.2.3.2 逆转录和逆转录酶

逆转录（reverse transcription）是相对于转录而言的，是对中心法则的重大补充。以 DNA 为模板，在 RNA 聚合酶（依赖于 DNA 的 RNA 聚合酶）的催化下合成 RNA 的过程称为转录；而将以 RNA 为模板，在逆转录酶（依赖于 RNA 的 DNA 聚合酶）催化下合成 DNA 的过程称为逆转录。

逆转录酶是一种特殊的 DNA 聚合酶，它以 RNA 或 DNA 为模板。逆转录酶被逆转病毒（retrovirus）RNA 所编码，在逆转病毒的生活周期中，负责将病毒 RNA 逆转录成 cDNA，进而成为双螺旋的 DNA，并整合到宿主细胞的染色体 DNA 中。逆转录和逆转录酶的发现，使得可以用真核 mRNA 为模板，通过逆转录而获得为特定蛋白质编码的基因。利用逆转录酶所建立的 cDNA 文库（cDNA library）为基因的分离和重组提供了重要的手段，而近年来发展起来的逆转录-多聚酶链式反应（RT-PCR）则使这一技术锦上添花。

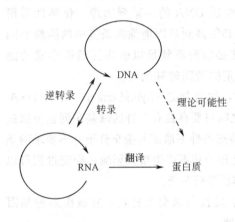

图 2-4　遗传信息传递的中心法则

2.2.3.3 翻译——蛋白质的生物合成

通过转录将储存在 DNA 分子中的遗传信息传递给为蛋白质编码的 mRNA，翻译就是将以核苷酸形式编码在 mRNA 中的信息转变成多肽链中特定的氨基酸顺序。

翻译过程是非常复杂的生物反应过程，需要大约 200 多种以上的生物大分子参与，包括核糖体、mRNA、tRNA、氨酰 tRNA 合成酶、各种可溶性的蛋白因子（起始因子、延伸因子、释放因子）等参加并协同作用，从而完成蛋白质的生物合成，体现了生物体的功能基因性状。综上所述，可将中心法则表述如图 2-4 所示。

2.2.4　基因的表达与调控

生物有机体的遗传信息，都是以基因的形式储存在细胞的遗传物质 DNA 分子上，而 DNA 分子的基本功能之一，就是把它所承载的遗传信息转变为由特定氨基酸顺序构成的多肽或蛋白质分子，从而决定生物有机体的遗传表型。这种从 DNA 到蛋白质的过程叫基因的表达。在原核和真核生物中，基因的表达和调控有着不同的特点，而且真核生物更为复杂。

2.2.4.1　基因的分类和结构

基因根据功能的不同可分为结构基因、调节基因和操纵基因。结构基因是决定某一种蛋白质分子结构相应的一段 DNA，可将携带的特定遗传信息转录为 mRNA，再以 mRNA 为模板合成特定氨基酸序列的蛋白质。调节基因带有阻遏蛋白基因，控制结构基因的活性。平时阻遏蛋白与操纵基因结合，结构基因无活性，不能合成酶或蛋白质，当有诱导物与阻遏蛋白结合时，操纵基因负责打开控制结构基因的开关，于是结构基因就能合成相应的酶或蛋白质。操纵基因位于结构基因的一端，与一系列结构基因合起来形成一个操纵子。

作为一个能转录和翻译结构的基因必须包括转录启动子、基因编码区和转录终止子。启动子是 DNA 上 RNA 聚合酶识别、结合和促使转录的一段核苷酸序列。转录 mRNA 的第一个碱基被定为转录起始位点。基因编码区包括起译码 ATG、开读框和终止码 TAA（或 TAG、TGA）。终止子是一个提供转录停止信息的核苷酸序列。一种典型的原核蛋白质编码基因的结构如图 2-5 所示。

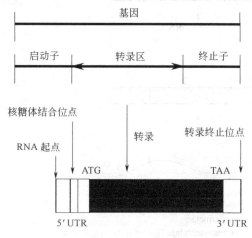

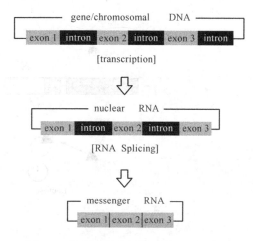

图 2-5　一种典型的原核蛋白质编码基因的结构　　　图 2-6　真核生物中的基因转录和后加工

原核生物的结构基因转录直接产生成熟的 mRNA 分子，mRNA 分子通过翻译合成细胞中所需的蛋白质。真核细胞的基因结构要复杂得多，真核基因的编码区域（exon，外显子）往往被一些非编码区域（intron，内含子）所分开，因此，在一个完整的真核基因转录以后，内含子要被剪切除掉，再把外显子连起来，这个过程称为剪切（splicing），属于转录后加工（图 2-6）。通过转录后加工才能产生有翻译功能的 mRNA，用于蛋白质合成。

2.2.4.2　原核生物中基因的表达和调控

在原核生物中基因转录有两种情况，一种是组成型的，即基因的转录时间、地点、水平基本不受发育阶段或组织特异性的调控，始终处于转录状态；另一种是基因的转录是受到调控的。调控的方式有两种，即通过某些低分子量化合物与调控蛋白质之间的相互作用，或诱导基因的转录，或抑制基因的转录。原核细胞通常都能够根据特定的生长环境调控某些操纵子的转录，以调节其自身的代谢。

原核生物中最早开始研究的基因调控体系是大肠杆菌乳糖操纵子（lac operon）。乳糖操纵子由启动子活化蛋白结合位点，操纵基因及与乳糖代谢相关的几种酶的结构基因组成（图 2-7）。lac 启动子包括了上述操纵子中的启动子、活化蛋白（CAP）结合位点、操纵基因及 lacZ。该操纵子受到活化蛋白和 cAMP 的正调控，受到阻遏蛋白的负调控，即当培养基中不含乳糖时，启动子与 lac 阻遏蛋白结合，因而使启动子处于关闭状态，该操纵子不能转录。当加入乳糖（lactose）或是一种半乳糖苷类似物，如异丙基-D-硫代半乳糖苷（IPTG）、硫甲基半乳糖苷或邻硝基苯基半乳糖苷，就可诱导该启动子的表达。因为这几种物质都可以与阻遏蛋白结合，阻止其结合到 lac 启动子上，从而使该操纵子能够被转录，从而表达生成三种蛋白质（β-半乳糖苷酶，渗透酶和转乙酰基酶）。野生型 lac 启动子要启动转录必须具备两个条件，即要有活化蛋白、cAMP 等正调控因子和乳糖或 IPTG 等解除负调控的物质同时存在。实际操作中人们常用 lacUV5 启动子，它由 lac 启动子衍生得到，部分序列有所改变，使 lacUV5 比野生型 lac 启动子更强，且对分解产物不敏感，可以不需要活化蛋白和 cAMP，在仅有乳糖或 IPTG 存在时就能够启动转录。

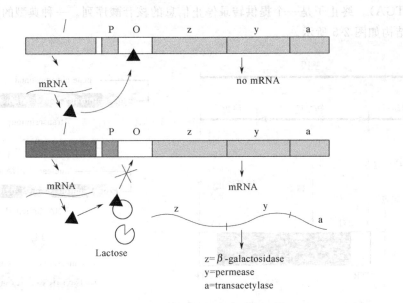

图 2-7　乳糖操纵子的结构与调控示意

2.2.4.3　真核生物中基因的表达和调控

在细菌中合成生产的真核生物蛋白由于翻译后加工过程的缺陷可能导致产物失去生物活性，其主要原因是在原核生物表达系统中无法进行特定的翻译后修饰；而且细菌中的有毒蛋白或有抗原作用的蛋白可能会混入到终产品中。因此需要研究真核生物中的基因表达和调控，从而利用真核表达系统生产药用蛋白质。在真核表达系统中生产出的药用蛋白质与天然蛋白质在生化、生理、功能等方面的性质都更加一致。

真核生物翻译后修饰主要体现在：①形成正确的二硫键；②切割前体；③蛋白质糖基化；④对氨基酸的修饰。在以上各种后修饰中，原核细胞中最难进行的是糖基化和氨基酸的修饰。而且，即使一个真核表达系统也很难对每一种外源蛋白质进行所有可能的翻译后修饰。因此，对于一个特定的基因表达和一种要求特定修饰的蛋白质，就需要尝试在不同的表达系统中进行表达，以找到最好的表达系统。

除与原核表达系统类似之处外，真核表达系统还应具有符合真核细胞自身的特点，如真核细胞表达系统的选择性标记、启动子、转录、翻译、终止信号及给 mRNA 加 poly（A）信号等都不同于原核表达系统。大多数真核表达载体都是穿梭载体，有两套复制起始位点与选择标记，一套在大肠杆菌中使用，另一套在真核宿主中作用。现在人们已开发出能在酵母、昆虫和哺乳动物细胞等真核系统中应用的穿梭载体，从而大大推动了基因工程技术的发展。

2.3　基因工程工具酶

基因工程的操作，是分子水平上的操作，它依赖于一些重要的酶作为工具来对基因进行人工切割和拼接等操作。一般把这些切割 DNA 分子、进行 DNA 片段修饰和 DNA 片段连接等所需的酶称为工具酶。

基因工程涉及的工具酶种类繁多，功能各异，就其用途可分为三大类：①限制性内切酶；②连接酶；③修饰酶。

2.3.1 限制性内切酶

识别和切割双链DNA分子内特殊核苷酸顺序的酶统称为限制性内切酶，简称限制酶。从原核生物中已发现了约400种限制酶，可分为Ⅰ类、Ⅱ类和Ⅲ类。其中Ⅰ类酶结合在特定的识别位点，但没有特定的切割位点，酶对其识别位点进行随机切割，很难形成稳定的特异性切割末端，基因工程实验中基本不用Ⅰ类和Ⅲ类限制性内切酶。

Ⅱ类限制性内切酶有如下特点：①识别特定的核苷酸序列，其长度一般为4个、5个或6个核苷酸且呈二重对称；②具有特定的酶切位点，即限制性内切酶在其识别序列的特定位点对双链DNA进行切割，由此产生特定的酶切末端；③没有甲基化修饰酶功能，不需要ATP和SAM作为辅助因子，一般只需要Mg^{2+}。Ⅱ类限制性内切酶主要作用是切割DNA分子，以便对含有的特定基因的DNA片段进行分离和分析，是基因工程中使用的主要工具酶。

限制性内切酶在双链DNA分子上能识别的特定核苷酸序列称为识别序列或识别位点，它们对碱基序列有严格的专一性，这就是它识别碱基序列的能力，被识别的碱基序列通常具有双轴对称性，即回文序列（palindromic sequence）。从大肠杆菌中分离鉴定的EcoRⅠ是最早发现的一种Ⅱ类限制性内切酶，它的特异识别序列如图2-8所示，具有回文序列，因此能够特异地结合在一段含这6个核苷酸的

图 2-8　EcoRⅠ对DNA链的切割和识别序列的双轴对称性

DNA区域里，在每一条链的鸟嘌呤和腺嘌呤间切断DNA链。DNA链经EcoRⅠ对称切割后会产生两个单链末端，每个末端有4个核苷酸延伸出来，称为黏性末端。一些常用的限制性内切酶及其识别位点列于表2-1。

表 2-1　一些常用限制性内切酶及其识别位点

限制性内切酶	识 别 位 点	产生的末端类型	限制性内切酶	识 别 位 点	产生的末端类型
BbuⅠ	GCATGC CGTACG	3′突出	NotⅠ	GCGGCCGC CGCCGGCG	5′突出
SfiⅠ	GGCCNNNNNGGCC CCGGNNNNNCCGG	3′突出	Sau3AⅠ	GATC CTAG	5′突出
EcoRⅠ	GAATTC CTTAAG	5′突出	AluⅠ	AGCT TCGA	平末端
HindⅢ	AAGCTT TTCGAA	5′突出	HpaⅠ	GTTAAC CAATTG	平末端

注：N表示任意碱基。

2.3.2 连接酶

将两段乃至数段DNA片段拼接起来的酶称为连接酶。基因工程中最常用的连接酶是T_4DNA连接酶。它催化DNA 5′磷酸基与3′羟基之间形成磷酸二酯键。除T_4DNA连接酶

外，还有大肠杆菌的 DNA 连接酶，其催化反应基本与 T_4 DNA 连接酶相同，只是需要辅酶 NAD^+ 参与。T_4 DNA 连接酶的作用原理如图 2-9 所示。

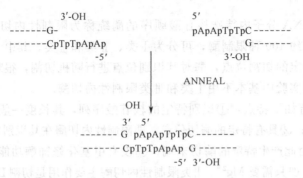

图 2-9 T_4 DNA 连接酶的作用原理

2.3.3 其他基因工程的工具酶

除以上各类工具酶外，基因工程工具酶还有：DNA 聚合酶、逆转录酶、T_4 多核苷酸酶和碱性磷酸酶等。

目前常用的 DNA 聚合酶有大肠杆菌 DNA 聚合酶I、大肠杆菌 DNA 聚合酶I大片段（Klenow fragment）、T_4 噬菌体 DNA 聚合酶、T_7 噬菌体 DNA 聚合酶以及耐高温 DNA 聚合酶（如 Taq DNA 聚合酶）等。不同来源的 DNA 聚合酶具有各自的酶学特性。耐高温的 Taq DNA 聚合酶由于其最佳作用温度为 $75\sim80\,^{\circ}\mathrm{C}$，目前广泛用于 PCR 扩增及 DNA 测序。无论哪种 DNA 聚合酶，其催化的反应均为使两个 DNA 片段末端之间的磷酸基团和羟基基团连接形成磷酸二酯键，从而用于 DNA 分子的修复及 DNA 分子的体外重组等。

逆转录酶是从 mRNA 逆转录形成互补 DNA（cDNA）的酶，或称为依赖于 RNA 的 DNA 聚合酶。逆转录酶在基因工程中的主要用途是以真核 mRNA 为模板，合成 cDNA，用以组建 cDNA 文库，并进而分离为特定蛋白质编码的基因。近年来将逆转录与 PCR 偶联建立起来的逆转录 PCR（RT-PCR）技术使真核基因的分离更加快速、有效。

T_4 多核苷酸酶催化 ATP 的 γ-磷酸基团转移至 DNA 或 RNA 片段的 $5'$ 末端。在基因工程中主要用于标记 DNA 片段的 $5'$ 端，制备杂交探针及在基因化学合成中将寡核苷酸片段 $5'$ 磷酸化和用于测序引物的 $5'$ 磷酸标记。

常用的碱性磷酸酶有两种：来源于大肠杆菌的细菌碱性磷酸酶（BAP）和来源于牛小肠的碱性磷酸酶（CIP）。CIP 的比活性比 BAP 高出 10 倍以上，而且对热敏感，便于加热使其失活。碱性磷酸酶可用于去除 DNA 片段中的 $5'$ 磷酸防止在重组中的自身环化，提高重组效率；也可用于在以 $[\gamma\text{-}^{32}\mathrm{P}]$ ATP 标记 DNA 或 RNA 的 $5'$ 磷酸前，去除 DNA 或 RNA 片段的非标记 $5'$ 磷酸。

2.4 基因工程载体

2.4.1 基因工程载体的定义

外源基因必须先同某种传递者结合后才能进入细菌和动植物受体细胞，这种能承载外源 DNA 片段（基因）并带入受体细胞的传递者称为基因工程载体（vector）。

基因工程载体决定了外源基因的复制、扩增、传代乃至表达。目前已构建应用的基因工程载体有：质粒载体、噬菌体载体、病毒载体以及由它们互相组合或与其他基因组 DNA 组合成的载体。

这些载体可分为克隆载体和表达载体，其中表达载体又分胞内表达和分泌表达两种。根据载体转移的受体细胞不同，又分为原核细胞和真核细胞表达载体。根据载体功能不同可分为测序载体、克隆转录载体、基因调控报告载体等。在基因工程操作中，根据运载的目的DNA片段大小和将来要进入的宿主需要选用合适的载体。

2.4.2 用于原核生物宿主的载体

2.4.2.1 质粒载体

质粒（plasmid）是能自主复制的双链闭合环状 DNA 分子，它们在细菌中以独立于染色体外的方式存在。一个质粒就是一个 DNA 分子，其大小可从 1～200 kb（1 kb＝1000 碱基对）。质粒广泛存在于细菌中，某些蓝藻、绿藻和真菌细胞中也存在质粒。从不同细胞中获得的质粒性质存在很大的差别。

常用的细菌质粒有 F 因子、R 因子、大肠杆菌素因子等。F 质粒携带有帮助其自身从一个细胞转入另一个细胞的信息，R 质粒则含有抗生素抗性基因。还有一些质粒携带着参与或控制一些特殊代谢途径的基因，如降解质粒。

虽然质粒的复制和遗传独立于染色体，但质粒的复制和转录依赖于宿主所编码的蛋白质和酶。每个质粒都有一段 DNA 复制起始位点的序列，它帮助质粒 DNA 在宿主细胞中复制。按复制方式质粒分为松弛型和严紧型质粒。松弛型质粒的复制不需要质粒编码的功能蛋白，而完全依赖于宿主提供的半衰期较长的酶来进行，这样，即使蛋白质的合成并非正在进行，松弛型质粒的复制仍然能够进行，松弛型质粒在每个细胞中可以有 10～100 个拷贝，因而又被称为高拷贝质粒。严紧型质粒的复制则要求同时表达一个由质粒编码的蛋白质，在每个细胞中只有 1～4 个拷贝，又被称为低拷贝质粒。在基因工程中一般都使用松弛型质粒载体。两种常用的质粒载体为 pBR 322 和 pUC19。

（1）质粒载体 pBR 322

如图 2-10 所示的质粒 pBR 322 是人们研究最多、使用最广泛的载体，具备一个好载体的所有特征。

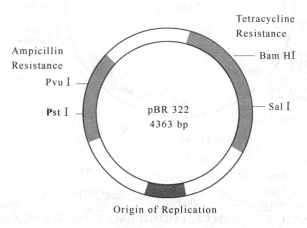

图 2-10　pBR 322 的结构

pBR 322 大小为 4363 bp，有一个复制起点、一个抗氨苄西林基因和一个抗四环素基因。质粒上有 36 个单一的限制性内切酶位点，包括 Hind Ⅲ、EcoR Ⅰ、BamH Ⅰ、Sal Ⅰ、Pst Ⅰ、Pvu Ⅱ等常用酶切位点。而 BamH Ⅰ、Sal Ⅰ和 Pst Ⅰ分别处于四环素和氨苄西林抗性基因中。应用该质粒的最大优点是：将外源 DNA 片段在 BamH Ⅰ、Sal Ⅰ或 Pst Ⅰ位点插入后，可引起抗生素抗性基因失活而方便地筛选重组菌。如将一个外源 DNA 片段插入到 BamH Ⅰ位点时，将使四环素抗性基因（Tet'）失活，因此就可以通过 Amp'、Tet' 来筛选重组体。

将纯化的 pBR 322 分子用一种位于抗生素抗性基因中的限制性内切酶酶解后，产生了一个单链的具黏性末端的线性 DNA 分子，把它与用同样的限制性内切酶酶解的目的 DNA 混合，在 ATP 存在的情况下，用 T₄DNA 连接酶连接处理后，形成了一个重组的环型 DNA 分子。产物中可能发生包括一些不同连接的混合物，如质粒自身环化的分子等，为了减少这种不正确的连接产物，酶切后的质粒再用碱性磷酸酶处理，除去质粒末端的 5′磷酸基团。由于 T₄DNA 连接酶不能把两个末端都没有磷酸基团的线状质粒 DNA 连接起来，就减少了自身环化的可能性。

（2）质粒载体 pUC 19

质粒 pBR 322 的单一克隆位点比较少，筛选程序还比较费时，因此人们在 pBR 322 基础上发展了一些性能更优良的质粒载体，如质粒 pUC19，它的大小为 2686 bp，带有 pBR 322 的复制起始位点、一个氨苄西林抗性基因、一个大肠杆菌乳糖操纵子 β-半乳糖苷酶基因（lacZ′）的调节片段、一个调节 lacZ′基因表达的阻遏蛋白（repressor）基因 lac Ⅰ。质粒 pUC19 的多克隆位点如图 2-11 所示。由于 pUC19 质粒含有 Amp' 抗性基因，可以通过颜色反应和 Amp' 抗性对转化体进行双重筛选。

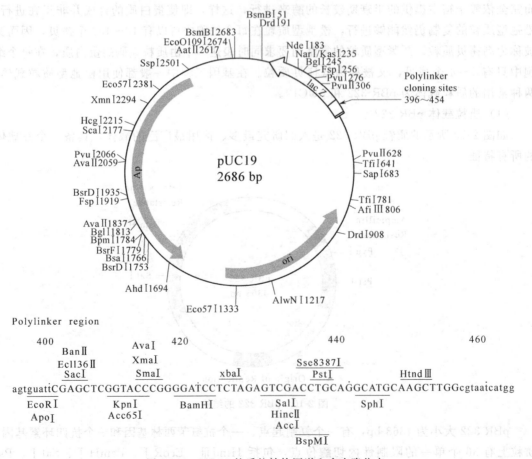

图 2-11 pUC 19 的质粒结构图谱和多克隆位点

筛选含 pUC19 质粒细胞的过程比较简单：如果细胞含有未插入目的 DNA 的 pUC19 质粒，在同时含有 IPTG 诱导物和 X-gal 底物的培养基上培养时将会形成蓝色菌落；如果细胞中含有已经插入目的 DNA 的 pUC19 质粒，在同样的培养基上培养将会形成白色菌落。因此，可以根据培养基上的颜色反应十分方便地筛选出重组子。

2.4.2.2 噬菌体载体

质粒载体可以克隆的 DNA 最大片段一般在 10 kb 左右，但要构建一个基因文库，往往需要克隆更大一些的 DNA 片段，以减少文库中克隆的数量。为此，人们将噬菌体发展成为一种克隆载体。

λ 噬菌体含双链线形 DNA，野生型 λ 噬菌体内含有太多的限制性酶切点，需要经过改造后才能成为可应用的载体。Charon 系列 λ 噬菌体有插入型和替换型两种，带有来自大肠杆菌的 β-半乳糖苷酶基因 lacZ。M13 噬菌体是单链环状 DNA，改造后的 M13 mp8，加入了大肠杆菌的 lac 操纵子，常用于核酸测序。

λ 噬菌体作为构建基因克隆载体的特点是：①λ 噬菌体含有线性双链 DNA 分子，其长度为 48 502 bp，两端各有由 12 个碱基组成的 5′端凸出的互补黏性末端，当 λDNA 进入宿主细胞后，互补黏性末端连接成为环状 DNA 分子，这种由黏性末端结合形成的序列，称为 cos 位点；②λ 噬菌体为温和噬菌体，λDNA 可以整合到宿主细胞染色体 DNA 上，以溶原状态存在，随染色体的复制而复制；③λ 噬菌体能包装 λDNA 长度的 75%~105%，约 38~54kb，即使不对 λDNA 进行改造，也允许承载 5 kb 大小的外源 DNA 片段带入受体细胞；④λDNA 上的 D 基因和 E 基因对噬菌体的包装起决定性作用，缺任何一种基因都将导致噬菌体不能包装；⑤λDNA 分子上有多种限制性内切酶的识别序列，便于用这些酶切割产生外源 DNA 片段的插入和置换。

构建 λ 噬菌体载体的基本途径如下：①抹去某种限制性内切酶在 λDNA 分子上的一些识别序列，只在非必需区保留 1~2 个识别序列，若只保留 1 个识别序列，可供外源 DNA 插入，若保留 2 个识别序列，则 2 个识别序列之间的区域可被外源 DNA 片段置换；②用合适的限制性内切酶切去部分非必需区，但是由此构建的 λDNA 载体不应小于 38 kb；③在 λDNA 分子合适区域插入可供选择的标记基因。

根据以上策略，可以构建一系列利用不同限制性内切酶识别序列作为克隆位点的 λ 噬菌体克隆载体。值得指出的是，能克隆所有 DNA 片段的万能 λ 噬菌体载体是不存在的，必须根据实验需要选择合适的载体。

2.4.2.3 柯斯质粒

用于真核生物宿主的人工载体大多具有大肠杆菌质粒的耐药性或噬菌体的强感染力，同时还应满足携带真核生物目的基因大片段 DNA 的要求。柯斯质粒是将 λ 噬菌体的黏性末端（cos 位点序列）和大肠杆菌质粒的抗氨苄西林和抗四环素基因相连而获得的人工载体，含一个复制起点、一个或多个限制酶切位点、一个 cos 片段和抗药基因，能加入 40~50 kb 的外源 DNA，常用于构建真核生物基因组文库（图 2-12）。

2.4.3 用于真核生物宿主的载体

真核细胞基因表达调控要比原核细胞基因复杂得多，用于真核细胞的克隆和表达载体也不同于原核细胞。目前所用的真核载体大多是所谓的穿梭载体（shuttle vector），这种载体可以在原核细胞中复制扩增，也可以在相应的真核细胞中扩增、表达。由于在原核体系中基因的复制、扩增、测序等易于进行，因此要利用穿梭载体先将要表达的基因装配好并大量复制后再转

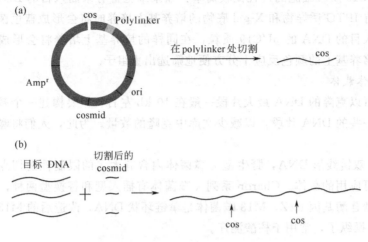

图 2-12 柯斯质粒中克隆外源基因示意

到真核细胞中去表达，这为真核细胞基因工程操作提供了很大的方便。用于真核生物基因表达的载体应具备如下条件：①含有原核基因的复制起始序列以及筛选标记，以便于在 E coli 细胞中进行扩增和筛选；②含有真核基因的复制起始序列以及真核细胞筛选标记；③含有有效的启动子序列，保证其下游的外源基因能启动有效的转录；④应包含 RNA 聚合酶Ⅱ所需的转录终止序列和 poly（A）加入的信号序列；⑤具有合适的供外源基因插入的限制性内切酶位点。

2.4.3.1　YIP 载体

YIP 载体由大肠杆菌质粒和酵母的 DNA 片段组成，可与受体或宿主的染色体 DNA 同源重组，整合进入宿主染色体中，故只能以单拷贝方式存在，常用于遗传分析。

2.4.3.2　YRP 载体

YRP 载体也由大肠杆菌质粒和酵母的 DNA 片段组成，酵母 DNA 片段不仅提供抗性基因筛选标志，而且带有酵母的自主复制顺序（ARS）。由于大肠杆菌质粒本身也有一个复制点，所以这类质粒既可在大肠杆菌又可在酵母中复制和表达，属于穿梭载体。通过穿梭载体，人们可首先在大肠杆菌细胞中大量扩增真核基因，然后再转入酵母中进行表达。

2.4.3.3　YAC 载体

YAC 载体是酵母人工染色体（yeast artificial chromosone）的缩写，是在酵母细胞中克隆大片段外源 DNA 的克隆体系，是由酵母染色体中分离出来的 DNA 复制起始序列、着丝点、端粒以及酵母选择性标记组成的能自我复制的线性克隆载体。实际上 YAC 载体是以质粒的形式出现，该质粒的长度约 11.4 kb，带有人工染色体所需的一切元件。当用 YAC 载体进行克隆时（图 2-13），先用 BamHI 和 SmaI 对它进行酶解，回收两个臂，然后平末端的外源大片段DNA 就可以同两个臂连接，形成真正意义上的人工染色体。实验结果表明，每个 YAC 可以装进 100 万碱基以上的大片段 DNA，比柯斯质粒的装载能力要大得多。YAC 既可以保证基因结构的完整性，又可以大大减小核基因库所需的克隆数目，从而使文库的操作难度减少，这种能组装大片段 DNA 的质粒对当前生物基因组计划的开展具有重要的意义。

2.4.3.4　其他质粒

BAC 是以细菌 F 因子为基础组建的细菌克隆体系，其特点为：拷贝数低，稳定，比YAC 易分离，对外源 DNA 的包容量可高达 300 kb。BAC 可以通过电穿孔导入细菌细胞，其不足之处是对无选择性标记 DNA 的产率很低。

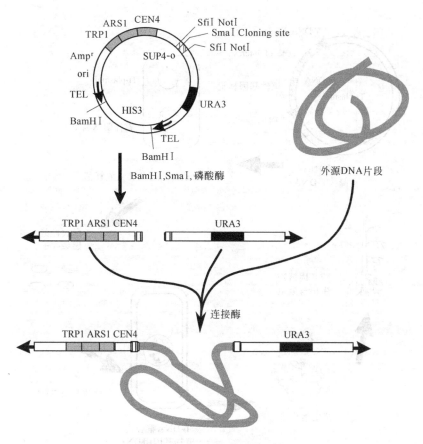

图 2-13　YAC 载体克隆示意

PACs 是结合 BAC 和 P_1 噬菌体克隆体系（P_1-clone）的优点而开发的克隆体系，可以包含 100～300kb 的外源 DNA 片段。

MAC（哺乳动物人工染色体）是一类正在研究中的人工染色体。

2.4.4　用于植物宿主的载体

2.4.4.1　Ti 质粒

在自然界中，土壤农杆菌通过植物伤口侵入植物后，土壤农杆菌中的 Ti 质粒的 T 区整合到植物染色体中。T 区携带的基因有两个功能：一是决定植物形成冠瘿瘤；二是控制冠瘿碱的合成。所以 Ti 质粒是诱发植物肿瘤的质粒。根据 Ti 质粒能够进入植物细胞并能整合到植物染色体 DNA 分子中的功能，科学家将外源基因装入到 Ti 质粒，形成杂合 Ti 质粒并转化到农杆菌中，然后以该农杆菌感染植物细胞，从而形成转基因植物（图 2-14）。

由于天然的 Ti 质粒分子太大，而且其中的限制酶切点多，将导致宿主产生冠瘿瘤而成为不分化的不良植株，需要经过改造后才能更好地应用于植物基因工程。其中的一种方法是只选用 Ti 质粒的核心部分——T 区，这样既能保持 T 区的 DNA 能自发整合到植物染色体 DNA 分子的功能，又解决了 Ti 质粒 DNA 分子太长的缺点；另一种方法是通过整合型法和双载体系统法对 T 区的抑制细胞分化的部分进行基因突变，使其失去诱发冠瘿瘤的能力，从而使得转基因植物能够正常生长发育。

（1）整合型法

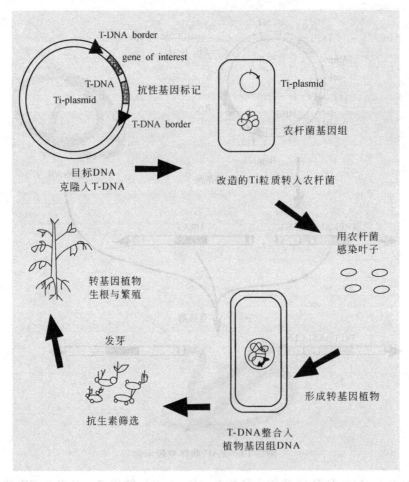

图 2-14　植物中通过 Ti 质粒导入外源基因示意

采用限制酶将完整 Ti 质粒中的 T-DNA 切去并分离出 T-DNA，并用 pBR322 取代 T-DNA 中编码致癌的基因和冠瘿碱基因，再将目的 DNA 插入到这一重组 Ti 质粒中，由此获得杂化的 T-DNA；将杂化的 T-DNA 转入土壤农杆菌中，使杂化的 T-DNA 和完整的 Ti 质粒发生同源重组，结果杂化 T-DNA 取代了完整 Ti 质粒中原来的 T-DNA 区，这一过程称为整合。这种带有目的 DNA、选择标记和无致癌能力的 Ti 质粒通过土壤农杆菌再侵染宿主植物，最终使所需的 DNA 导入植物染色体 DNA 中。

（2）双载体系统法

由两种分别含 T-DNA 和致病区的 Ti 突变质粒构成。第一种是将杂化的 T-DNA 插入到一种质粒中，这种质粒小，可提供单酶切位点；第二种除了不含 T-DNA 外，其余和完整 Ti 质粒相同，当这两种质粒共存于农杆菌时，由于功能互补（但并未取代），杂化的 T-DNA 仍能整合到植物细胞的染色体 DNA 分子中。

2.4.4.2　植物 DNA 病毒和植物转座子

已知以 DNA 为遗传物质的植物病毒有花椰菜花叶病毒、雀麦条纹病毒和双生病毒。这些病毒因宿主范围窄、可插入片段短、易丢失、插入外源 DNA 后感染力下降等原因，至今很少使用。但这一方面的研究是植物转化的重要研究领域。植物转座子能在植物基因组中频繁转移，有望成为一种新的植物基因载体。

2.4.5 用于动物宿主的载体

2.4.5.1 用于昆虫细胞的载体

杆状病毒属于杆状病毒科（Baculoviridae），能够广泛侵染包括昆虫在内的许多无脊椎动物。杆状病毒基因组的长度达 13kb，因此很难在离体情况下将外源基因直接插入这样大的病毒基因组中，必须通过野生型病毒与含外源基因的转移载体重组才能将外源基因引入杆状病毒基因组。目前采用昆虫杆状病毒表达系统已取得了很大进展，特别是利用家蚕核型多角体病毒作为载体，可以用家蚕作为生物反应器，大量生产各种重要医用蛋白质。

2.4.5.2 用于哺乳动物细胞的载体

哺乳动物细胞用于外源 DNA 表达的载体数量有限，目前主要是用猿猴空泡病毒 40（SV40）作为载体。SV40 病毒内含双链环状 DNA，5243 bp，只能插入 2.5 kb 的外源 DNA，感染宿主主要为猴细胞，容易在使用过程中发生重组而产生有危险性的野生型。

已经研究成功了两类改造后的 SV40 病毒载体：①取代型，外源 DNA 直接插入到缺陷型的病毒基因组中，为了弥补被取代的这部分 DNA 的功能，必须同时使用一种与之互补的辅助病毒；②病毒-质粒重组型，将病毒基因组中维持其在哺乳动物中复制的序列分离并和细菌质粒重组，这类质粒在大肠杆菌和哺乳动物细胞中均可复制，属于穿梭载体。用于哺乳动物宿主的病毒载体还有 RNA 病毒、痘病毒、人腺病毒、乳头瘤病毒等。

2.4.6 基因工程载体的必备条件和简单分类

通过对 DNA 重组技术中的各种载体的总结分析，可以发现，作为 DNA 重组的载体，一般应具备以下条件。

① 能够进入宿主细胞。

② 载体可以在宿主细胞中独立复制，即本身是一个复制子，或者能够整合到宿主细胞的染色体。

③ 要有筛选标记。

④ 对多种限制酶有单一或较少的切点，最好是单一切点。

从上面的讨论中可以看出，DNA 重组使用的载体可以分为三大类。

① 克隆载体。是以繁殖 DNA 片段为目的的载体。

② 穿梭载体。用于真核生物 DNA 片段在原核生物中增殖，然后再转入真核细胞宿主表达。

③ 表达载体。用于目的基因的表达。

随着分子生物学和 DNA 重组技术的发展，载体不仅要具有上述那些最基本的要求，而且还需要符合特定的要求，如高拷贝数、具有强启动子和稳定的 mRNA、具有高的分离稳定性和结构稳定性、转化频率高、宿主范围广、插入外源基因容量大而且可以重新完整地切出及复制与转录应和宿主相匹配等。此外，载体在宿主不生长或低生长速率时应仍能高水平地表达目的基因。完全达到这些要求的载体很少，特别是动物细胞作为宿主细胞时，目前能用的主要是病毒，进入宿主的目的基因一般只能是一个基因，而以基因族或多个基因同时进行重组还有不少困难，需要进一步的研究和开发。

2.5 目的基因的获得

基因是具有遗传功能的 DNA 分子上的片段，平均长度约 1000 bp。早在 1946 年，比德尔和塔特姆就提出了"一个基因一种酶"的理论，即一个基因经转录、翻译后将表达一个蛋白质分子。一个完整的基因应该包括：结构基因、调节基因、操纵基因和启动基因，其中结构基因含有蛋白质的全部信息。基因工程的目的是通过优良性状相关基因的重组获得具有高度应用价值的新物种。因此，需从现有生物群体中分离出特定目的基因，目的基因一般均是结构基因。

通过目的基因将所需的外源遗传信息额外流入宿主细胞中，使宿主表现出所需要的性状，因此理想的目的基因应不含多余干扰成分，纯度高，而且片段大小适合重组操作。获得外源 DNA 的方法主要依赖于 DNA 测序技术的基因发现和基因化学合成法的不断改进，同时也得益于生物基因表达规律的认识和利用。

从 20 世纪 60 年代起，科学家就开展了测定 DNA 分子中核苷酸排列序列方法的研究工作，但是进展不大。1975 年 Sanger 等人发明了加减法，能够直接分析 100～500 个核苷酸的 DNA 片段，取得了 DNA 测序的重大突破。1977 年 Maxam 和 Gilbert 等人发明了化学降解法，能够更快速地分析 DNA 序列；同年 Sanger 等人又提出了双脱氧链终止法，该方法能快速、准确、可靠地测量 DNA 序列，是目前 DNA 序列分析的重要手段之一。随着计算机技术的快速发展，20 世纪 80 年代实现了 DNA 的自动测序，从而人类能够从各种生物体的 DNA 中得到海量的序列信息，相继完成了人类基因组、水稻基因组及许多微生物基因组的测序，为基因的发现、合成和分离奠定了最基本的基础。通过几十年来的努力和数据积累，世界上已经建立了多个基因库和基因文库。

基因库，也叫基因组文库，是指用克隆的方法将一种生物的全部基因组长期以重组体方式保持在适当的宿主中。某种生物细胞基因组的 DNA 经限制酶切割，然后与合适载体重组并导入宿主中，这样保存的基因组是多拷贝、多片段的，当需要某一片段时，可以在这样的"图书馆"中查找。

基因文库，也叫 cDNA 文库。首先获得 mRNA，反转录得 cDNA，经克隆后形成文库。cDNA 文库和基因库的不同之处在于，cDNA 文库在 mRNA 拼接过程中已经除去了内含子等成分，便于 DNA 重组时直接使用。为了获得目的基因而首先建立 cDNA 文库的过程，大大增加了基因或 DNA 重组的面或量，自然也就增加了基因筛选的面和量。

从 20 世纪 70 年代起，核苷酸链的化学合成方法也日趋完善，从几十个碱基对到上千个碱基对的目的基因已经能化学合成。化学合成的方法主要有磷酸二酯法、磷酸三酯法及亚磷酸三酯法等。超过 200bp 的 DNA 片段需要分段合成，然后再在 DNA 连接酶的参与下连接成完整基因。因此，如果能从现有的 cDNA 文库中查到目的基因的核苷酸序列，也可以采用化学合成的方法获得目的基因用于基因重组。

2.5.1 原核生物目的基因的获得

2.5.1.1 基因组文库的构建

DNA 重组实验的目的往往是分离某一编码蛋白质的基因。在原核生物中，结构基因通常会在基因组 DNA 上形成一个连续的编码区域，但在真核生物细胞中，外显子往往会被内含子分开。

在原核细胞中，目的 DNA 在染色体 DNA 中的含量非常少。要克隆原核基因，首先要用限制性内切酶对总 DNA 酶解。然后把这些酶解的 DNA 片段分别克隆进载体，再对带有外源 DNA 片段的重组克隆进行鉴定、分离，再培养和进一步鉴定。整个过程称为基因组文库的建立。因此，基因组文库（genomic DNA library）就是指将基因组 DNA 通过限制性内切酶部分酶解后所产生的 DNA 片段随机地同相应的载体重组、克隆，所产生的克隆群体代表了基因组 DNA 的所有序列。

基因组 DNA 文库有着非常广泛的用途，如用以分析、分离特定的基因片段，通过染色体步查（chromosome walking）研究基因的组织结构，用于基因表达调控研究，用于人类及动植物基因组工程的研究等。一个完整的基因文库应该包括目的生物体所有的基因组 DNA。

由于限制性内切酶的位点在基因组 DNA 上并不是随机排列的，有些片段会太大而无法克隆，这时文库就不完整。要找到一些特异的目的 DNA 片段就会遇到困难。

2.5.1.2 基因组文库的筛选

构建基因文库后，就要鉴定出文库中带有目的基因序列的克隆。有三种通用的鉴定方法：一是用标记的 DNA 探针进行 DNA 杂交；二是用抗体对蛋白质进行免疫杂交；三是对蛋白质的活性进行鉴定。

（1）DNA 杂交法

DNA 杂交成功与否取决于探针和目的序列之间的碱基对能否形成稳定的碱基配对。前已述及，双链 DNA 分子可以通过热处理或碱变性的方法变性成单链 DNA 分子。加热会破坏两个碱基间的氢键，但不影响 DNA 链的磷酸二酯键。如果加热后迅速冷却，那么破坏了氢键的 DNA 链就会保持单链的形式（变性）。如果加热后温度缓慢下降，那么 DNA 的双螺旋结构就会在碱基配对作用下重新恢复（复性）。加热后缓慢冷却的过程称为退火（annealing）。退火后有的 DNA 分子的两条链分别来自不同的 DNA 分子，即形成了杂合 DNA 分子（图 2-15）。

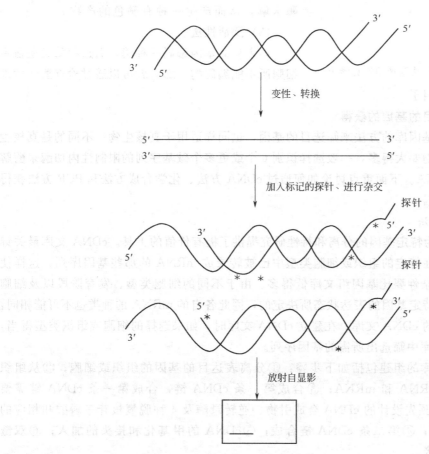

图 2-15　DNA 的杂交原理示意

在 DNA 杂交实验中，目的 DNA 先变性，然后将单链的目的 DNA 在高温下结合到硝酸纤维素膜或尼龙膜上。单链 DNA 探针用放射性同位素或荧光进行标记，与膜一起保温。如果 DNA 探针与样品中的某一核苷酸序列互补的话，那么通过碱基配对的作用就会形成杂合分子，最后通过放射自显影和荧光方法检测。

（2）免疫反应法

如果没有 DNA 探针，还可以用其他方法来筛选文库。例如，若一个目的基因 DNA 序列可以转录和翻译成蛋白质，那么只要出现这种蛋白质，甚至只需要该蛋白质的一部分，就可以用免疫的方法检测。免疫反应法与 DNA 杂交过程在方法上有许多共同之处。

图 2-16　免疫反应法筛选阳性克隆子

免疫反应法如图 2-16 所示。先对基因文库中所有的克隆都进行培养，然后转到膜上，对膜进行处理，使菌裂解后释放出的蛋白质附着于膜上，这时加入针对某一目的基因编码的蛋白质抗体（一抗），反应后多余的杂物经洗脱除去，再加入针对一抗的第二种抗体（二抗），二抗上通常都连有一种酶，如碱性磷酸酶等，再次洗脱后就加入该酶的一种无色底物。如果二抗与一抗结合，无色底物就会被连在二抗上的酶水解，从而产生一种有颜色的产物。

（3）酶活性法

如果目的基因编码一种酶，而这种酶又是宿主细胞所不能编码的，那么就可以通过检查酶活性来筛选目的基因的重组子。

2.5.2　真核生物目的基因的获得

上述通过建立基因库的方法来筛选目的基因，也同样适用于真核生物。不同的是真核生物基因组比原核生物要大得多，一般选择识别 6 个或更多个碱基序列的限制性内切酶来酶解真核生物基因组 DNA。下面重点讨论如何通过 cDNA 方法、化学合成方法和 PCR 方法获得真核生物的目的基因。

2.5.2.1　cDNA 方法

cDNA 的克隆为特定基因的分离和特性研究提供了极有价值的工具。cDNA 文库最关键的特征是它只包括在特定的组织或细胞类型中已被转录成 mRNA 的那些基因序列，这样使得 cDNA 文库的复杂性要比基因组文库低得多。由于不同的细胞类型、发育阶段以及细胞所处的状态都是由特定基因的表达状态所决定的，因此各自的 mRNA 的种类也不可能相同，由此而产生了独特的 cDNA 文库。在建立 cDNA 文库时，如果选择的细胞或组织类型得当，就容易从 cDNA 文库中筛选出所需的基因序列。

一个 cDNA 文库的组建包括如下步骤：①分离表达目的基因的组织或细胞；②从组织或细胞中制备总体 RNA 和 mRNA；③合成第一条 cDNA 链，合成第一条 cDNA 链需要 mRNA 作为模板、预先设计的 cDNA 合成引物、逆转录酶及 4 种脱氧核苷三磷酸和相应的缓冲液（Mg^{2+}）等；④第二条 cDNA 链合成；⑤cDNA 的甲基化和接头的加入；⑥双链 cDNA 与载体的连接。

目前常用的合成 cDNA 第二条链的方法有三种：自身引导法、置换合成法及引物-衔接头法合成双链 cDNA。引物-衔接头法的特点是将 cDNA 两端加上限制性内切酶位点，使其能够较方便地克隆入相应的载体。

2.5.2.2 DNA 的化学合成法

通过化学法合成 DNA 分子，对分子克隆和 DNA 鉴定方法的发展起到了重要作用。合成的 DNA 片段可用于连接成一个长的完整基因、用于 PCR 扩增目的基因、引入突变、作为测序引物等，还可用于杂交。单链 DNA 短片段的合成已成为分子生物学和生物技术实验室的常规技术，现在已能利用 DNA 合成仪全自动快速合成 DNA 片段。由于每种细胞都对密码子具有偏爱性，在化学合成 DNA 片段时还可以对密码子进行重新设计，使其更适合于特定的宿主细胞。

2.5.2.3 PCR 法

1983 年美国 Cetus 公司的 Mullis 等人建立起了一套大量快速地扩增特异 DNA 片段的系统，即聚合酶链反应（polymerase chain reaction，PCR）系统，这一实用性的发明在 8 年后获得诺贝尔奖，显示了 PCR 技术的重大价值，在分子生物学领域带来了一场重大的变革。同样 PCR 技术成为了体外通过酶促反应快速扩增特异 DNA 片段的基本技术。它要求反应体系具有以下条件：①要有与被分离的目的基因两条链各一端序列互补 DNA 引物（约 20 bp）；②具有热稳定性的酶，如 Taq DNA 聚合酶；③dNTP；④作为模板的目的 DNA 序列。一般，PCR 反应可扩增出 100～5000 bp 的目的基因。

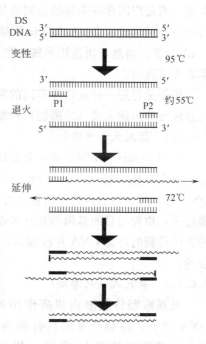

PCR 反应过程包括以下三个方面：①变性，将模板 DNA 置于 95 ℃ 的高温下，使双链 DNA 的双链解开变成单链 DNA；②退火，将反应体系的温度降低到 55 ℃ 左右，使得一对引物能分别与变性后的两条模板链相配对；③延伸，将反应体系温度调整到 TaqDNA 聚合酶作用的最适温度 72 ℃，以目的基因为模板，合成新的 DNA 链。PCR 工作原理见图 2-17。

图 2-17　PCR 工作原理

PCR 技术具有以下两个特点：第一，能够指导特定 DNA 序列的合成，因为新合成的 DNA 链的起点，是由加入在反应混合物中的一对寡核苷酸引物，在模板 DNA 链两端的退火位点决定的；第二，能够使特定的 DNA 区段得到迅速大量的扩增，由于 PCR 所选用的一对引物，是按照与扩增区段两端序列彼此互补的原则设计的，因此每一条新合成的 DNA 链上都具有新的引物结合位点，并加入下一反应的循环，其最后结果是，经 n 次循环后，反应混合物中所含有的双链 DNA 分子数，即两条引物结合位点之间的 DNA 区段的拷贝数，理论上最高达到 2^n。

因此，如此反复进行约 30 个循环左右，即可使目的 DNA 得到 10^9 倍的扩增，但实际上大约是 $10^6 \sim 10^7$ 倍的扩增。正因为 PCR 技术能在短时间大量扩增目的 DNA 片段，使得 PCR 技术在生物学、医学、人类学、法医学等许多领域内获得了广泛的应用，可以说 PCR 技术给整个分子生物学领域带来了一场变革。

2.6 目的基因与载体 DNA 的连接

含有目的基因的 DNA 片段，即使进入到宿主细胞内，依然不能进行增殖。它必须同适当的能够自我复制的 DNA 分子，如质粒、病毒分子等结合之后，才能够通过转化或其他途径导入宿主细胞，并像正常的质粒或病毒一样增殖，从而得到表达。

外源 DNA 片段同载体分子连接的方法，即 DNA 分子体外重组技术，主要是依赖于核酸限制性内切酶和 DNA 连接酶的作用。根据是否形成黏性末端，目的基因与载体的连接可分为黏性末端、非互补的黏性末端和平末端的连接。

2.6.1 黏性末端 DNA 片段的连接

大多数的限制性核酸内切酶切割 DNA 分子后都能形成具有 1～4 个单链核苷酸的黏性末端。当若用同样的限制酶切割载体和外源 DNA，或是用能够产生相同黏性末端的限制酶切割时，所形成的 DNA 末端就能够彼此退火，并被 T_4 连接酶共价地连接起来，形成重组 DNA 分子。当然，所选用的核酸酶对克隆载体分子最好只有一个识别位点，而且还应位于非必要区段内。

根据是否用一种或两种不同的限制酶消化外源 DNA 和载体，黏性末端 DNA 片段的连接方法可分为插入式（单酶切）和取代式（双酶切）两种。

2.6.1.1 插入式（单酶切）

采用 BamH I 切割只有一个酶切位点的环状质粒时，环被打开成为线性分子，两端都留下了由四个核苷酸组成的单链，这种末端称为黏性末端。用 BamH I 切割含目的基因的 DNA 时，所获得的目的基因将具有与质粒完全互补的两个黏性末端。这样，在 T_4 连接酶的催化下，质粒与目的基因的互补末端就能形成共价键，重组质粒重新成为了环状质粒。但这种方法得到的外源 DNA 片段插入，可能有两种彼此相反的取向，这对于基因克隆是很不方便的。

2.6.1.2 取代式（双酶切）

根据限制性核酸内切酶作用的性质，用两种不同的限制酶同时消化一种特定的 DNA 分子，将会产生出具有两种不同黏性末端的 DNA 片段。从图 2-18 可知，载体分子和待克隆的 DNA 分子，都是用同一对限制酶（Hind Ⅲ和 BamH I）切割，然后混合起来，那么载体分子和外源 DNA 片段将按惟一的一种取向退火形成重组 DNA 分子。这就是所谓的定向克隆技术，可以使外源 DNA 片段按一定的方向插入到载体分子中。

2.6.2 非互补黏性末端或平端 DNA 片段的连接

载体分子和给体 DNA 片段经不同的限制酶切割后，并不一定总能产生出互补的黏性末端，有时产生的是非互补的黏性末端和平末端。对于平末端的 DNA 片段，可以用 T_4 DNA 连接酶在一定的反应条件下进行连接；而具有非互补黏性末端的 DNA 片段，需要经单链特异性的 S1 核酸酶处理变成平末端后，再使用 T_4 DNA 连接酶进行有效连接。平末端 DNA 片段之间的连接效率一般明显地低于黏性末端间的连接作用，而且重组后便不能在原位切除。

常用的平末端 DNA 片段连接法，主要有同聚物加尾法、衔接物连接法及接头连接法。下面只简单介绍接头连接法。

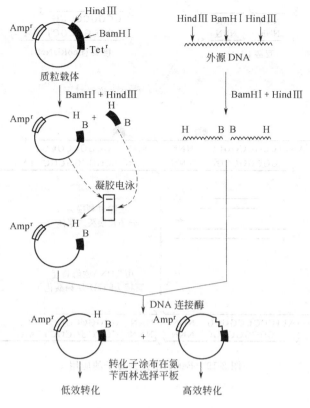

图 2-18　外源 DNA 片段的定向克隆

　　DNA 接头（adapter）是一类人工合成的一头具有某种限制酶黏性末端、另一头为平末端的特殊的双链寡核苷酸短片段，当它的平末端与平末端的外源 DNA 片段连接后，便会使后者成为具有黏性末端的新的 DNA 分子，而易于连接重组。

　　为防止各个 DNA 接头分子的黏性末端之间通过互补配对形成二聚体分子，通常要对 DNA 接头末端的化学结构进行必要的修饰与改造，使其平末端与天然双链 DNA 分子一样，具有正常的 $5'$-P 和 $3'$-OH 末端结构，而其黏性末端 $5'$-P 则被修饰移走，被暴露出来的 $5'$-OH 所取代。

　　这样，虽然两个接头分子黏性末端之间具有互补基配对的能力，但因为 DNA 连接酶无法在 $5'$-OH 和 $3'$-OH 之间形成磷酸二酯键，而不会产生出稳定的二聚体分子。但它们的平末端照样可以与平末端的外源 DNA 片段正常连接，只是在连接后需用多核苷酸激酶处理，使异常的 $5'$-OH 末端恢复成正常的 $5'$-P 末端，就可以得到具有 2 个黏性末端的 DNA 片段（图 2-19），从而能够插入到适当的克隆载体分子中，形成重组的 DNA 分子。

2.6.3　连接反应的效率

　　为了在连接反应中让尽可能多的外源 DNA 片段能插入到载体分子中形成重组 DNA，就必须提高连接反应的效率。为了提高效率，一般可以采用下面几种方法：①采用碱性磷酸酶处理、同聚物加尾连接技术或采用柯斯质粒等手段防止未重组载体的再环化，减少非重组体"克隆"的出现；②合理正确地配比 DNA 的总浓度以及载体 DNA 和外源 DNA 之间的比例，提高连接反应的效率；③根据不同的反应类型控制合理的反应温度和时间，可以大

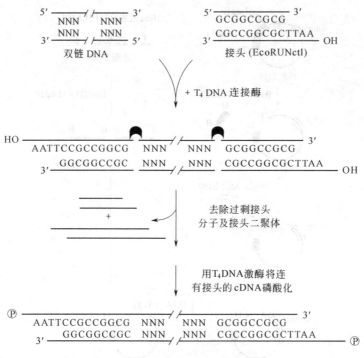

图 2-19　BamH I 接头分子的应用

幅度提高转化子数量。

2.7　目的基因导入受体细胞

目的基因与载体在体外连接重组后形成重组 DNA 分子,该重组体分子在体外构建后,需要导入到适当的宿主细胞进行繁殖,才能使目的基因得到大量扩增或表达。随着基因工程的发展,从低等的原核细胞到简单的真核细胞,进一步到结构复杂的高等动植物都可以作为基因工程的受体细胞。外源重组 DNA 分子能否有效地导入受体细胞,取决于所选用的受体细胞、克隆载体和基因转移方法等。

2.7.1　受体细胞

DNA 重组使用的受体细胞,也称宿主细胞或基因表达系统。受体细胞为基因的复制、转录、翻译、后加工及分泌等提供了条件,以便实现目的基因的表达。

受体细胞是能够摄取外源 DNA(基因)并使其稳定维持的细胞。通过许多科学家的共同努力,从原核到真核细胞,从简单的真核到高等的动植物细胞已经都能作为基因工程的受体细胞。原核细胞是一类很好的受体细胞,容易摄取外界的 DNA、增殖快、基因组简单,而且便于培养和基因操作,经常被用于 cDNA 文库和基因组文库的受体菌,或者用于建立生产目的基因表达产物的工程菌,也可以作为克隆载体的宿主。目前用做基因克隆受体的原核生物主要是大肠杆菌和枯草杆菌。

近年来,对真核生物细胞作为基因克隆受体受到了重视,如酵母菌和某些动植物的细胞。酵母菌的某些性状类似原核生物,所以较早就被用于基因克隆的受体细胞。动物细胞也被用做受体细胞,但动物的体细胞的传代数受到限制,所以一般都采用生殖细胞、受精卵细胞、胚胎细胞或杂交瘤细胞作为基因转移的受体细胞。

受体细胞选择的一般原则是：根据所用的载体体系及各种受体细胞的基因型进行选择，使重组体的转化或转染效率高、能稳定传代、受体细胞基因型与载体所含的选择标记匹配、易于筛选重组体及外源基因可以高效表达和稳定积累等。

2.7.1.1 微生物表达系统

最早应用于基因工程，至今仍最广泛使用的受体细胞是大肠杆菌。枯草杆菌、酵母和霉菌等也已经广泛用做基因工程的宿主细胞。

大肠杆菌表达产物常常在细胞内形成不溶性包涵体，以不正常的蛋白折叠形式存在，产物无生物活性。需要将包涵体溶解和蛋白质复性后才能得到具有生物活性的目标蛋白质。分离提纯的流程长、工艺复杂、具有生物活性蛋白质的收率低。通过遗传改造后的大肠杆菌宿主细胞能够建立人工的分泌机制，可以增加大肠杆菌分泌表达目标产物的能力。

枯草杆菌主要用于分泌型表达，缺点是表达产物容易被枯草杆菌分泌的蛋白酶水解，而且重组质粒在枯草杆菌中的稳定性较差；链霉菌培养方便，产物分泌能力强，常用于抗生素抗性基因和生物合成基因表达；通过在质粒上编码乳糖代谢、柠檬酸吸收、蛋白酶等基因，乳酸菌可用于食品工程；假单胞菌用于构建环境保护所需的具有多种降解能力的工程菌；棒状杆菌主要用于氨基酸基因工程；啤酒酵母安全、不致病、不产生内毒素，而且是真核生物，对其肽链糖基化系统改造后，已广泛用于真核生物基因的表达。

2.7.1.2 植物细胞表达系统

在植物细胞中使用的载体很有限，一般都用于转基因植物，很少用于植物细胞培养工程。目前主要是利用农杆菌转染方法将目的基因导入植物，所以较多使用双子叶植物表达系统。

2.7.1.3 动物细胞表达系统

昆虫细胞既能表达原核基因，又可表达哺乳动物基因，且有较强的分泌能力和修饰能力，但糖基化的寡糖链与人类糖蛋白相差较大，目前多用于抗体的生产。哺乳动物细胞具有很强的蛋白质合成后的修饰能力并能将表达产物分泌到胞外，可用于表达人类各种糖蛋白，但培养条件苛刻，成本较高，且易污染。目前常用的动物受体细胞有 L 细胞、HeLa 细胞、猴肾细胞和中国仓鼠卵巢细胞（CHO）等。

近年来，转基因动物有了快速发展，通过微注射或核转移可将外源基因转入到动物中并在特定组织或器官中表达和分泌，如采用动物乳腺分泌人类蛋白。

2.7.2 重组 DNA 分子导入受体细胞

带有外源 DNA 片段的重组子在体外构建后，需要导入适当的宿主细胞进行繁殖，才能获得大量而且一致的重组体 DNA 分子，这一过程叫做基因的扩增。因此，选定的宿主细胞必须具备使外源 DNA 进行复制的能力，而且还应能表达由导入的重组体分子所提供的某些表型特征，以利于含转化子细胞的选择和鉴定。

将外源重组子分子导入受体细胞的方法很多，其中转化（转染）和转导主要适用于原核的细菌细胞和低等的真核细胞（酵母），而显微注射和电穿孔则主要应用于高等动植物的真核细胞。

2.7.2.1 转化

对于原核细胞，常采用转化将目的基因导入受体细胞。原核细胞的转化过程就是一个携带基因的外源 DNA 分子通过与膜结合进入受体细胞、并在胞内复制和表达的过程。转化过程包括制备感受态细胞和转化处理。

感受态细胞（competent cells）是指处于能摄取外界 DNA 分子的生理状态的细胞。在制备感受态细胞时，应注意：①在最适培养条件下培养受体细胞至对数生长期，培养时一般控制受体细胞密度 OD_{600} 在 0.4 左右；②制备的整个过程控制在 $0 \sim 4 \, ℃$；②为提高转化率，常选用 $CaCl_2$ 溶液。

$CaCl_2$ 促进转化的机制尚不清楚，可能是 $CaCl_2$ 在细胞壁上打了一些孔，DNA 分子就能够从这些孔中进入细胞，这些孔洞随后又可以被宿主细胞修复。

大肠杆菌是用得最广泛的基因克隆受体，需经诱导才能变成感受态细胞；而有些细胞只要改变培养条件和培养基就可变成感受态细胞。

2.7.2.2 转导

将重组噬菌体 DNA 分子导入大肠杆菌受体细胞的常规方法是转导操作。所谓转导是指通过噬菌体（病毒）颗粒感染宿主细胞的途径将外源 DNA 分子转移到受体细胞内的过程。具有感染能力的噬菌体颗粒除含有噬菌体 DNA 分子外，还包括外被蛋白，因此，要以噬菌体颗粒感染受体细胞，首先必须将重组噬菌体 DNA 分子进行体外包装。1975 年 Becker he Gold 建立了噬菌体体外包装技术，即在体外模拟噬菌体 DNA 分子在受体细胞内发生的一系列特殊的包装反应过程，将重组噬菌体 DNA 分子包装成成熟的具有感染能力的噬菌体颗粒的技术。现在已经发展成为一种能够高效地转移大分子重组 DNA 分子的实验手段。

2.7.2.3 显微注射

利用显微操作系统和显微注射技术将外源基因直接注入实验动物的受精卵原核，使外源基因整合到动物基因组，再通过胚胎移植技术将整合有外源基因的受精卵移植到受体的子宫内继续发育，进而得到转基因动物。该法实际上属于物理方法，应用显微操作器，用特制的玻璃微管，将基因片断直接注入到靶细胞的细胞核（图 2-20）。

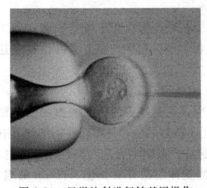

图 2-20　显微注射进行转基因操作

2.7.2.4 高压电穿孔法

外源 DNA 分子还可以通过电穿孔法转入受体细胞。所谓电穿孔法（electroporation），就是把宿主细胞置于一个外加电场中，通过电场脉冲在细胞壁上打孔，DNA 分子就能够穿过孔进入细胞。通过调节电场强度、电脉冲频率和用于转化的 DNA 浓度，可将外源 DNA 分别导入细菌或真核细胞。电穿孔法的基本原理是：在适当的外加脉冲电场作用下，细胞膜（其基本组成为磷脂）由于电位差太大而呈现不稳定状态，从而产生孔隙使高分子（如 DNA 片段）和低分子物质得以进入细胞质内，但还不至于使细胞受到致命伤害。切断外加电场后，被击穿的膜孔可自行复原。电压太低时 DNA 不能进入细胞膜，电压太高时细胞将产生不可逆损伤，因此电压应控制在 $300 \sim 600 \, V$ 范围内，维持时间约为 $20 \sim 100 \, ms$，温度以 $0 \, ℃$ 为宜。较低的温度使穿孔修复迟缓，以增加 DNA 进入细胞的机会。

用电穿孔法实现基因导入比 $CaCl_2$ 转化法方便、转化率高，尤其适用于酵母菌和霉菌。该法需要专门的电穿孔仪，目前已有多家公司出售。

2.7.2.5 多聚物介导法

聚乙二醇（PEG）和多聚赖氨酸等是协助 DNA 转移的常用多聚物，尤以 PEG 应用最广。这些多聚物与二价阳离子（如 Mg^{2+}、Ca^{2+}、Mn^{2+} 等）及 DNA 混合后，可在原生质体表面形成颗粒沉淀，使 DNA 进入细胞内。

这种方法常用于酵母细胞以及其他真菌细胞，也可用于动物细胞。处于对数生长期的细胞或菌丝体用消化细胞壁的酶处理变成球形体后，在适当浓度的聚乙二醇 6000（PEG6000）的介导下就可将外源 DNA 导入受体细胞中。

2.7.2.6 磷酸钙或 DEAE-葡聚糖介导的转染法

这是外源基因导入哺乳动物细胞进行瞬时表达的常规方法。哺乳动物细胞能捕获黏附在细胞表面的 DNA-磷酸钙沉淀物，并能将 DNA 转入细胞中，从而实现外源基因的导入。

在实验中，先将重组 DNA 同 $CaCl_2$ 混合制成 $CaCl_2$-DNA 溶液，随后加入磷酸钙形成 DNA-磷酸钙沉淀，黏附在细胞表面，通过细胞的内吞作用进入受体细胞，达到转染目的。

DEAE（二乙胺乙基葡聚糖）是一种高分子多聚阳离子材料，能促进哺乳动物细胞捕获外源 DAN 分子。其作用机制可能是 DEAE 与 DNA 结合后抑制了核酸酶的活性，或 DEAE 与细胞结合后促进了 DNA 的内吞作用。

2.7.2.7 脂质体介导法

脂质体（liposome）是人工构建的由磷脂双分子层组成的膜状结构。在形成脂质体时，可把用来转染的目的 DNA 分子包在其中，然后将该种脂质体与细胞接触，就将外源 DNA 分子导入受体细胞。脂质体介导法的原理是：受体细胞的细胞膜表面带负电荷，脂质体颗粒带正电荷，利用不同电荷间引力，就可将 DNA、mRNA 及单链 RNA 等导入细胞内。

2.7.2.8 粒子轰击法（particle bombardment）

金属微粒在外力作用下达到一定速度后，可以进入植物细胞，但又不引起细胞致命伤害，仍能维持正常的生命活动。利用这一特性，先将含目的基因的外源 DNA 同钨、金等金属微粒混合，使 DNA 吸附在金属微粒表面，随后用基因枪轰击，通过氦气冲击波使 DNA 随高速金属微粒进入植物细胞。粒子轰击法普遍应用于转基因植物，无论是植物器官或组织都能应用。

2.8 重组体的筛选

目的基因和载体重组并进入宿主后，由于操作失误及不可预测因素的干扰等，并非能全部按照预先设计的方式重组和表达，真正获得目的基因并能有效表达的克隆子只是其中的一小部分，绝大部分仍是原来的受体细胞，或者是不含目的基因的克隆子。为了从处理后的大量受体细胞中分离出真正的克隆子，目前已建立起一系列的筛选和鉴定方法。

重组体筛选的方法很多，归纳起来可分为两种：在核酸水平或蛋白质水平上筛选。从核酸水平筛选克隆子可以通过核酸杂交的方法。这类方法根据 DNA-DNA、DNA-RNA 碱基配对的原理，以使用基因探针技术为核心，发展了原位杂交、Southern 杂交、Northern 杂交等方法。从蛋白质水平上筛选克隆子的方法主要有：检测抗生素抗性及营养缺陷型、观测噬菌斑的形成、检测目标酶的活性、目标蛋白的免疫特性和生物活性等。

无论采用哪一种筛选方法，最终目的都是要证实基因是否按照人们所要求的顺序和方式正常存在于宿主细胞中。

2.8.1 利用抗生素抗性基因

抗生素抗性基因是一种最早而且最广泛使用的方法。在 DNA 重组载体设计时已经在质粒中装配了抗生素抗性基因标记，如四环素抗性基因（Tet^r）、氨苄西林抗性基因（Amp^r）、卡那霉素抗性基因（Kan^r）等。当编码有这些耐药性基因的质粒携带目的基因进入宿主细胞后，细胞就具有了相应的抗生素抗性，如果在筛选平板的培养基中加入有关抗生素，只有含质粒的细胞才能生长。但这种方法只能证明细胞中确实已经有质粒存在，但无法保证质粒中已经携带了目的基因。为了防止误检，人们进一步发展了采用插入缺失的方法，同一质粒往往有两种耐药性基因，在体外重组时故意将目的 DNA 插入到其中一个抗性基因中，使其失活，这样得到的宿主细胞便可在含另一抗生素的培养基中存活，但在两种抗生素都加入的平板上则不能生长。将这种菌株筛选出来，就能保证细胞中的重组质粒确实已经插入了目的基因。由于需要两次筛选，操作比较麻烦。

例如，pBR 322 质粒上有两个抗生素抗性基因，抗氨苄西林基因（Amp^r）上有单一的 Pst I 位点，抗四环素基因（Tet^r）上有 Sal I 和 BamH I 位点。当外源 DNA 片段插入到 Sal I/BamH I 位点时，使抗四环素基因失活，这时含有重组体的菌株从 Amp^r Tet^r 变为 Amp^r Tet^s。这样，凡是在 Amp^r 平板上生长而在 Amp^r、Tet^r 平板上不能生长的菌落就可能是所要的重组体。

2.8.2　营养缺陷互补法

若宿主细胞属于某一营养缺陷型，则在培养这种细胞时的培养基中必须加入该营养物质后，细胞才能生长；如果重组后进入这种细胞的外源 DNA 中除了含有目的基因外再插入一个能表达该营养物质的基因，就实现了营养缺陷互补，使得重组细胞具有完整的系列代谢能力，培养基中即使不加该营养物质也能生长。如宿主细胞有的缺少亮氨酸合成酶基因，有的缺少色氨酸合成酶基因，通过选择性培养基，就能将重组子从宿主细胞中筛选出来。这种筛选方法就称为营养缺陷互补法。

β-半乳糖苷酶显色反应就是一种利用宿主细胞和重组细胞中 β-半乳糖苷酶活性有无，表现出营养缺陷互补，从而能以直观的显色检测方法进行重组子筛选的常用方法。

例如 pUC 质粒载体含有 β-半乳糖苷酶基因（lac Z′）的调节片段，具有完整乳糖操纵子的菌体能翻译 β-半乳糖苷酶，如果这个细胞带有未插入目的 DNA 的 pUC19 质粒，当培养基中含有 IPTG 时，lac I 的产物就不能与 lac Z′ 的启动子区域结合，因此，质粒的 lac Z′ 就可以转录和翻译，产生的 lac Z 蛋白会与染色体 DNA 编码的一个蛋白形成具有活性的杂合 β-半乳糖苷酶，当有底物 5-溴-4-氯-3-吲哚-β-D-半乳糖苷（X-gal）存在时，X-gal 会被杂合的 β-半乳糖苷酶水解成形成蓝色的产物，即那些带有未插入外源 DNA 片段的 pUC 19 质粒的菌落呈蓝色。如果 pUC 19 质粒中插入了目的 DNA 片段，那么就会破坏 lac Z′ 的结构，导致细胞无法产生功能性的 lac Z 蛋白，也就无法形成杂合 β-半乳糖苷酶，因而菌落是白色的。据此可以根据菌落的颜色，筛选出含目的基因的重组体。这一方法大大简化了在这种质粒载体中鉴定重组体的工作。

2.8.3　核酸杂交法

利用碱基配对的原理进行分子杂交是核酸分析的重要手段，也是鉴定基因重组体的常用方法。核酸杂交法的关键是获得有放射性或非放射性但有其他类似放射性的探针，探针的 DNA 或 RNA 顺序是已知的。根据实验设计，先制备含目的 DNA 片段的探针，随后采用杂交方法进行鉴定。

核酸分子杂交的基本原理是：具有互补的特定核苷酸序列的单链 DNA 或 RNA 分子，

当它们混合在一起时，其特定的同源区将会退火形成双链结构，利用放射性同位素^{32}P标记的DNA或RNA作探针进行核酸杂交，即可进行重组体的筛选与鉴定。

在DNA杂交实验中，目的DNA先变性，然后把单链的目的DNA在高温下结合到硝酸纤维素膜或尼龙膜上。单链DNA探针用放射性同位素或其他物质进行标记，与膜一起保温。如果DNA探针与样品中的某一核苷酸序列互补的话，那么通过碱基配对作用就可形成杂合分子，最后通过放射自显影或其他方式检测出来。通常，探针的长度在100 bp～1 kb之间，但有时用小于100 bp或大于1 kb的探针，也能得到较好的效果。杂交的反应条件非常重要，稳定的结合往往需要在最少50个碱基的片段中至少80％的碱基完全配对。

DNA探针既可用同位素标记，也可用生物素（biotin）等非同位素标记物连接到其中一种脱氧核糖核苷三磷酸中，然后渗入到新合成的DNA链中。要检测这种标记需要一种中间化合物——链霉抗生物素蛋白（streptavidin），该化合物能与生物素结合，同时细胞自身带有某种酶，可以催化形成有颜色的化合物，最后结果很容易分辨出来。

核酸分子杂交的方法有：原位杂交、Southern杂交及点杂交等。

将含重组体的菌落或噬菌斑由平板转移到滤膜上并释放出DNA，变性并固定在膜上，再同DNA探针杂交的方法称为原位杂交。

Southern杂交是一种典型的异位杂交，1975年由Southern设计创建并以他的名字命名。该方法将重组体DNA用限制酶切割，分离出目的DNA后进行电泳分离，再将其原位转至薄膜上，固定后用探针杂交。

2.8.4 通过免疫反应筛选

免疫学方法是一个专一性很强、灵敏度很高的检测方法。免疫学方法的基本原理是：以目的基因在宿主细胞中的表达产物（蛋白质或多肽）作抗原，以该基因表达产物的免疫血清作抗体，通过抗原抗体反应检测所表达的蛋白并进一步推断目的基因是否存在。如果重组子中的目的基因可以转录和翻译，那么根据发生免疫反应颜色变化的克隆所在的位置，找出原始的培养板上与之相对应的克隆，就能筛选到重组子。

2.8.5 通过酶活性筛选

如果目的基因编码的是一种酶，而这种酶又是宿主细胞所不能编码的，那么就可以根据这种酶活性存在与否来筛选重组子。另外，如果重组子中表达的目的酶的存在对细胞生长极其重要，通过设计选择性培养基，那么在该选择性培养基上生长的菌落也可鉴定为重组子。

2.9 目的基因的高效表达

2.9.1 概述

当通过基因操作获得重组子后，目的基因的表达效率就成为最重要的问题。不同的表达系统具有各自的表达特点，对于通常使用的细菌、酵母、昆虫和哺乳动物表达系统的优缺点，现在已有一个较普遍的认识，总结在表2-2中。

大肠杆菌的遗传学和分子生物学已经进行了广泛深入的研究，大肠杆菌的许多优点确保了它在基因工程中的地位，是一个最常用的基因高效表达系统。但是对于一个特定的基因来说，大肠杆菌是否能高效表达，将取决于基因的结构特征、宿主菌、载体构建和细胞培养等多方面。大肠杆菌系统最大的缺点是无法像真核生物那样进行许多翻译后修饰，从而影响了真核蛋白质的生物活性，而且表达的蛋白质往往形成不溶性的包涵体。枯草杆菌是另一种常用的原核表达系统，容易进行各种基因操作，适合高水平分泌表达工业用酶，但构建的重组菌不够稳定。酵母菌是常用的真核生物表达系统，能够表达结构复杂的蛋白质，进行翻译后的糖基化，并易于实现分泌型表达。尽管利用酵母和昆虫细胞能够将目的蛋白进行翻译后的修饰，如糖基化等，但与哺乳动物细胞系统相比，糖基化程度与糖基种类仍有差别，因此近来对哺乳动物细胞系统的研究越来越重视，并采用多种方法提高动物细胞培养技术和表达产率。

表 2-2　不同表达系统中目标蛋白表达的特点比较

特　征	细　胞					
	E. coli	*B. subtilis*	*S. cerevisiae*	霉菌	昆虫①	动物
高生长速率	E	E	VG	G-VG	P-F	P-F
基因系统的可用性	E	G	G	F	F	F
表达水平	E	VG	VG	VG	G-E	P-G
是否可用廉价培养基	E	E	E	E	E	No
蛋白质折叠	F	F	F-G	F-G	VG-E	E
简单的糖基化	No	No	Yes	Yes	Yes	Yes
复杂的糖基化	No	No	No	No	Yes	Yes
低水平蛋白酶活	F-G	P	G	G	VG	VG
产物释放胞外的能力	P/VG	E	E	E	VG-E	E
安全性	VG	VG	E	VG	E	F

① 昆虫细胞与哺乳动物细胞进行糖基化的形式不同。

注：E—优秀；VG—非常好；G—好；F——般；P—差。

目的基因的表达效率是基因工程研究的核心问题，而且是一个多学科交叉的研究课题，一般具有如下规律。

① 从表达蛋白的生物活性角度出发，目的蛋白无须变性复性就具有生物活性的表达方式将是有效的基因表达方式。

② 如果翻译后蛋白质的结构需要修饰，能够进行目的蛋白结构修饰的基因表达方式将更受到欢迎，获得的产物应尽可能与天然蛋白质一致，这样才具有最高的生物活性。

③ 能够将目的蛋白分泌到细胞周质、特别是分泌到细胞外的分泌型表达将提高产物表达的产量并简化分离流程。

④ 应该通过质粒设计和培养过程优化等手段，尽可能降低不含质粒细胞的比例、保持质粒的稳定性，使目的基因能够长时间在宿主菌中保持和表达。

⑤ 提高细胞密度通常能够提高产物的表达水平，因此应该选择能进行高密度培养的宿主细胞，并有适当的培养方法尽可能提高细胞密度。

⑥ 在宿主细胞选择、质粒构建、培养基设计中都应该考虑有利于产物的分离提纯。

2.9.2　影响目的基因表达的基本因素

从基因表达系统构建和目的基因表达过程这两个方面分析，目的基因的表达效率不仅取决于宿主菌特性和表达载体的构建，而且还取决于重组菌的培养工程。从表达系统来看，主要表现在转录和翻译两个水平上。

影响外源 DNA 转录的主要因素是启动子的强弱。启动子是宿主细胞的 RNA 聚合酶专一结合并起始转录合成 mRNA 的部位。大多数外源的特别是真核细胞的启动子不能被大肠杆菌 RNA 聚合酶识别，因此必须将外源基因置于大肠杆菌启动子控制下。lac、lacUV5、tac 等都是常用的强启动子。但是太强的启动子在启动外源基因表达时可能严重损害重组菌的正常生长代谢，因而需要选择合适的启动子。转录终止信号也会影响转录，人工合成的基因后面一定要装配合适的终止子，以减少能量消耗及保持转录的准确性。强启动子往往需要强终止子予以匹配。

翻译水平影响外源基因表达的重要因素是翻译起始区。翻译是在核糖体上进行的，因此mRNA上必须有核糖体的结合部位（称 SD 序列）。对于人工合成的基因来说，密码子的优化亦很重要，应该采用宿主菌的偏爱密码子、保持嘌呤和嘧啶碱基配对反应的能量平衡。翻译后的加工修饰也将影响表达水平。包括切除新生肽键 N 端甲酰蛋氨酸、形成二硫键、糖基化和肽键本身的后加工等。

基因表达是一个非常复杂的系统。除上述两个主要影响因素外，载体的稳定性、拷贝数、宿主细胞的生理状态等都会影响目的基因的表达水平。

2.9.3　目的基因的不溶性高效表达

在基因工程诞生后研究开发第一代重组 DNA 产品时，发现在大肠杆菌细胞内表达的 somatostatin 和胰岛素的产量很低，究其原因，发现这些表达的蛋白质大部分都被细胞内蛋白酶降解了。但当目标产物与 β-半乳糖苷酶融合表达时，融合蛋白产物却能在细胞内高水平积累，从而开创了目的基因的高效融合表达策略。融合表达的蛋白质往往形成不溶性的无生物活性的包涵体，需要经过溶解和复性才能获得有活性的目的蛋白。采用高密度培养及工程菌生长和诱导表达相分离的两段培养技术，包涵体的产量可以达到很高的水平，由于近年来蛋白质复性技术的发展，目的蛋白质的活性收率也得到了大幅度提高。因此，对于不需要翻译后修饰的蛋白质产物，利用生长速度快、培养基简单的大肠杆菌为宿主细胞，采用不溶性融合蛋白表达策略仍是一种提高目的基因表达效率的很好选择。

通过采用目的蛋白与带纯化标签的细菌蛋白融合的新策略，所得到的融合蛋白不仅能够抵抗蛋白酶的进攻，而且可以利用带纯化标签的蛋白与相应的抗体之间的亲和反应，实现目的蛋白的高效亲和分离。

2.9.4　目的基因的高效可溶性表达

最初以大肠杆菌为宿主细胞的基因工程菌在表达目的蛋白时，发现可溶性的目的蛋白在细胞中浓度很低，高浓度表达将导致不溶性包涵体的形成。近年来的研究发现，如果目的蛋白能够抵抗蛋白酶的进攻或者采用蛋白酶缺失的宿主菌，目的基因有可能在细胞内进行高水平的可溶性表达。对于不少目的蛋白，可通过降低启动子强度和减少培养温度的手段成功地实现高水平的可溶性表达。如在表达人干扰素-α2b 的重组大肠杆菌中，采用较弱启动子和在 25 ℃下培养，细胞内可溶性表达可达到 $1.0 \mathrm{~g} \cdot \mathrm{L}^{-1}$ 以上。由于可溶性的目的蛋白本身常具有生物活性，无需复杂的变性复性的后分离过程，是一种很有希望的提高目的基因表达的新策略。

2.9.5　目的基因的高效分泌型表达

当采用大肠杆菌作为表达系统时，如果在质粒设计时就加上一段信号肽基因，就有可能实现目的蛋白质的分泌型表达。目的基因的分泌型表达有两种情形：目的蛋白分泌到细胞周质中和目的蛋白转运到细胞周质后再分泌到细胞外。目的蛋白分泌到细胞周质中的优点有：①细胞周质中蛋白酶种类和数量远少于细胞内原生质中蛋白酶种类和数量，从而可减少蛋白酶的攻击；②细胞周质的高度氧化环境更有利于蛋白质的正确折叠和增加可溶性；③表达蛋白在分泌到细胞周质的过程中能够借助肽酶将与之相连的信号肽切除，从而得到成熟的表达蛋白；④通过简单的渗透振扰就可将在细胞周质中的目的蛋白分泌到培养基中，避免了在分离过程中细胞破碎带来的众多杂蛋白的干扰。对于能分泌到细胞外的表达系统，除了以上优点外，还能进一步简化产物分离工艺，更重要的是降低了胞内的产物浓度，特别是对那些存在产物抑制的表达系统，可以大大提高表达水平。因此，构建分泌型、特别是胞外分泌型的表达载体是实现目的基因高效表达的重要发展方向之一。

将目的基因与哺乳动物的信号肽融合后，有可能在细菌中实现目的蛋白质的分泌表达，但采用大肠杆菌本身的信号肽将更加有效。常用的大肠杆菌信号肽有 PhoA，LamB，OmpA 和 STⅡ的导肽。通过与这些导肽的融合，有多种蛋白质已经实现了分泌型表达，其中包括人生长激素、人干扰素、人表皮生长因子、牛生长因子等。第一个正式商业化生产的大肠杆菌分泌表达的蛋白质是 1993 年正式上市的人生长激素。Wong 等人将人表皮生长因子基因与 OmpA 的导肽融合实现了人表皮生长因子分泌到细胞外表达，并且通过质粒优化与细菌培养工程研究相结合，细胞外 hEGF 产量高达 380 mg·L^{-1}，是目前世界上小肽细胞外表达的最高水平，与很多细胞内小肽表达水平相当，显示了分泌型表达提高目的基因效率的极大潜力。但是，一些研究发现，目的蛋白与信号肽的融合并不能保证产物一定会分泌到胞外，分泌到细胞周质中的目的蛋白也不一定是可溶的，只有通过添加非代谢性糖和降低表达速率才能增加其溶解性。因此，对于以大肠杆菌作为宿主细胞的表达系统而言，要顺利实现分泌型表达还有许多问题有待于解决。

另一类分泌表达系统则从破坏细胞壁的结构着手。例如，将目的蛋白和细胞壁裂解酶的基因同时转化到宿主细胞中，在细菌生长到一定阶段后诱导表达，一方面，目的蛋白质开始蛋白质表达，另一方面，细胞壁裂解酶的表达将破坏细胞壁的结构，使表达的目的蛋白质释放到胞外。这种方法已经在基因工程菌生产聚羟基烷酸时取得成功。也有人将表达载体转化到已突变的渗漏型宿主细胞中，从而实现目的蛋白分泌到细胞外。由于上述宿主菌的细胞生理都处于不正常的条件下，在基因工程菌实际培养过程中都难以高表达。

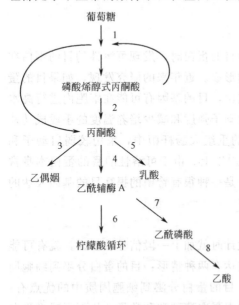

图 2-21 E. coli 的乙酸生成的代谢途径

1—磷酸转移酶；2—丙酮酸激酶；

3—乙偶姻合成酶；4—丙酮酸脱氢酶；

5—乳酸脱氢酶；6—柠檬酸合成酶；

7—磷酸转乙酸基酶；8—乙酸激酶

2.9.6 基因工程宿主菌的改造

大肠杆菌具有实现外源蛋白高效表达的许多基本条件，能够满足作为基因工程宿主菌的基本功能，目前基因工程常用宿主是大肠杆菌 K$_{12}$ 系列和 B 系列。然而，在基因工程菌培养过程中，特别在高密度培养条件中，往往存在抑制性副产物乙酸的大量积累，从而严重抑制了菌体生长和目的基因表达。尽管从工程角度已开发了不少新型培养策略，但通过改造宿主的遗传性能从而减少或消除乙酸的生成不失是一条革命性的解决措施。

通过分析 E. coli 中乙酸生成的代谢途径（见图 2-21），很多科学家开展了相关的代谢工程研究。他们采用了如下措施：降低磷酸转移酶的活性，减少丙酮酸的合成；降低磷酸转乙酸基酶活性，减少乙酸形成；加强 6-磷酸葡萄糖合成糖原途径以减少丙酸的形成；通过克隆乙偶姻基因，将丙酮酸引向毒性小 50 倍以上的乙偶姻合成，从而减少乙酸的合成。通过以上努力，使大肠杆菌培养过程中积累乙酸的水平大大降低，而外源基因的表达水平则有很大的提高。

在基因工程培养过程中，溶解氧是影响工程菌生长和外源基因表达的重要因素。通常情况下，重组菌生长密度达到 $30\sim50$ g·L^{-1} 时，溶解氧就成为菌体生长的限制性因素。与上述解决乙酸积累的方法类似，通过改造大肠杆菌使之能在贫氧条件下生长，是一种根本性的解除溶氧限制的新策略。已经发现在一种细菌（透明菌）内含有起输送氧作用的血红蛋白基因，通过将血红蛋白基因整合到大肠杆菌宿主中后，大肠杆菌就能在贫氧条件下培养生长，从而提高了菌体生长密度和外源蛋白的表达产率。进一步将血红蛋白基因整合到其他的基因工程宿主菌中，如枯草杆菌和链霉菌，也可以起到增加菌体密度和提高表达水平的作用。

2.9.7　利用细胞培养工程手段提高基因表达水平

当一个重组菌构建完成后，重组菌的生理代谢和培养条件就成为影响目的基因表达效率的重要因素，主要表现在三方面：①与传统细胞培养不同，重组菌存在质粒丢失倾向，而且不含质粒的宿主菌比含质粒的重组菌的比生长速率更快，因而随着培养过程的延长，不含质粒的宿主菌比例将会越来越高，严重影响目的基因的表达效率；②重组菌不仅要维持菌体的正常生长而且还要表达外源基因，因此重组菌存在能量分流现象，从而限制了重组菌的高密度培养；③在重组菌中表达的目的蛋白，为细胞的异源物质，往往对细胞存在一定程度的毒性，而且在细胞培养过程中亦会积累乙酸等抑制性有机酸，这些抑制性物质将会严重抑制细胞生长和目的基因的高表达。

2.9.7.1　提高工程菌的质粒稳定性

提高工程菌的质粒稳定性需要从质粒构建和培养方法改进两条途径进行研究。在质粒构建时，一般都插入了抗生素抗性基因，不但为基因工程菌的筛选提供了方便，而且也为培养过程中提高含质粒细胞比例创造了条件。只要在培养基中加入一定量的抗生素，就可以抑制不含质粒细胞的生长；另外，在质粒构建时应该加入称为 par 和 cer 的位点，par 位点能够在细胞分裂过程中使质粒分布更均匀，cer 位点则能够防止多聚体质粒的形成，从而能从源头上提高质粒稳定性。

在工程菌的培养过程中，适当降低菌体的生长速率，将有利于提高重组细胞中载体的拷贝数，防止在细胞分裂时产生不含质粒细胞，增加目的蛋白的表达速率。采用细胞生长期和诱导表达时期分开的分段培养策略，即在间歇培养初期不加诱导剂，目的蛋白不表达，这样，细胞可以利用所有的碳源和能源用于细胞的快速生长，而且可以避免细胞生长初期由于诱导表达导致的质粒不稳定性，待细胞密度达到较高水平时，加入诱导剂，目的蛋白就能够高水平表达。也有人提出采用培养条件循环控制策略，可以减少不带质粒宿主菌的生长优势，提高含质粒重组菌的比例，从而提高表达产率。此外，采用固定化细胞培养也有利于提高质粒的稳定性。

2.9.7.2　重组菌的高密度培养

如果能实现重组菌的高密度培养，不仅能提高目的蛋白产率，而且能减少培养体积、强化下游分离提取、降低生产成本。高密度培养的实现，不仅取决于上游重组表达系统的构建，而且还取决于重组菌的培养工程策略。

（1）宿主菌和培养基

不同宿主菌或同一宿主菌的不同种和亚种不仅对外源蛋白的表达有很大影响，而且还影响相应的重组菌的高密度培养。不同亚种的大肠杆菌在相同条件下培养的菌体密度和表达水平可相差 $2\sim5$ 倍，因此高密度优化时要考虑宿主菌的因素，选取最合适的表达宿主菌。重组菌的表达方式、诱导方法等因素也将影响细胞培养能达到的密度和产物表达水平。

大肠杆菌的培养基可分为合成培养基、半合成培养基和复合培养基。高密度培养基常采用半合成培养基，培养基各组分的浓度和比例要恰当，过量的营养物质反而会抑制菌体的生长。一般而言，文献中推荐的培养基组成具有重要的参考价值，但是针对具体的培养体系，一般还需要对培养基的成分进行优化。

（2）流加（补料）发酵实现高密度重组菌培养

在间歇培养时，增加初始营养物质的浓度不但不能增加细胞密度，还会产生底物抑制及"葡萄糖效应"，造成有机酸的积累，最终影响细胞生长和产物表达。流加（补料）发酵是实现高密度重组菌培养的关键技术。应该根据重组菌的生长特点及产物的表达方式设计合理的营养物流加方式。常用的流加模式有：恒速流加补料、变速补料和指数流加补料。

在恒速流加培养中，作为限制性基质的葡萄糖以恒定的速率流加，相对于发酵罐中的菌体来说，营养物浓度逐渐降低，菌体的比生长速率缓慢下降，总的菌体量则基本上呈线性增加。Pan 等采用恒速流加培养策略生产人生长激素，菌体最终浓度达到 120 OD_{525}；Jung 等采用该技术生产干扰素，菌体浓度达到 46 g（DCW）· L^{-1}，干扰素比生产率为 17 mg · g^{-1} 菌体。

变流速或梯度增加流加速率可以在菌体密度较高的情况下通过加入更多的营养物质促进细胞的生长。李民等采用三阶段式流加葡萄糖的方式，高密度培养重组菌 YK537/pDH-B2m 生产骨形成蛋白（BMP-2A），发酵密度达 430 OD_{600}，BMP-2A 产量为 2.78g · L^{-1} 发酵液。

指数流加技术是一种简单而又有效的补料技术，它能够使反应器中基质的浓度控制在较低的水平，既可以减少乙酸等有害代谢物的生成，又使菌体以一定的比生长速率呈指数增加，还可以通过控制流加速率控制细菌的生长速率，使菌体维持稳定生长，同时又有利于外源蛋白的充分表达。指数流加技术已广泛应用于重组菌的高密度培养，可以实现外源蛋白的高水平表达。

另外，为了拟合细菌在发酵罐中的实际生长情况，进一步减少有害代谢物生成，根据细胞代谢反馈的信息，配合在线和/或离线的检测手段，又发展了许多先进的补料技术，见表 2-3。

表 2-3　大肠杆菌高密度发酵中常用的底物流加技术

	流加技术	注　解
非反馈流加	恒速流加	预先设定的恒定的营养流加速率,细菌的比生长速率逐渐下降,菌体密度呈线性增加
	变速流加	在培养过程中流加速率不断增加(梯度、阶段、线性等),细菌比生长速率在不断改变
	指数流加	流加速率呈指数增加,比生长速率为恒定值,菌体密度呈指数增加
反馈流加	恒 pH 值法	在线检测葡萄糖或甘油浓度控制碳源的浓度。通过 pH 值的变化,推测细菌的生长状态,调节流加葡萄糖速率,调节 pH 值为恒定值
	恒溶解氧法	以溶解氧为反馈指标,根据溶解氧的变化曲线调整碳源的流加量
	菌体浓度反馈	通过检测菌体的浓度,拟合营养的利用情况,调整碳源的加入量
	CER 法	通过检测二氧化碳的释放率(CER),估计碳源的利用情况,控制营养的流加
	DO-stat 法	通过控制溶解氧,搅拌和补料速率,维持恒定的溶解氧,控制减少有机酸的生成

2.9.7.3 减少乙酸等抑制性副产物的形成

乙酸、丙酸及乳酸分别是基因工程大肠杆菌、枯草杆菌及哺乳动物细胞培养时产生的主要抑制性副产物，它们的积累不但影响细胞生长，而且抑制了产物表达。因此减少乙酸等有机酸的生成是基因工程的重要研究内容。除了在基因工程的上流技术中采用适当措施降低有机酸合成外，在细胞培养工程中采取正确的策略也能取得良好的效果。下面以基因工程大肠杆菌为例加以说明。

（1）降低比生长速率

细菌的比生长速率越大，副产物乙酸的比生成速率就越高。在合成培养基中，当重组菌的生长速率超过某个临界值时便会引起乙酸积累。Riesenberg 等发现，在连续培养中，稀释率超过 $0.2h^{-1}$ 时就能检测到乙酸的存在，比生长速率控制在 $0.11\ h^{-1}$，大幅度降低了乙酸产率，使菌体密度达到 $110\ g$（DCW）$\cdot L^{-1}$。太低的比生长速率虽然产酸少但同时又对产物表达不利，因此需要选取合适的比生长速率才能达到高密度、高表达发酵。

（2）降低培养温度

将基因工程大肠杆菌的培养温度从 $37\ ℃$ 降低到 $26\sim30\ ℃$，可以降低菌体对营养物的吸收速率，从而减少有机酸的形成，重组 $E.\ coli$ KS467 诱导产生 Proapo A-Ⅰ 的培养温度从 $37\ ℃$ 降低到 $30\ ℃$，可将乙酸的浓度从 $10\ g\cdot L^{-1}$ 降到 $5\ g\cdot L^{-1}$。

（3）限制性流加葡萄糖

前已述及，流加培养可以消除"葡萄糖效应"，降低有机酸积累，是一种有效减少乙酸生成的培养策略。

（4）基因工程菌培养和乙酸分离耦合过程

即使采用了以上限制乙酸产生的方法，在发酵液中还是会有一定量乙酸的积累。为了彻底解决这一问题，有人建议采用在重组菌的培养过程中利用在线或离线的透析、离子交换或膜分离等技术除去发酵液中的乙酸，从而实现重组菌的高密度发酵和产物的高水平表达。文献中已经报道了许多耦合过程的成功例子。

以上方法原则上也适合于其他基因工程菌的培养过程。

2.9.7.4 目的蛋白表达的质量

在重组细胞的产物表达后，目的蛋白常常会受到各种修饰，如蛋白质的氧化、脱氨基和降解等，而且经过修饰的蛋白质与目的蛋白质的性质十分接近，难以与目的蛋白分离，影响目的蛋白质的真实性和质量，如果用于疾病治疗，将引起人体的许多副作用。从基因工程上游的角度考虑，宿主细胞选择是一个很重要的因素，所选择的宿主细胞应尽可能地不产生或少产生能引起蛋白质变性或降解的酶系。在培养方法上，通过将菌体生长与蛋白表达时期分开，可以降低目的蛋白的暴露时间，从而减少目的蛋白被修饰的机会。另外，降低培养温度可以降低修饰酶活性，也有利于提高目的蛋白的质量。

2.10 基因工程的应用与发展前景

经过 30 多年的发展，基因重组技术已成为一项最重要的基因操作技术，在生命科学研究中发挥了极其重要的作用。同时，基因工程技术自它诞生之日起，就以应用作为研究目标，以新型蛋白质类药物的研究开发为重点，政府、企业、大学和研究单位投入了大量的人力和物力用于基因工程的应用研究，而且在世界范围内展开了激烈的竞争。今天，基因工程的研究开发水平已经成了反映·个国家竞争力的重要指标，并将对世界经济的可持续发展、人们生活水平和生活质量的提高及解决人类所面临的许多重大问题产生深远的影响。

我国政府对基因工程的研究和开发也十分重视，自20世纪70年代末以来，一直将基因工程作为生物科学与技术领域研究、开发和产业化的重点，组织了大量的基础研究和科技攻关项目，促使我国在基因工程研究和应用领域迅速缩短了与世界先进水平的差距，在基础研究和产业化方面都取得了重要进展。

表2-4列出了已经商品化生产的部分基因工程产品。从表2-4中可以看到，这些产品已经与人类健康息息相关，已经形成了产业化生产规模，发展速度大大高于其他工业部门。

表2-4 已经商品化生产的部分基因工程产品

产物名称 英文名称	产物名称 中文名称	用途	产物名称 英文名称	产物名称 中文名称	用途
Hormone and peptide factors（激素和多肽类产物）			Enzyme（酶）		
Human insulin	人胰岛素	糖尿病	Tissue plasminogen activator	组织血纤维蛋白溶酶原活化因子	急性心肌炎
Factor Ⅷ-C	因子Ⅷ-C	血友病	Urokinase	尿激酶	心脏病
Human growth Hormone	人生长激素	生长缺陷	Superoxide dismutase	超氧化物歧化酶	重灌注损伤，肾移植
Bovine growth hormone	牛生长激素	增加牛奶和牛肉的产量	Prochymosin	凝乳酶原	制造奶酪
Porcine growth hormone	猪生长激素	增加猪肉的产量	Vaccines（病毒）		
Erythropoietin	促红细胞生成素	贫血、慢性肾病	Hepatitis B	B型肝炎病毒	B型肝炎
Human epidermal growth factor	人表皮生长因子	创伤愈合，化妆品	AIDS	AIDS病毒	AIDS病
Atrial peptide	心房肽	急性阻塞型心脏病	Foot and mouth disease	口蹄疫病毒	牛口蹄疫
T-cell modulatory peptide	T-细胞调节肽	自身免疫性疾病	Diphtheria toxin	白喉病毒	白喉
Interferon-alpha 2a	干扰素-α2a	毛细胞白血病	Maralaia Vaccines	疟疾病毒	疟疾
Interferon-alpha 2b	干扰素-α2b	慢性骨髓性白血病	Monoclonal antibodies（单克隆抗体）		
Interferon-alpha	干扰素-α	疱疹，AIDS	For diagnostics		用于诊断
Interferon-beta	干扰素-β	癌症，细菌感染	For kidney transplant rejection		用于肾移植排斥
Interferon-gamma	干扰素-γ	癌症、性病、传染病	For septic shock		用于败血症
Interleukin-2	白细胞介素-2	癌症免疫疗法	For bone marrow rejection		用于骨髓移植排斥
Colony stimulating factor	群落刺激因子	化疗，AIDS	For colorectal cancer		用于结肠癌
Tumor necrosis factor	肿瘤坏死因子	癌症	For heart transplant rejection		用于心脏移植排斥
			For liver transplant rejection		用于肝脏移植排斥
			For lung and ovrian cancer		用于肺癌和卵巢癌

近年来，基因工程已成为生物科学与技术的核心技术，基因工程本身也有了重大的进展和外延。基因工程的宿主细胞已经从微生物发展到植物、动物和人类细胞；基因工程的目的基因已经从单个基因推广到基因族，并从基因组学的高度解决目的基因的来源、定位和功

能，形成了基因组工程新学科；从人类基因组和植物、动物、微生物基因组研究获得的海量信息，开始发展后基因组工程，以便开发利用基因组学的巨大研究成果。生物芯片技术、体细胞克隆技术、基因诊断和基因治疗技术等都已经崭露头角。这些研究工作的顺利开展，将极大地推动人类对生命现象和生命规律的认识，促进人类文明的发展，并为生物技术发展成为21世纪的支柱产业做出重要贡献。

2.10.1 基因工程制药

2.10.1.1 基因工程制药的基本内容

基因工程诞生后不久，迅速开展了产业化的研究和开发并在生物制药领域首先取得了巨大的成功。1982年，第一个基因工程药物人胰岛素就在美国的Eli Lilly公司研究成功并投放市场。如表2-4所示，基因工程药物常分为四类：激素和多肽类、酶、重组疫苗及单克隆抗体。第一类基因工程药物主要针对因缺乏天然内源性蛋白所引起的疾病，应用基因工程技术可以在体外大量生产这类多肽蛋白质，用于替代或补充体内对这类活性多肽蛋白质的需要。这类蛋白质主要以激素类为代表，如人胰岛素、人生长激素、降钙素等。还有一些属于细胞生长调节因子，以超正常浓度剂量供给人体后可以激发细胞的天然活性作为其治疗疾病的药理基础，如G-CSF、GM-CSF等。第二类基因工程药物属于酶类，如tPA、尿激酶及链激酶等，都是利用它们能催化的特殊反应，如溶解血栓等，达到治疗的目的。第三类基因工程药物都属于疫苗，用于防治由病毒引起的人或动物的传染性疾病，可分为基因工程亚单位疫苗、载体疫苗、核酸疫苗、基因缺少活疫苗及蛋白工程疫苗等，从微生物分类来看，又可分为基因工程病毒疫苗、基因工程菌苗、基因工程寄生虫疫苗等。第四类产物单克隆抗体既能用于疾病诊断，又能用于治疗，单克隆抗体已成为研究和开发的新热点。

2.10.1.2 世界各国基因工程制药的产业化发展

美国是现代生物技术的发源地，又是应用现代生物技术研制新型药物最多的国家，多数基因工程药物首创于美国，目前美国在这方面研究开发一直居于世界领先水平。根据美国制药协会统计，1982～1998年底的16年时间里，已有53种基因工程药物获FDA批准上市，已使全球6000多万病人受益。除已上市的药物外，1998年美国有350种生物技术药物正处于不同临床阶段。1996年美国治疗性基因工程药物销售额为70.55亿美元，占美国药品市场销售额的9.5%，2000年达到140亿美元，2006年将达到256亿美元，平均年增长率为13%。

日本在基因工程的研究和开发方面仅次于美国，从20世纪70年代开始政府就制订了生物技术发展规划，采取了一系列措施加速生物技术的基础与应用研究，并积极鼓励企业向生物技术领域投资。日本已有24种基因工程药品批准上市，另有50多种处于研究之中。1996年其市场规模达6552亿日元，其中仅促红细胞生成素（EPO）一种产品的销售额就达到了960亿日元。欧洲在发展生物药品方面也进展很快，英、德、法、俄等国在开发和研制生物药品方面成绩斐然，在生物技术的某些领域甚至赶上并超过了美国。

1989年我国第一个基因工程药物干扰素-α1b上市，标志着我国基因工程制药实现了零的突破。重组干扰素-α1b是世界上第一个采用中国人基因克隆和表达的基因工程药物，也是我国自主研制成功的、拥有自主知识产权的基因工程一类新药。到2000年底，我国共有19种重组蛋白质和疫苗相继上市，另外尚有几十种生物技术新药正在进行临床试验。在此期间，重组蛋白质药物和疫苗销售额也迅速增长，由1996年的2亿元，增长到1998年的7.17亿元，2000年则达到22.8亿元，年增长率为80%，显示了广阔的市场前景。

众所周知，21世纪是生命科学和生物技术的世纪。生物工程产业化将成为21世纪的支柱产业。随着人类基因组计划的最后完成，以及基因组学、蛋白质组学、生物信息学、功能抗原学、基因治疗学等新学科的发展，生命科学和生物技术将跃上一个新的发展阶段和技术平台。相信不久人类将会在新基因的筛选、新型药物（疫苗）的开发、基因治疗等方面取得突破，为最终攻克艾滋病、恶性肿瘤等疑难疾病带来希望。人类基因组后的生物医药产业将是飞速发展的朝阳产业。

2.10.2　基因组工程

2.10.2.1　基因组工程发展历史

随着基因研究和基因工程产业化，人类对基因和基因组的认识也不断深入。一方面，细胞的生命活动不是一个一个基因表达的简单组合，而是按生理活动需要整合的一群基因（少则几十个，多则成千上万）活动，它们相互协调、制约和促进；另一方面，同一基因在不同生理活动中所用的顺式遗传指令和功能会有很大差别。但是，基因工程研究还处在一个或几个基因改造、利用的简单遗传操作阶段，以一类生理活动为基础的一群相关基因的整合式研究目前还很少涉及。而要从整体上研究复杂的生命有机体中基因群体共同参与并有条不紊地完成的生化反应和生理活动，并加以工程利用，目前的基因工程还远远不能满足这种需求，必须从基因群体（基因组）的高度才有可能实现。

基因组是指细胞的染色体总和，1990 年启动的人类基因组计划，旨在揭示人类所有的遗传结构，包括所有的基因（尤其是疾病相关基因）和基因外序列的结构。人类单倍体基因组序列含约 3×10^9 碱基对，分布在 23 条染色体上，2001 年 2 月公布的基因组序列研究数据已覆盖了 95％以上的基因组结构，准确率高达 99.96％。早些时候估计人类有 5 万～14 万个基因，现在公布的数据认为人类染色体中基因个数在 2.65 万～4 万之间，只有约 1％的基因组结构用于编码基因。人类不同个体之间只有不到 0.1％遗传结构存在差异（100 万个碱基中有 800 个碱基不同），但不同物种基因组间的差别还是比较明显的，这种差别可作为生物进化的标志。

后人类基因组研究将极大地促进包括生物信息学（bioinformatics）、药物基因组学（pharmcogenomics）、蛋白质组学（proteomics）和其他许多相关学科的发展。

随着人类及其他模式生物基因组计划的完成以及相关生物技术的发展，以基因组为基础对物种进行大范围修饰和改造即将成为一种可能。在这种形势下基因组工程（genomic engineering）已经呼之欲出，以便可同时对大量的基因群体进行操作，用于模拟某一生理过程、产生新的生命活力、改造物种，最终实现细胞和生物体能做什么、人类在实验室或工厂也能做什么的梦想。

2.10.2.2　基因工程与基因组工程的对比

（1）操作的基因和载体

基因工程和基因组工程，都是对基因进行工程性的遗传操作，但两者有着质的不同。基因工程常用的载体是质粒和病毒载体，克隆基因的容量有限，通常包含的基因只有一个或几个，而且长度较短，称为 Kb 级（指克隆 DNA 片段长度）工程性遗传操作。如果基因很大，并且不连续（带有内含子），通常只能对其 mRNA 逆转录而产生的 cDNA 分子进行操作。在基因组工程研究中，采用的载体是人工染色体，容纳的基因可达几十到几百个，甚至几千个，属于基因群体的克隆和表达，而且这种表达能按生理活动过程予以遗传控制，克隆 DNA 片段长度可达几兆碱基对，也称为 Mb 级工程性遗传操作。

（2）克隆和扩增的宿主

重组后的基因或基因群体需要在适当的宿主内寄生，或者独立存在于宿主染色体之外，或者被整合到宿主的染色体内。用于基因工程研究的克隆和扩增的宿主有细菌（如大肠杆菌、枯草杆菌等）、真菌（如酵母等）、动植物细胞（如昆虫细胞、哺乳类动物细胞等），但大多是以大肠杆菌为主。用于基因组工程研究的克隆和扩增的宿主也可以是细菌、真菌、动植物细胞，但主要以酵母和哺乳类动物培养细胞为主。

（3）工程操作手段

由于操作的 DNA 片段长度差异较大，故基因工程和基因组工程的操作手段必然不同。重组 DNA 技术是基因工程研究的基础，它依赖于质粒或病毒载体、限制性内切酶、DNA 连接酶和大肠杆菌宿主等。基因导入宿主的手段通常有转化、转导、转染和显微注射等。基因组工程在重组 DNA 技术应用基础上，发展人工染色体作为载体，建立遗传同源重组技术作为 Mb 级的 DNA 大片段切割和整合（包括改造和修饰）的基础，需要完善酵母和培养细胞的转化和融合技术，开拓干细胞和体细胞克隆个体的方法。

（4）产物检测

基因或基因群体导入宿主后，对宿主需作基因和/或表达产物检测和分析。在基因工程研究中，利用限制性内切酶图谱、Southern 印迹、Northern 印迹、PCR、序列分析等手段分析基因表达，对表达产物可以用蛋白质分析、酶学分析、抗体或底物结合等手段来研究。在基因组工程研究中，操作的基因数量大，产物非常复杂，除了用常规手段（如 PCR、序列分析等）检测基因及表达之外，还需用高通量的研究手段（如生物芯片，包括核酸芯片、蛋白/酶芯片、抗体芯片、底物芯片、配体芯片等）来检测基因群体、表达图谱及产物群。

生物芯片的研制开始于 20 世纪 90 年代初，它是基于 Southern 印迹、Northern 印迹、Western 印迹、底物结合、配体/受体结合等杂交技术基础而发展起来的集多学科于一身的新技术。生物芯片上的生物样品群结合在片基上，样品群以微阵列（microarray）形式分布；片基主要有玻璃片、半导体硅片、硝酸纤维膜、尼龙膜等。生物分子以阵列式固定在片基表面，它们可以是 DNA、RNA、蛋白质或其他分子（包括小分子）。目前有 95％以上的微阵列研究工作是采用 DNA 分子，主要为 cDNA 分子和寡核苷酸片段。高通量技术主要体现在 1cm 的硅片或玻片上可以固定成千上万个探针，给产物群检测带来了极大的方便，一次实验可以获得大量的信息，为基因组工程研究奠定了重要基础。

基因工程和基因组工程研究在内容、形式、技术、方法学、信息分析等方面有显著的差别。这两种技术和方法的差异列在表 2-5 中。

表 2-5　基因工程与基因组工程方法学上的差异

项目　　　工程	基　因　工　程	基　因　组　工　程
目的基因	单个或几个	可达几十到几百、几千个
DNA 长度	kb 级	Mb 级
操作手段	限制性内切酶、连接酶等	同源重组
片段检测	物理图谱、序列分析等	DNA 叠连群、DNA 芯片等
克隆载体	质粒、噬菌体、黏粒、病毒	人工染色体
导入方式	转化、转导、转染、注射、电穿孔	细胞融合、注射、电穿孔
克隆宿主	大肠杆菌为主	大肠杆菌、酵母、哺乳类细胞
表达宿主	各种细胞或动植物个体	各种细胞或动植物个体
产物形式	蛋白质	次生代谢产物、全新个体
检测方式	蛋白质检测或酶作用产物分析	代谢分析、生物芯片
信息水平	单个或几个信息	系统和网络信息

从上面的介绍可以看出，基因组工程的原理、技术和方法是在基因工程、基因组计划以及生物信息学的研究基础上发展起来的，它们之间的研究既有差别又有相互重叠和交叉。应该说重组 DNA 技术和基因工程是基因组学、生物信息学和基因组工程的基础和出发点；基因组工程学是上述的技术和学科的延伸及综合。

2.10.2.3 基因组工程学的研究展望

(1) 遗传语文——遗传、发育、分化的操作指令和程序

人类的基因组序列无疑像一本有 30 亿个字符的天书，它是一堆毫无章法的核苷酸残基的堆集，还是一篇有序的遗传语文？答案当然是后者。人类基因包括已知的和推测的约有 4 万个左右，估计每个基因有 2～3 种剪接形式，所以基因的总数在 10 万上下（不包括基因重排、组合等产生的基因数量放大）。编码基因的序列仅占基因组序列的 1%，99% 非编码序列的功能还不太清楚。细胞及个体有着极其复杂的生理过程（包括发生、发育、成长、衰老、死亡等），还有与外界的物质、能量和信息的交换，所有这些都依赖于各个基因的激活与关闭，即依赖各个基因时空表达的程序。基因通常不会单独作业，而是以基因群的形式彼此协调、制约和相互作用，共同完成细胞的生理活动。这一过程是如何实现的？这正是遗传语文所要探究的内容。基因可以看做是一个个的单词，单词需要按一定的语法结构和规则组合成句子、段落、章节和文章。这篇文章可能就是一个生命体演化的剧本。不同物种的生命演化有着不同的剧本，但它们之间所用的单词基本相同。例如人、鼠、鸡，这三者在生命活动表现形式上风马牛不相及，但它们所用的基因（单词）在数量和结构上基本相同，基因组大小也基本相同。用形象语言来说，人、鼠、鸡三种物种用的是同一本词典，但写出的剧本、剧情却完全不同。从遗传学角度来看，这三种生命形式尽管结构基因差别不大，但占 95% 以上的基因组非编码区却千差万别，同源性不到 60%。另外在基因群体组织上也有很大差异，在染色体数量和结构方面也显著不同。从上所述可以看出，仅仅研究基因组结构和各个基因的功能是远远不够的，要想揭开生命本质的奥秘，必须从基因群体表达的时空调控程序来研究。这需要高通量的基因群体和信息网络实验处理系统和技术平台，基因组工程学研究就是上述方法学的基础。

(2) 细胞生命活动的网络（整合生物学）

生命科学的发展从宏观观察走向实验，从整体研究走向微观分析。目前发展趋势从分子水平走向细胞水平，以致走向整体、综合水平，整合生物学或称整合生理学（integrative biology 或 integrative physiology）也已经基本建立。这种整合应是生命活动的网络整合，包括基因调控网络、代谢网络、信号传递网络、物质和能量转运网络、神经网络、免疫系统网络等。这些网络的整合反映出"网中有网，生命之窗"的概念，透过这个窗口可以窥测到生命的本质和奥秘。这种整合研究与掌握大量的高通量技术平台也是密不可分的。基因组工程研究就是整合这些高通量技术平台为整合生物学研究服务的。

(3) 人类社会 21 世纪主导产业的希望之星——基因组工程产业

生物技术将在 21 世纪作为主导产业，这一观点已被国际上许多国家政府和不同阶层人士所认识。就目前生物技术的发展水平来说，还很难担当此重任，这也为大多数科学家、经济界和企业界人士所认同。那么推动生物技术发展能够担当 21 世纪主导产业重任的技术要素是什么？这是科学家和政府部门管理者所必须思考和付诸于实施的战略问题。

生物技术作为产业对人类的最大诱惑力，在于生物体不仅能在常温常压下高效地生产出几十万种甚至上百万种的产品，而且能量转化效率是目前的社会生产能力无法与之比拟的。

生物体（包括人）之所以有如此法力不在于上帝而是在于生物体基因组中的遗传信息。

　　遗传信息是一本剧本，记录和指导剧情的演化；遗传信息是本生命的天书，记录和指导生命的生、老、病、死演化过程。今天生命科学对遗传信息的认识还处在初级阶段，也就是在认单词阶段（研究基因的结构和功能）。今天生物技术对遗传信息的运用，仅处在儿童呀呀学语阶段，只会讲单词，还不会用完整句子来表达他的原意。也就是说今天生物技术只能用一两个基因进行操作来生产一种产品。如果能像细胞那样，根据客观需要同时能合成几百种甚至上万种产品，那才是我们的理想！但这需要几十个甚至几千个基因同时进行操作，而且这种操作应按遗传语文程序来进行，也就是不能把词汇单纯堆积起来，而应按语法规律写成完整的句子和文章，这才能表达完整的思维和意义。但是，尽管已掌握大量的基因，人类至今还不能掌握遗传语法。在语文学习时，不仅需要词典，而且也要语法书籍。今天的基因组研究还是处于编词典阶段，下一阶段生命科学发展应进入遗传语文的语法研究，只有掌握遗传语文的语法，才能读懂基因组由字母组成的遗传信息涵义。这就是基因组工程的意义所在。生命科学进入高通量遗传信息研究需要基因组工程，而且生物技术对生物体进行高通量遗传信息改造也需要基因组工程。

　　如果基因组工程技术能够成熟，点石成金（生物采矿）、化废为宝（将垃圾变成生产原料或方便地转化为能源）、植物生产牛奶、动物生产人的组织器官、电脑变成人脑等都将实现。基因组工程技术成熟的标志就是细胞能做什么，人类在工厂里也能做什么甚至做得更好。基因组工程技术不仅使得人类能真正模仿细胞的功能，而且能改造它，按人类意愿去控制它、指挥它，在 21 世纪起到生物技术领头羊的作用。

思考题

1. 简述基因工程诞生和发展的历程。
2. 从基因工程的基本思想出发谈谈它对生命科学及人类社会发展的意义。
3. 结合图示简述基因工程实验的基本过程。
4. 简述 PCR 技术的基本原理。
5. 如何从真核细胞中分离到目的基因？
6. 常用的重组 DNA 分子导入原核宿主细胞的方法有几种？并分析其优缺点。
7. 如何筛选真正获得目的基因并能有效表达的重组子？
8. 比较大肠杆菌、植物和动物三种不同系统作为基因工程宿主的优缺点。
9. 如何提高基因工程菌中质粒的稳定性？
10. 如何实现基因工程菌的高密度培养和高表达？
11. 比较基因工程与基因组工程的异同点。
12. 谈谈基因工程对生物工程中其他学科发展的重要意义。

主要参考书目

1　邱泽生. 基因工程. 第 1 版. 北京：首都师范大学出版社，1993
2　楼士林，杨盛昌，龙敏南，章军. 基因工程. 第 1 版. 北京：科学出版社，2002
3　吴乃琥. 基因工程原理. 第 1 版. 北京：高等教育出版社，1989

4 王关林，方宏筠. 植物基因工程技术与原理. 第1版. 北京：科学出版社，1998

5 伍新尧. 分子遗传学与基因工程. 第1版. 郑州：河南医科大学出版社，1997

6 奥斯伯 FM，布伦特 R，金斯顿 RE 等著. 精编分子生物学实验指南. 颜子颖，王海林译. 北京：科学出版社，1998

7 冯斌，谢先芝. 基因工程技术. 北京：化学工业出版社，2000

8 静国忠. 基因工程及其分子生物学基础. 北京：北京大学出版社，1999

9 吴乃虎. 基因工程原理. 第2版（上册）. 北京：科学技术出版社，1998

10 Healey K. Gene technology. Balmain：N. S. W.，Sprinney Press，1997

11 Messina L. Biotechnology. NY：H. W. Wilson Press，2000

12 Sambrook J, Fritsch EF, Maniantis T. Molecular Cloning, A Laboratory Mannual. 2nd ed. Cold Spring Harbor Laboratory Press, 1989

第3章 细胞工程

3.1 概述

细胞是构成生物体的基本单元,细胞本身、细胞代谢的中间产物或最终产物往往具有十分重要的用途,如医药产品、诊断试剂、生物催化剂及各种精细化学品等。细胞工程就是通过大规模的细胞或组织培养,获得所需要的产品。细胞可以分为动物细胞、植物细胞和微生物细胞三大类。微生物细胞的培养将在本书第5章微生物工程中介绍,本章将主要介绍植物细胞和动物细胞及组织的培养工程。

原代哺乳动物细胞是从动物组织中分离得到的,其离体培养技术出现于1945年。此后,对小儿麻痹症(polio)疫苗的需求推动了哺乳动物细胞培养技术的发展。除用于疫苗生产外,哺乳动物细胞还可应用于药物毒理和药理研究及用于药物筛选,以节约试验动物使用量,同时还作为组织工程的种子细胞。20世纪80年代以来,工业规模动物细胞培养的主要用途转向了高附加值蛋白质产品的生产,如面向治疗、诊断和研究的重组蛋白质。

最初利用哺乳动物细胞培养生产疫苗大都采用原代哺乳动物细胞在血清培养基中进行培养,易受污染、效率低、生产成本高。随后出现的动物细胞株重组化、培养基无血清化以及新型培养工艺的出现,极大地促进了动物细胞培养的工业应用,使哺乳动物细胞培养已经成为新型的生物工程产业,原来只有通过动物培育后提取的医用蛋白质可以直接采用动物细胞发酵工程来大量生产。昆虫细胞培养技术的出现比哺乳动物细胞要晚20年左右,其工业化应用也少得多,其用途主要是生产生物杀虫剂和重组基因表达的可行性试验。

几乎与哺乳动物细胞离体培养获得成功同时,植物细胞离体培养出现在20世纪50年代。植物细胞培养也经历了培养基改革与培养工艺发展的过程。植物细胞具有全能性,即每一个植物细胞都拥有完整植株的全部遗传性质。从植物细胞培养得到的产物一般都是结构复杂、价格昂贵的次级代谢产物(与植物细胞生长代谢无关但往往具有多种药物、色素等用途的代谢产物)。例如,从天然紫草、红豆杉和三七等珍贵植物中分离得到的植物细胞株已在发酵罐中大量培养,获得了紫草宁、紫杉醇及人参皂苷等重要产品。但由于植物细胞基因工程比较困难及植物次生代谢物价格较动物蛋白低,植物细胞工业化培养不如动物细胞培养那样普遍。

转基因动植物(通过实验方法转入与整合了外源基因且能正确表达的动植物)是在动植物细胞培养的基础上发展起来的,发展历史也比较短,只有二十几年的时间,但发展和推广应用的速度非常快。虽然转基因动植物培育与动植物细胞大规模培养具有类似的目标——以最高效率生产医药、食品或精细化学产品,但具体的实现过程却正好相反。动植物细胞培养首先是从整体动物或植物上分离得到其最小的生命体——细胞,然后将细胞在反应器中采用类似于微生物发酵的方式进行目的产品生产。而转基因动植物却首先将分离得到的细胞进行基因修饰(整合目的产品基因)后再发育成动植物整体或其中某一组织,然后以该整体或部分组织为生物反应器生产目的产品。

1999 年 12 月，美国《科学》杂志公布了当年世界科学进展的评定结果，干细胞的研究成果排名在举世瞩目耗资巨大的人类基因组工程之前，名列十大科学进展的首位。干细胞研究何以受到如此重视？那是因为干细胞的发现否定了动物细胞不具有全能性的传统观念，为人类健康提供了新希望。干细胞是一类极特殊的来自胚胎或成体的未分化细胞，同时具有不断增长繁殖的功能以及向多种功能细胞分化的潜能。正是由于具备不断增殖与定向分化的双重功能，干细胞具有可用于组织器官生产或新药筛选的巨大潜力。虽然干细胞研究有着极诱人的前景，但是要使其临床应用成为现实，尚有许多困难有待于克服、许多技术挑战等待着我们去解决。

组织工程学是 20 世纪 80 年代后期发展起来的一门新学科，它是在分子生物学、移植免疫学、细胞生物学、新型医学材料、临床医学等学科及基因技术、分子克隆技术、大规模细胞增殖技术、体外组织构建技术等高新技术迅速发展的基础上形成的。组织工程学的最终目标是将功能细胞与可降解三维支架材料在体外联合培养，构建成有生命的组织或器官，然后植入体内或成为体外装置，替代病损器官的一部分或全部功能；或将生物活性物质如生物生长因子、干细胞等植入体内，引导或诱导自身组织再生，达到修复组织结构，恢复组织器官功能的目的。

总之，干细胞技术、组织工程与转基因动植物作为生物工程前沿技术给人类带来了无限希望。但是，干细胞技术、组织工程和转基因动植物都是以基本的动植物细胞培养技术为基础的。例如，通过动植物细胞的基因修饰来改造生物反应器，才能产生转基因动植物，干细胞的分离培养与原代动物细胞培养相似，而组织构建是以分离原代动物细胞为基础的。

3.2 动物细胞培养

离体培养的动物细胞主要有哺乳动物细胞和昆虫细胞两种。虽然哺乳动物细胞与昆虫细胞有着截然不同的生理特性及培养特点，但是这两种细胞培养却有着相似的发展过程。根据动物细胞的性质，离体培养环境可分为贴壁和悬浮生长两种方式。绝大部分动物细胞在体内需要依附在组织上而在体外培养时需贴附到特制的固体载体表面上才能生长，少部分生活于体内血液或淋巴液中的动物细胞则能直接悬浮培养于培养基中生长而不需要任何贴附表面。显然，贴壁培养细胞需要贴附在比表面积较大的微载体上或直接贴附在反应器器壁上，而悬浮培养的动物细胞，可以在通气搅拌罐中进行培养。一般来讲，通气搅拌罐悬浮培养是目前最为理想的培养方式，大规模动物细胞培养往往是从适应悬浮培养开始的，然后进行培养基筛选、培养方法优化及生物反应器设计。动物细胞培养基分为含血清、不含血清甚至不含任何动物组织成分的培养基。理想的培养基应该是营养成分组成尽量简单、容易灭菌但又能充分满足动物细胞的生长需求。培养条件的优化以达到大幅度提高目标产物产率和提高产品质量为目标。动物细胞的培养方法主要有间歇培养、流加培养（fed-batch culture）和灌注培养（perfusion culture）等。动物细胞生长需要氧气，这就需要保证无菌空气根据需要通入培养基中，但是，动物细胞没有细胞壁，对剪切力非常敏感，因此动物细胞培养不仅要求氧气的及时供给，还要求搅拌适宜，避免搅拌引起的流体剪切力造成对细胞的破坏，因此动物细胞培养的生物反应器需要满足特殊的要求。

3.2.1 哺乳动物细胞种类及其性能

哺乳动物细胞通常是从具有特定功能的组织器官中分离得到的，可分为非致死（immortal）和致死的（mortal）两大类。当从动物体内转移至体外培养时，少数属于非致死的细胞，如癌细胞、表皮细胞及成纤维细胞等，能在体外培养基中不断增殖，细胞数目以一分为二、二分为四的指数形式迅速增加，当细胞密度达到一定程度时，细胞停止分裂，不再生长。继续将细胞按一定的比例分散到新鲜培养基中，细胞重新开始生长，这样细胞便一代代地传下去，即细胞的连续传代。然而，绝大多数细胞是致死的，它们虽然能在体外存活和增殖，但不能连续传代，往往分裂几代或几十代时就会死亡，需要经过基因修饰和杂交后，原本在体外不能增殖的某些细胞就能连续生长繁殖。一般，将从特定功能组织器官中分离后无法增殖或处于未稳定传代培养前的动物细胞称为原代（或初代）细胞，而将能稳定传代培养并能连续生长繁殖的细胞称为连续化细胞。

3.2.1.1 原代细胞

原代细胞是直接从组织器官中分离得到的，原代细胞培养一般由组织器官解剖分离、解聚和离体细胞培养三个步骤组成。首先需要确定合适的细胞供体，它可以是成体动物的某一组织或器官，也可以是胚胎或受精卵。然后根据研究目的选择合适的解聚方法。解聚分机械分离和酶解两种方法。采用镊子等机械器具能将细胞从动物组织中解聚下来，但对细胞本身造成的机械伤害非常大；酶法分离是目前应用最广的动物细胞分离法，最常使用的酶有胰蛋白酶（trypsin）、胶原酶（collagenase）、弹性蛋白酶（elastase）等，它们可以单独或混合使用。

值得注意的是，在开展人类或动物组织的细胞分离工作之前，应遵守动物实验的医学伦理或现行法规。例如，在英国，使用超过50％妊娠或孵育期的胚胎或胎儿，应受到1986年的动物实验法案的管制。涉及人类活体或胎儿物质，首先需要得到当地伦理委员会及病人或其家属的同意，在具体操作时，要严格注意生物安全性，严防动物宿主病毒的人为传播。

图3-1展示了典型的原代细胞分离过程。先用胶原酶解聚组织，即将切碎组织置于含胶原酶的完全培养基中孵育。当组织解聚后，再用离心法除去胶原酶，将细胞高密度接种后培养。原代细胞分离过程的具体步骤如下。

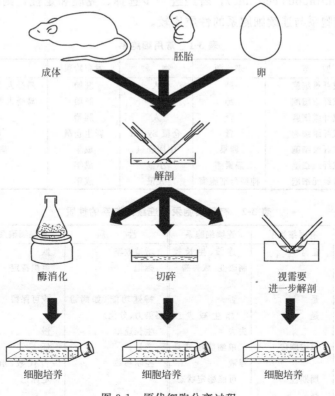

图3-1 原代细胞分离过程

① 选择合适的动物材料，如成体、胚胎或受精卵。确定可提供目的细胞的特定器官或组织，通过解剖，分离得到该器官或组织。

② 用新鲜无菌培养液淋洗组织或器官并转移到培养皿中，切除不要的组织，如脂肪和坏死物质，然后用交叉解剖刀（见图 3-1）将组织切成约 1 mm 长的立方体碎片。

③ 用吸量管（10～20 mL）将组织转移到三角瓶或开口培养皿或其他容器中。再用培养液来淋洗组织碎片，将上清液吸出。此步骤往往需要重复两次。

④ 在三角瓶或开口培养皿中，加入培养基。然后，再加入 0.5 mL 的胶原酶溶液（2000 $U \cdot mL^{-1}$），使胶原酶浓度达到 200 $U \cdot mL^{-1}$。此后，将该组织碎片悬浮液在 37 ℃ 保温一段时间，轻微搅拌。对解聚缓慢的组织，如乳房或结肠的硬性癌肿瘤细胞需放置 5 天以上，期间，定期更换培养基和胶原酶，以防止 pH 值下降（pH 值不低于 6.5）。

⑤ 采用离心法分离得到目的细胞，按一定的细胞密度接种于培养容器（图 3-1 中为培养瓶）中培养。

3.2.1.2 连续化细胞

原代培养为一系列细胞培养的第一步，原代细胞的生理及代谢特性差异非常大，属于不稳定细胞系。在多次传代培养（转种）后，原代培养逐渐形成为具有相似生理及代谢特性的稳定细胞系，可供繁殖或多次的传代培养。一旦原代细胞进行了传代培养（亦称转种），便被称为细胞系（cell line）。细胞系中往往存在有若干表型（phenotype）相似或相异的细胞世系（lineage），若其中一世系，经过选殖克隆（cloning）、物理性细胞分离，或其他选择技术，而在培养的细胞群体中辨识出其特殊表型性质，该细胞系便称为细胞株（cell strain）。表 3-1 列出一些常用的细胞系。若一细胞系在试管中转化（transform）后则会演变成连续细胞系（continuous cell line），若经进一步选择、克隆和定性，则称为连续细胞株。表 3-2 列出有限细胞系与连续细胞系的性质比较。

表 3-1　常用细胞系

细胞系	型　态	来　源	物　种	发育阶段	特　征
IMR-90	成纤维细胞	肺	人	胚胎	易受人类病毒感染、接触抑制
MRC-5	成纤维细胞	肺	人	胚胎	易受人类病毒感染、接触抑制
293	成纤维细胞	肾	人	胚胎	极易转染
BHK21-C13	成纤维细胞	肾	仓鼠 Syrian	新生仓鼠	可被多瘤转变
CHO-K1	成纤维细胞	卵巢	中国仓鼠	成年	简单染色体核型
B16	成纤维细胞	黑素瘤	小鼠	成年	黑素
C1300	神经元细胞	神经母细胞瘤	大鼠	成年	神经炎

表 3-2　有限细胞汞与连续细胞系的性质

性　质	有限细胞系	连续细胞系	性　质	有限细胞系	连续细胞系
变形	正常	连续、生长控制改变、致肿瘤	增殖效率	低	高
贴壁性	是	否	标记	组织特定	染色体、酶、抗原
接触抑制	是	否	特殊功能（如病毒感染力、分化）	或可保留	通常失去
细胞密度限制	是	增生减少或失去	生长速率	慢	快
生长模式	单细胞层	单细胞层或悬浮液	产量	低	高
维持	周期性	可能稳定状态	控制参数	传代数、组织特定标记	染色特征
血清需求	高	低			

正常的二倍体（二倍染色体）细胞株具有有限的生活周期。如前所述，多数动物细胞在分裂一定代数后便停止增殖，最后死亡，只有癌细胞这样的连续细胞系可以无限增殖。一旦将正常细胞变成连续细胞，许多生理及代谢功能也会随之变化。例如，连续细胞比正常细胞更少依赖于血清和生长因子，有利于实验室操作，其生长速度也快得多。用于蛋白质大规模生产的细胞株都属于连续细胞，其培养条件比较简单，可采用方便的悬浮培养方式。正常的啮齿动物细胞在体外培养过程中会通过环境适应转变为连续细胞。而对于其他细胞，特殊的基因修饰则是必不可少的。用于构建连续细胞的三种基因修饰方法有：与其他连续细胞融合、病毒感染和肿瘤细胞基因转导，其中与肿瘤细胞融合形成杂交瘤细胞的方法如图 3-2 所示。

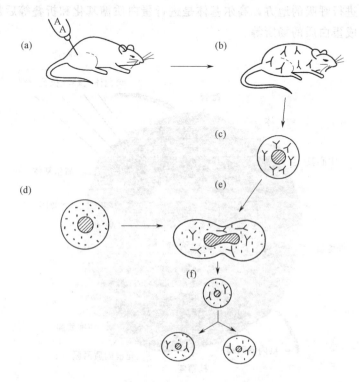

图 3-2　用于单克隆抗体生产的杂交瘤细胞株

形成杂交瘤细胞（hybridoma）具体步骤为：（a）向动物（如鼠）体内注射一定种类的抗原，（b）动物将对外来抗原产生抗体，产生抗体的细胞属于致死的淋巴细胞（lymphycytes），（c）从血液中分离出淋巴细胞，（d）与肿瘤细胞［如骨髓瘤细胞（myeloma cells）］融合，（e）得到能够无限分裂的杂交瘤细胞，（f）培养杂交瘤细胞用于单克隆抗体的生产。杂交瘤细胞兼有两种母细胞的生理特性——淋巴细胞的分泌抗体性能和肿瘤细胞的快速增殖性能，因此经常成为产生重组蛋白的宿主细胞。

常见的哺乳动物细胞株有中国仓鼠卵巢（CHO）细胞和幼仓鼠肾（BHK）细胞、杂交瘤（hybrodoma）细胞。中国仓鼠卵巢细胞是重组蛋白工业生产中使用最多的动物细胞株，它是通过病毒感染或肿瘤基因转导后形成的。不同基因修饰造成中国仓鼠卵巢细胞具有多种细胞表型，或用于生产单克隆抗体（高度特异的抗体），或用于生产促红细胞生成素（EPO）和凝血因子Ⅷ，或成为长期的疫苗生产细胞株。

值得一提的是，在生物技术飞速发展的今天，动物细胞的分离、后续的基因修饰以及细胞培养都不存在无法克服的技术问题，但是一般重组动物细胞的培养稳定性及目的蛋白的分泌稳定性相当差。建立一株既连续增殖又高产的哺乳动物细胞株需要生物学家和工程科学家多年的共同努力。这也是用于工业化生产的主要哺乳动物细胞株目前还仅局限于中国仓鼠卵巢细胞和幼仓鼠肾细胞的主要原因。

3.2.2 动物细胞培养的环境特性

3.2.2.1 动物细胞培养的生物特性

在动物细胞悬浮培养时，动物细胞一般呈圆形，直径为 $7\sim20~\mu m$，内部结构如图 3-3。与微生物细胞不同，动物细胞非常复杂，具有许多精密分工、职能专一的各种细胞器，保证其生命活动的高度程序化与高度自控性。每一细胞器在细胞的生命活动中承担着不同的任务，如线粒体是进行呼吸的地方，高尔基体是进行蛋白质糖基化和折叠等后加工的场所，粗内质网膜则是合成蛋白质的场所等。

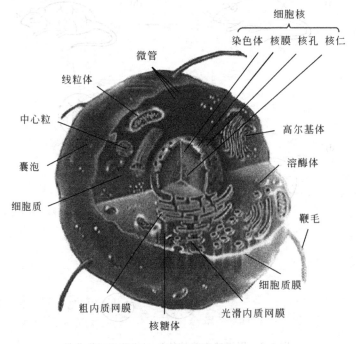

图 3-3　动物细胞结构

许多蛋白质合成后还必须进行各种翻译后修饰才会具有生物活性，哺乳动物细胞培养的突出优点是所合成的蛋白质都是经过复杂糖基化修饰后的具有生物活性的蛋白质，因此主要用于需要复杂糖基化的蛋白质产物的生物合成，主要产品有单克隆抗体、干扰素和部分生长因子等。虽然近年来微生物基因工程菌也能生产这些蛋白质，而且成本低得多，但得到的蛋白质由于无法进行糖基化或糖基化不完整而影响了产物的生物活性，这类蛋白质往往需通过糖基化修饰以后才能被人类直接利用，而在体外进行这种修饰几乎是不可能的。

3.2.2.2 哺乳动物细胞培养的营养要求

体内哺乳动物细胞通过血液或其他体液循环来吸收血液或其他体液中的营养。仿效体内营养供给模式，动物细胞的离体培养最初采用天然体液培养基，如小鸡胚胎萃取液、血清、淋巴液等。由于细胞繁殖对质量稳定的培养基的大量需求，逐渐形成仿照天然体液的化学成分明确的培养基配方。自 20 世纪 50 年代以来，含有大量合成成分的培养基问世。这些培养基主要由平衡盐溶液和细胞营养成分（葡萄糖、谷氨酰胺和维生素）组成，前者保证细胞所需的生理酸碱度和渗透压，后者促进细胞增殖和正常代谢。同时还需要不同程度地少量补充小牛血清、人血清、马血清、蛋白质水解物或胚胎萃取物后，这些培养基就能满足绝大多数连续细胞株的营养需求。

虽然目前含血清培养基仍被广泛使用，但是血清的添加造成下述致命缺陷。①生理变异性。已知的血清主要成分为白蛋白、运铁蛋白，但其他微量营养（如氨基酸、糖类、生长因子及脂质物质等）的成分及功能都比较模糊，随生物批种变化而变化。②难于控制的保存期限和质量。即使在低温条件下，血清最多只能保存一年，其间随时可能发生质量变化。③血清不能采用加热方法灭菌，只能应用过滤方法，而且血清的营养十分丰富，使含血清培养基很容易被杂菌污染。④昂贵的下游处理成本。血清本身含有各种蛋白质，它们的存在使分离纯化过程复杂化，增加了产品生产成本。⑤动物血清可能存在各种病毒，使动物细胞培养的产物有潜在的病毒交叉感染危险，如疯牛病毒等。⑥血清的价格昂贵。血清的加入大大提高了培养基的成本。因此，开发无血清培养基是动物细胞培养的主要研究方向之一。在研究工作初期，主要是采用动植物蛋白类提取物代替血清，通过对培养基配方的不断改进和优化，成功地研制了无血清培养基，逐渐取代了成分复杂且价格昂贵的血清培养基。但在这类培养基中，同样存在动植物蛋白类提取物的添加可能带来的无法高温灭菌、病毒交叉感染及增加产物分离难度等问题。在此基础上，进一步研究开发了无动植物蛋白提取物的无血清培养基，最后发展成为化学成分明确的完全培养基。培养基的发展过程见图3-4。

全血清 —减少血清→ 补充血清 —去除血清→ 无血清 —无任何提取物→ 完全
培养基   至10%左右   的培养基   有动植物蛋白提取物   培养基   化学成分明确   培养基

图 3-4 培养基的发展过程

当然，特定的细胞种类及其培养目的对培养基成分有不同需求，应根据具体情况来确定合适的培养基。例如，细胞株选育往往采用含少量血清的培养基，而大规模细胞培养则倾向于采用无血清培养基甚至完全培养基；类淋巴母细胞和杂交瘤细胞的培养需要采用不同的培养基组成以满足各自的生长要求。

一般，用于动物细胞培养的半合成及完全培养基组成非常复杂，往往由四五十种成分组成，这些成分可以归结为以下几大类。

① pH 值控制剂。动物细胞生长对 pH 值有严格的要求，多数动物细胞在 pH 值 7.4 生长良好，少数细胞能耐受 7.0～7.7 的 pH 值范围。而在动物细胞培养中会产生乳酸等代谢产物，因此必须对培养液的 pH 值进行调节和控制。培养液的 pH 值主要依靠培养基中碳酸氢盐、缓冲液及气相中 CO_2 的综合调节作用来控制。

② 表面张力与泡沫控制剂。动物细胞培养液中含有丰富的蛋白质，很容易形成泡沫。发泡会增加污染风险和溶液剪切力，还会影响气相传质。在培养基中加入 0.01%～0.1% 的硅酮消泡剂或 Pluronic F68 等，可以降低表面张力，防止发泡。

③ 氨基酸。培养基中必须加入细胞生长所需的基本氨基酸（必需氨基酸）以及半胱氨酸和酪氨酸，通常还要加入其他非必需氨基酸。多数细胞需要消耗大量谷氨酰胺提供细胞生长所需能量。

④ 维生素。大多数培养基含有水溶性维生素（如 B 族、胆碱、叶酸、肌醇、烟酰胺），较复杂的培养基还需添加生物素（biotin）。

⑤ 无机盐类。多数细胞培养对渗透压有相当大的耐受范围。Na^+、K^+、Mg^{2+}、Ca^{2+}、Cl^-、SO_4^{2-}、PO_4^{3-}、HCO_3^- 等离子是维持培养基渗透压的主要成分，其中，Na^+、

K^+、Cl^- 调节细胞膜位能，而 SO_4^{2-}、PO_4^{3-}、HCO_3^- 则为平衡阴离子，用于调节细胞内的电荷。

⑥ 葡萄糖。许多培养基以葡萄糖为能源物质。葡萄糖代谢分解成丙酮酸盐，再转化为乳酸盐或乙酰乙酸盐，而进入柠檬酸循环形成 CO_2。其代谢副产物为乳酸。

⑦ 有机补充剂。包括蛋白质、多肽、核苷、丙酮酸盐、脂质等。这些成分在低血清浓度时为必需添加物，即使在有血清时，也有助于某些细胞分化。

⑧ 激素与生长因子。常添加于无血清培养基中。

⑨ 抗生素。一般需添加青霉素和链霉素等抗生素以控制杂菌污染。

动物细胞培养时需要维持一定的氧分压，各种细胞培养对氧有不同的需求。某些器官培养需要气相 O_2 的含量高达 95%，而悬浮培养的细胞适应较低氧分压，而某些系统（如人类肿瘤细胞及胚胎肺成纤维细胞等）在低于正常大气的氧分压下表现更佳。空气中还需加入 5% 左右的二氧化碳以调节培养基的 pH 值。动物细胞培养的最佳温度取决于细胞来源动物和组织器官的温度（如睾丸皮肤的温度低于身体其他部分）。实验规模下的哺乳动物细胞往往在 37 ℃含 5%CO_2 的恒温恒湿培养箱中，而且每隔两三天就要更换培养基，除去代谢副产物和补充新鲜培养基。

3.2.2.3 哺乳动物细胞培养方法

动物细胞培养分贴壁与悬浮培养两种。根据是否需要贴壁生长，将只有在固体基质上附着才能增长（proliferation）或存活的细胞称为贴壁依赖型（anchorage dependent）细胞，而将可在悬浮情况下生长的细胞称为非贴壁型（anchorage independent）细胞。大多数原代细胞需要贴壁培养，极少数原代细胞，如造血（hemopoietic）细胞系、啮齿类的腹水（ascites）肿瘤及小细胞肺癌，能像连续细胞或永生化细胞那样悬浮培养。

贴壁培养的动物细胞需要在人工固体基质上以单层膜（monolayer）形式生长。由于动物细胞一般带负电荷，带正电荷的基质比较理想，有利于黏附细胞。贴壁培养的基质通常采用玻璃和一次性塑料等材料。玻璃是最先被采用的基质，但逐渐被合成塑料（通常为聚苯乙烯）取代。聚苯乙烯塑料具有良好的光学性质、表面平坦，是细胞合适的生长基质。但是聚苯乙烯呈疏水性（与细胞亲和性不好），需经 γ 射线、化学法和放电法处理进行表面改性以增强其表面电荷和润湿性能后，才能成为细胞培养的理想基质。在实验室规模下，动物细胞贴壁培养通常采用多孔板培养皿和培养瓶等小容积培养容器，而动物细胞悬浮培养则采用小摇瓶或小转瓶形式，与微生物实验培养方法非常类似。

3.2.3 动物细胞大规模培养

3.2.3.1 动物细胞的贴壁培养

旋转瓶和中空纤维反应器是比较常见的动物细胞大规模贴壁培养的反应器。旋转瓶培养装置见图 3-5，这是最早采用而且很容易操作的动物细胞培养方式，在实验室和工业化生产中都能够使用，生产规模的放大只需要增加旋转瓶的数量就可以做到。许多大制药公司仍采用旋转瓶培养生产疫苗等产品，一般采用容积为 1~5 L 的旋转瓶，动物细胞附着在瓶壁上生长，当旋转瓶旋转时，培养液液面不断更新，有利于氧和营养物的传质。

图 3-5 用于动物细胞培养的旋转瓶系统

中空纤维反应器也是动物细胞贴壁培养的常用反应器。顾名思义，中空纤维反应器是由许多根具有选择性透过膜的中空胶束所组成的。如图 3-6 所示，细胞贴附在中空纤维（微细毛细管）束外侧表面，养分及溶氧随培养基从中空纤维束内流动，养分及溶氧透过中空纤维管壁到外表面为动物细胞生长和代谢提供营养。中空纤维反应器的放大主要通过中空纤维管数量的增加实现，放大效应小，因此常用于动物细胞的大规模贴壁培养。

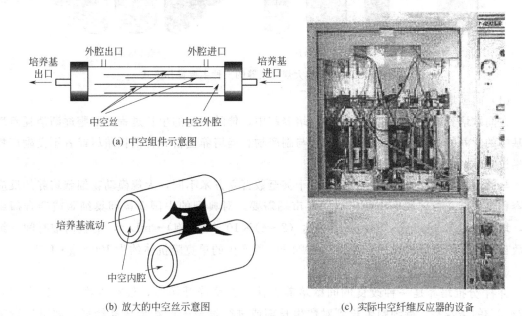

(a) 中空组件示意图

(b) 放大的中空丝示意图

(c) 实际中空纤维反应器的设备

图 3-6 动物细胞在中空纤维装置中的培养

除了动物细胞直接附着在培养容器表面外，细胞还可以贴壁在特制的微载体表面（见图 3-7）。微载体是一种能悬浮于溶液中，直径为 $100\sim200\ \mu m$ 的球状颗粒。聚苯乙烯、葡聚糖和胶原等都是通用的微载体材料，通过加工而成为珠状颗粒。动物细胞能附着于微载体颗粒表面，在悬浮液中进行繁殖。由于颗粒小，微载体培养方式可以提供较大的比表面积，达到动物细胞的高效率吸附和高密度培养，是非常有效的培养手段。吸附在微载体表面上的动物细胞还能避免流体剪切力造成的伤害，从而可以采用通用的微生物反应器（发酵罐）来培养动物细胞。

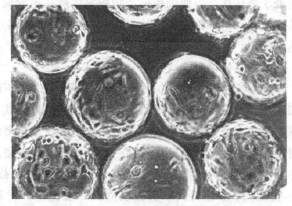

图 3-7 细胞在微载体表面上的分布
（大颗粒为放大的微载体，小圆点为附着在微载体上的动物细胞）

但是微载体的采用将增加污染机会和操作复杂性。

3.2.3.2 动物细胞的悬浮培养

连续化动物细胞能像微生物那样进行。悬浮培养反应器大多在微生物反应器基础上发展形成，以通气搅拌罐最常见。但是由于动物细胞体积大、没有细胞壁、易遭受剪切力伤害，减小流体剪切力和避免形成气泡是动物细胞反应器设计和操作的关键。如图 3-8 所示，动物细胞悬浮培养操作方式有间歇培养、补料-分批培养和灌流培养等。

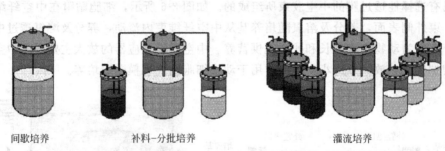

间歇培养　　　　补料-分批培养　　　　　　　灌流培养

图 3-8　动物细胞大规模培养的三种主要操作方式

(1) 间歇培养

在间歇培养中，首先将细胞接种入培养基中，伴随细胞的生长过程，细胞逐渐消耗着培养基中的营养物，同时，又分泌着产物与副产物。当培养基营养物消耗殆尽或者不良副产物积累过多时，细胞停止生长。

与微生物发酵反应器的容积高达数十甚至数百立方米不同，大规模动物细胞培养的反应器容积也只有几百升或更小就可以满足市场需要。对典型的中国仓鼠卵巢细胞或杂合瘤细胞，培养时间为 3~5 天，细胞密度可达 $(2~4)\times10^6$ 个(细胞)·mL^{-1}，细胞倍增时间（细胞数目增加一倍所需的时间）约为 18~24 h，所产生的单克隆抗体约为 100 mg·L^{-1}。

(2) 补料-分批培养

补料-分批培养是一种改良的间歇培养方法。在培养开始时，仅在生物反应器中加入 1/2~2/3 的培养基，待细胞生长到对数生长期或进行发酵的产物形成高峰期，即可进行补料。补料可以连续流加，也可以间歇补加新鲜培养基或限制性基质。这种培养方法的优点是可以避免高浓度基质对细胞生长或产物生成的抑制，使细胞生长或产物形成在相当长的时期内处于最佳状态，使细胞副产物积累维持在比较低的水平，从而延长动物培养时间到 10 天甚至数星期，细胞密度可达 $(1~3)\times10^7$ 个(细胞)·mL^{-1}，所产生的单克隆抗体浓度则可达 500 mg·L^{-1} 左右。

(3) 灌流培养

在灌流培养中，在加入新鲜培养基的同时，不断地抽走含细胞代谢物的消耗培养基，而细胞则通过截留装置被保留在反应器。在这种方式下，细胞生长在一个相对稳定的环境内，既省时省力，又减少了细胞被污染的机会，细胞密度可高达 $(3~7)\times10^7$ 个(细胞)·mL^{-1}，目的产物浓度也比间歇培养高一个数量级。这种培养方法特别适合于细胞倍增时间长且细胞体积大易沉降分离的动物细胞。用来分离细胞的截留装置常放置于反应器内，其形式有离心-过滤式、膜组件式和斜面沉降式。灌流培养对检测与控制装置的要求低于补料-分批培养，但培养基消耗量大于其他两种培养方法。

3.2.3.3　动物细胞培养的应用

虽然动物细胞培养的细胞生长周期长、培养基价格昂贵、产物的分离提纯困难，但是动物细胞培养的产物已经经过了复杂的翻译后修饰，具有活性高、药效好等显著优点。近年来动物细胞培养在医药和检测诊断试剂生产中发展非常快。具有高度结合专一性的单克隆抗体是数量最多的哺乳动物细胞培养产品，常用于诊断、产品纯化和临床治疗。其他常见产品则用于治疗癌症、心脏病、血液病和激素紊乱等疾病。大规模哺乳动物细胞培养所采用的细胞株及其产品见表3-3。

表 3-3　动物细胞大规模培养的细胞株及其产品

产　品　名　称	细　胞　株	可医治的疾病	批准年份
组织纤溶酶原激活剂(tPA)	CHO	心脏病、中风	1987
促红细胞生成素(EPO)	CHO	贫血	1989
人生长激素(hGF)	C127	生长缓慢，肾功能不全	1989
粒细胞激活因子(G-CSF)	CHO	中性白细胞减少症	1991
凝血因子Ⅲ	CHO/BHK-21	A型血友病	1992~1993
脱氧核糖核酸酶	CHO	胆囊性纤维变性	1993
葡萄糖脑苷脂酶	CHO	高歇病	1994
干扰素	CHO	多硬化症	1996
凝血因子Ⅳ	CHO	血友病	1997
单克隆抗体	CHO	血管成形术中的血液凝集	1994
抗CD20	CHO	非何杰金淋巴瘤	1997
肿瘤坏死因子	CHO	活性克朗(肠炎)病	1998
肿瘤坏死因子受体	CHO	类风湿关节炎	1998

3.2.4　昆虫细胞培养

将目的蛋白基因插入到杆状病毒（baculovirus）的基因组中，该病毒能非常高效地感染昆虫，从而形成一个表达重组蛋白的天然工厂。昆虫细胞是可连续分裂的，可以无限制地分裂，细胞生长速度比哺乳动物细胞快得多，在实验室中，一种名称为BTI-EAA的昆虫细胞已经连续培养了15年以上。昆虫病毒对人类无致病作用，有很强的启动子，而且，昆虫病毒的基因修饰（或改造）比哺乳动物病毒容易得多。昆虫细胞培养用于重组蛋白的生产效率也很高，能在2~3天内分泌500 mg·L^{-1}的重组蛋白（哺乳动物细胞在5天时间只能产100 mg·L^{-1}蛋白），目的蛋白质占昆虫细胞总蛋白的40％以上。因此，昆虫细胞的离体培养继哺乳动物细胞培养获得成功后得到广泛关注和迅速发展。

昆虫细胞培养的研究也经历了从天然培养基到合成培养基的发展过程，但是与哺乳动物细胞离体培养相比，培养基成分有较大差别，哺乳动物细胞的营养需求远低于昆虫细胞；由于昆虫体温较低，两者培养温度也不一样，昆虫细胞培养一般在27 ℃左右，比哺乳动物细胞约低10 ℃。但是，昆虫细胞所表达蛋白的糖基化修饰不同于哺乳动物细胞，一旦感染了病毒后，细胞本身就基本停止了生长繁殖，往往是目的蛋白质来不及翻译或翻译后修饰。所以昆虫细胞用于重组蛋白、特别是医用重组蛋白质的大规模工业化生产时还有许多问题需要研究解决。

目前，大规模昆虫细胞培养主要用于生物杀虫剂（昆虫病毒）生产。昆虫病毒是以昆虫为宿主，并在宿主种群中流行传播的一类病毒，具有很强的专一性。昆虫病毒的种类繁多，至今发现的昆虫病毒已超过1000多株，涉及900多种昆虫。近20年来，利用昆虫病毒防治农作物害虫已成为国内外生物防治的一个重要发展方向，昆虫病毒杀虫剂是由联合国粮农组织和世界卫生组织倡导，并列入21世纪全面推广使用的首选生物农药。通过昆虫细胞的体外大规模培养，能得到大量的昆虫病毒——生物杀虫剂。

3.3　植物细胞大规模培养

众所周知，植物王国是一个巨大的宝库，人类的衣食住行都与植物密切相关，数以千万计的化合物只能在植物中才能被合成，为人类提供了天然药物、食品添加剂和香精香料等一系列植物有效成分。从植物中提取得到的植物性药物、食用香料或化妆品都是植物体内细胞积累的一些中间代谢物，与植物的生长无关，属于次生代谢物或简称为天然产物。

我国在药用植物的研究和应用方面有悠久的历史，建立了系统的中草药理论体系，积累了利用中草药治病的丰富经验，发现了约8000种药用植物资源，为我国人民的身体健康做出了重要贡献。即使在西药发展很早的西方世界，也十分重视植物来源的药物，在西药中，大约25％的药物直接或间接来源于植物，包括121种重要的处方药，如地高辛、可待因及阿玛啉等。近年来，由于自然环境的人为破坏，许多野生植物资源日益匮乏，乃至濒临绝种。即使是能够人工栽培的植物，由于其种植周期长，受自然环境的影响大，造成次生代谢物的质量和产量都受到限制。因此，在保护生态环境平衡和提高植物次生代谢物生产效率之间始终存在着深刻的矛盾。植物细胞大规模离体培养的实现为解决这一矛盾提供了有力的工具，正在朝工业化方向发展，并逐渐形成了一门新兴的集生物技术与工程技术为一体的交叉科学——植物细胞培养工程。

植物细胞具有"全能性"，即单一的离体细胞在一定环境下能分化成不同的细胞组织乃至整个植株。因此，从理论上说，用细胞培养来生产次生代谢产物是完全可行的，植物细胞培养能像微生物发酵一样形成一个独特的工业，而不受地域和天气气候的影响，而且大量的实验研究与工业应用都证明了植物细胞在离体培养下可以分泌次生代谢物质。

20世纪50年代以来，植物细胞培养生产次生代谢物的规模不断扩大。20世纪60年代初期，大规模的烟草和各种蔬菜细胞培养技术就逐渐在美国、加拿大和欧洲形成。日本凭借其发达的微生物发酵技术，像微生物一样在各种发酵罐中进行植物细胞大规模培养，并被用于植物有效成分的商业化生产，首次实现了紫草细胞的大规模培养用于天然色素紫草宁的生产和西洋参细胞质的工业化生产。利用太平洋紫杉细胞培养生产抗癌药物紫杉醇也已经获得了成功。虽然应用植物细胞培养技术生产次生代谢产物的最初尝试可以追溯到20世纪50年代，但在今天，采用这一技术实现工业化生产的次生代谢物产品却仍为数不多。究其根源，目前在生物学上还缺乏对植物细胞次生代谢物合成机理的认识，在工程学上尚无法解决次生代谢物含量低和细胞易沉降结团等问题，从而限制了植物细胞培养工程的产业化进程。

3.3.1 植物细胞株的建立与培养

3.3.1.1 愈伤组织的诱导与培养

植物体受到切割等伤害后会产生愈伤组织（callus），愈伤组织的形成实际上是一种创伤反应，是植物脱分化的结果，产生愈伤组织的植物器官可以是种子、根、茎、叶等。通过内源生长因子、特别是植物生长素的释放，也能激发细胞分裂而产生愈伤组织，因此可以在人工培养条件下把植物生长素加入培养基促使器官外植体形成愈伤组织。愈伤组织往往是比较相似的细胞团块，但其中包含着形态和机能各不相同的细胞群。经过调节培养基营养成分组成，愈伤组织在传代培养若干次以后产生疏松的细胞群，该细胞就能适应进一步的悬浮培养，从而建立稳定的悬浮培养植物细胞系。

以获得紫草细胞株为例，首先将紫草种子在25℃黑暗中萌动；然后转移于LS培养基进行固体培养，固体培养基中激素水平一般为2,4-D（2,4-萘醌）10^{-6} mol·L^{-1}，KT（激动素）10^{-5}mol·L^{-1}；一星期后，在芽的下端就会产生乳黄色愈伤组织；将此愈伤组织在固体LS培养基上进行传代培养，并将激素改为添加IAA（吲哚乙酸）10^{-5} mol·L^{-1}，4周后可发现细胞变为深红色，此红色物质即为紫草宁。

如图3-9所示，进行植物细胞大规模培养的基本步骤是：①建立细胞株，一般要选择次生代谢物含量高的植物种类、品种或某一高产植株，利用外植体诱导出愈伤组织［图3-9

（a）中的培养皿］；②将愈伤组织转移到液体培养基中，保持27 ℃及pH值5.5，轻微振荡、搅拌或加入纤维素酶，使细胞团从愈伤组织中剥离下来，就形成了能够自我复制的悬浮细胞株，培养2～3星期后将悬浮细胞转移到新鲜培养基培养增殖，就建立了悬浮细胞培养株［图3-9（a）中三角瓶悬浮培养］，从中筛选出目标产物产量高、性能优良的无性繁殖系，并确定其细胞生长和产物积累的最佳条件；③扩大培养，将上述选出的细胞株扩大培养，得到一定量的细胞，作为接种用的"种子"，就可以接种到如图3-9（b）中所示6 L通气搅拌罐或进一步放大到几百升至几立方米的生物反应器中培养［图3-9（c）］。由于植物细胞培养的目标产物都属于次级代谢产物，要在细胞生长的后期才开始合成，因此，为了使植物细胞生长和产物合成阶段能够分别予以优化，现已建立了针对植物细胞的"二步培养法"，即使用生长培养基使细胞大量增殖，达到一定的细胞密度，然后再改用适合细胞产物积累的培养基，促进细胞启动次级代谢途径并提高产物的产量。

（a）建立植物细胞株　　　　　　（b）实验室小发酵罐培养

（c）植物细胞大规模培养

图3-9　植物细胞大规模培养流程

3.3.1.2　培养条件的优化

对植物细胞培养来说，环境中的许多理化因素对次级代谢物的合成具有很大影响。

（1）物理因素

① 光：对光的需要与否，需视具体的植物细胞的生理特性而定。

② 温度：植物细胞的适宜培养温度通常在 25 ℃左右。

③ pH 值：植物细胞培养的适宜 pH 值一般在 5～6 之间。

(2) 化学因素

① 溶氧。与植物光合作用不同，植物细胞悬浮培养一般是好氧过程。但植物细胞的呼吸速率较低，对氧传递的要求不高。而溶氧浓度对植物细胞生长和代谢产物的积累有重要影响，因此要维持在最适范围内。

② 植物细胞悬浮培养的培养基。植物细胞对营养的需求比动物细胞简单，但比微生物复杂得多。植物细胞必须在矿物质、维生素等微量元素和含碳物质的平衡供给下才能正常生长。与植物生长时利用 CO_2 作为碳源不同，在植物细胞培养时需要加入有机碳源，通常使用蔗糖作为碳源；植物细胞培养的氮源一般采用含氮盐类，如硝酸盐和铵盐等，有的还需要加入有机氮，如酵母提取液等；植物细胞培养必须含有一定浓度的植物激素，如 IAA 和 2,4-D 等，植物激素对细胞的生长和次级代谢产物合成都是必要的；此外，培养基中还应含有金属离子和其他有机添加物等。典型的植物细胞培养基配方组成见表 3-4。

表 3-4　典型的植物细胞培养基配方组成/mg·L^{-1}

组　分	Murashige-Skoog(1962)	White(1963)	Heller(1953)	Schenk-Hildebrandt (1972)
$(NH_4)_2SO_4$	—	—	—	—
$MgSO_4 \cdot 7H_2O$	370	720	250	400
Na_2SO_4	—	200	—	—
KCl	—	65	750	—
$CaCl_2 \cdot 2H_2O$	440	—	75	200
$NaNO_3$	—	—	600	—
KNO_3	1900	80	—	2500
$Ca(NO_3)_2 \cdot 4H_2O$	—	300	—	—
NH_4NO_3	1650	—	—	—
$NaH_2PO_4 \cdot H_2O$	—	16.5	125	—
$NH_4H_2PO_4$	—	—	—	300
KH_2PO_4	170	—	—	—
$FeSO_4 \cdot 7H_2O$	27.8	—	—	15
Na_2EDTA	37.3	—	—	20
$MnSO_4 \cdot 4H_2O$	22.3	7	0.1	10
$ZnSO_4 \cdot 7H_2O$	8.6	3	1	0.1
$CuSO_4 \cdot 5H_2O$	0.025	—	0.03	0.2
H_2SO_4	—	—	—	—
$Fe_2(SO_4)_3$	—	2.5	—	—
$NiCl_2 \cdot 6H_2O$	—	—	0.03	—
$CoCl_2 \cdot 6H_2O$	0.025	—	—	0.1
$AlCl_3$	—	—	0.03	—
$FeCl_3 \cdot 6H_2O$	—	—	1	—
$FeC_6O_5H_7 \cdot 5H_2O$	—	—	—	—
KI	0.83	0.75	0.01	1.0
H_3BO_3	6.2	1.5	1	5
$Na_2MoO_4 \cdot 2H_2O$	0.25	—	—	0.1
蔗糖	30 000	20 000	20 000	30 000
肌醇	100	—	—	1000
烟酸	0.5	0.5	—	0.5
维生素 B_6	0.5	0.1	—	0.5
维生素 B_1	0.1～1	0.1	1	5
泛酸钙	—	1	—	—
甘氨酸	2	3	—	—

3.3.2 植物细胞培养的细胞生理特性

高等植物细胞在自然状态下并不像细菌和真菌那样悬浮存在，而是作为整株植物器官组织的一部分，植物细胞之间总有着各种紧密接触。研究发现，这种细胞与细胞之间的联系是通过"细胞间连丝（plasmodesmata）"实现的，可以进行细胞间分子质量小于 800 Da 化合物的交换。这种物质交换对植物细胞悬浮培养也十分重要。当细胞从天然植物环境中分离出来并悬浮于人工环境时，如果能够保持一定的细胞聚集度，就可以保持细胞与细胞之间的这种微环境。因此，虽然从理论上说，植物细胞悬浮培养也属于纯种培养，但在一个细胞团中包含了各种表型的细胞，对次级代谢产物的合成起着重要作用。如果细胞团太大，将引起氧和其他营养物质及代谢产物的传递发生困难，因此，保持适当的细胞团尺寸非常重要。与微生物发酵相比，植物细胞培养的特点见表 3-5。

表 3-5　微生物发酵与植物细胞培养的特性比较

特　性	微生物	植物细胞	特　性	微生物	植物细胞
尺寸/μm	2	>10	发酵（或培养）时间	数天	数星期
对剪切力敏感程度	不敏感	敏感	产物积累场所	培养基	液泡
含水量	75%	>90%	遗传变种性能	可能	需要
倍增时间	<1 h	1～2 天	培养基费用/美元·m^{-3}	8～9	65～70
通气量/m^3·m^{-3}·min[①]	1～2	0.3			

① 表示 1 m³ 的培养基在 1 min 内通入 1 m³ 的空气。

① 植物细胞尺寸较大。单个植物细胞就比微生物约大 10 多倍，在植物细胞增殖时容易形成若干个细胞聚集一起的细胞团，尺寸就更大，因此用肉眼就可以观察到。

② 植物细胞对剪切力非常敏感。大个头的植物细胞容易受到流体剪切流场、涡流及与反应器器壁间碰撞等引起的机械损害；在悬浮培养时，植物细胞分泌多糖和糖蛋白到培养基中，而不能构成部分细胞壁成分（与在原植株环境中一样），造成悬浮细胞的胞壁较薄，使细胞更容易受到剪切力的伤害，因此在植物细胞培养反应器设计时应避免高强度的剪切力，但又必须维持一定的剪切力以控制细胞团的尺寸。

③ 易沉降。由于植物细胞团体积大，比微生物更容易沉降下来。

④ 植物细胞生长缓慢。与微生物相比，植物细胞生长速度极慢，细菌倍增时间约为 15 min，而生长最快的烟草细胞，其倍增时间也需 15 h 左右。典型的悬浮培养植物细胞则需要 1～2 天的时间增殖一倍。因此，低生长速率所引起的高培养成本是决定植物细胞培养是否经济的关键指标。

⑤ 植物细胞生长与次级代谢产物的合成无显著关联。正如在同一植株中不同部位细胞有着不同的代谢能力，在离体培养情况下，快速生长的细胞与高效分泌目标产物的细胞通常不一致。

⑥ 易染菌。由于培养周期长，长期的无菌操作或反应器密封是反应器设计以避免杂菌污染必须考虑的重要因素。

针对以上植物细胞培养特点，科学家在进行植物细胞大规模培养时，注重改善反应器构型，尽量减小流体剪切力，同时又满足植物细胞对良好混合的要求。反应器选型还考虑了密封性，防止在长期培养中染菌。当以产生次级代谢产物为目标时，由于细胞生长与产物积累无关联，因此往往采用不同培养基分别进行细胞增殖与代谢物积累，或采用固定化培养来控制细胞处于不生长只积累目的代谢物的理想生理状态。

目前，已建立了 400 多种植物的组织和细胞培养方法，并从中分离出代谢产物，其中有 60 多种化合物在含量上等于或超过了原植物体，包括人参皂苷、小檗碱、泛醌-10 等。一些在植物细胞培养中产量高于亲本植株的次生代谢产物如表 3-6 所示。据报道，从鞘蕊花属细胞培养得到的迷迭香酸，以细胞干重计含量高达 27%，比整植株培养时高 9 倍；柠檬叶鸡眼藤培养细胞中蒽醌含量比完整植株的含量约高 10 倍。这些成果体现了植物细胞培养的优越性：利用植物细胞培养进行有用物质的生产可不受环境、生态和气候条件的限制，且增殖速率和产物积累速率大大高于整植物体栽培。

表 3-6　一些在植物细胞培养中产量高于亲本植株的次生代谢产物

植 物 物 种	次生代谢产物	植株产物干重/%	细胞与天然植株的产率比值
唐松草（*Thalictrum minor*）	小檗碱	0.01	1000
烟草（*Nicotiana tabacum*）	泛醌-10	0.003	173
雷公藤（*Triperygium wilfordii*）	雷公藤羟内酯	0.001	50
紫草（*Lithospermum erythrorhizon*）	紫草宁	1～2	7～14
海巴戟（*Morinda citrifolia*）	蒽醌	2.2	8.2
人参（*Panax ginseng*）	人参皂苷	4.1	6.7
彩叶紫苏（*Coleus blumei*）	迷迭香酸	3.0	5.0
长春花（*Catharanthus roseus*）	阿玛碱	0.3	3.3

植物细胞在个别物种上的成功培养预示着鼓舞人心的发展前景，但是，植物细胞培养在从实验室研究走向工业化生产过程中不可避免地遇到许多有待解决的问题，如植物细胞生长缓慢、次级代谢产物含量低、培养细胞系不稳定、多数产物积累于胞内和植物细胞不耐受剪切力等。这些问题的存在，造成次级代谢产物生产成本高，因此限制了植物细胞培养的工业化进程。在目前的技术条件下，只有那些用量少但价格高的次级代谢产物才能考虑采用植物细胞培养的方法进行生产。一般地说，只有当次级代谢产物的价格高于 1000 美元·kg^{-1} 时，才可以考虑采用植物细胞培养方法生产。

3.3.3　植物细胞培养生物反应器的研究

随着植物细胞培养逐步向工业化规模发展，选择合适的生物反应器，最大限度地发挥植物细胞合成次级代谢产物的潜力，已经成为植物细胞大规模培养成功的关键。反应器的选择必须结合植物细胞培养的特点，如植物细胞体积大、易聚集成团、不易混合均匀、植物细胞对剪切力比微生物细胞敏感得多及植物细胞的需氧量比微生物小、而且过高的溶氧量会抑制细胞生长等特点。搅拌对保持反应体系的均一性非常重要，但植物细胞对剪切力的高度敏感限制了使用高速搅拌装置。

20 世纪 70 年代开始研究植物细胞大规模培养时，主要借用微生物培养时广泛使用的搅拌式生物反应器［如图 3-10（a）］，随后剪切力较小的鼓泡柱反应器和气升式反应器［见图 3-10（b）］得到了人们的青睐。除了这些传统反应器外，植物细胞培养也出现了微生物发酵中不常见的转鼓式反应器及膜生物反应器等。用于植物细胞培养的反应器及其应用见表 3-7 所示。

在化学工业上广泛应用的搅拌罐是最早用于植物细胞培养的生物反应器，但在具体使用前需调整搅拌桨叶结构和转速或反应器构型，以便减小反应器内的流体剪切力，尽可能地减小对细胞的伤害。Kreis 等比较了不同搅拌器的搅拌式反应器与气升式反应器对金花小檗（*Berberis wilsonae*）细胞合成原小檗碱的影响，结果显示平叶型搅拌器加挡板与气升式反应器相当，适于植物细胞培养。

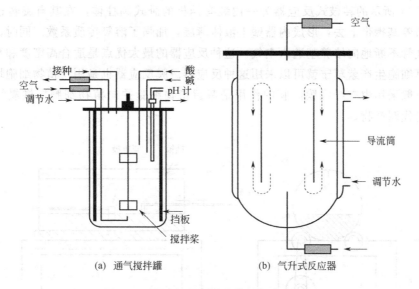

(a) 通气搅拌罐　　　　　(b) 气升式反应器

图 3-10　用于植物细胞培养的各种反应器

表 3-7　用于植物细胞悬浮培养的一些生物反应器

反应器类型	植 物 细 胞 体 系
搅拌式反应器	*Catharanthus roseus*(长春花)；*Daucus Carota*(胡萝卜)；*Digitalis lanta*(毛地黄)；*Dioscorea del-toidea*(三角薯蓣)；*Morinda citrifolia*(海巴戟)；*Nicotiana tabacum*(烟草)等
鼓泡柱反应器	*Glycine max*(大豆)；*Nicotiana tabacum*(烟草)等
气升式反应器	*Berberis wilsone*(金花小檗)；*Catharanthus roseus*(长春花)；*Tripterygium wilfordii*(雷公藤)等
膜生物反应器	*Nicotiana tabacum*(烟草)；*Catharanthus roseus*(长春花)；*Ginseng*(人参细胞)等
转鼓式反应器	*Lithospermum erythrorhizon*(紫草)；*Vinca rosea*(夹竹桃科植物长春花)等

目前，鼓泡床反应器和气升式反应器最常用于植物细胞培养。在鼓泡床反应器中，通入的气体既要提供氧又要为细胞混匀提供能量，但是鼓泡床反应器很难协调氧传递系数与细胞混匀两者之间的关系。气速过大，虽能保证良好的混合状况，但过量的氧供给不利于细胞生长；反之，气速过小，当氧供给正常时，细胞团易沉降下来。对长春花细胞在 4 L 鼓泡床反应器培养时就发现随着气速增加，细胞生长速率先随之增加达到一定程度后呈下降趋势的现象。气升式反应器中，空气在导流筒中与培养基混合，由于降低了流体的密度，从而向上流动，带动了流体的循环，既为植物细胞的生长提供了必需的氧气和良好的混合，流体剪切力又比较适合植物细胞生长和代谢，而且没有机械传动，因此在植物细胞培养中得到了广泛应用。鼓泡床反应器是微生物好氧发酵采用的最简单反应器之一，它具有密封性好、剪切力小、易于放大等优点。它的缺点是反应器内部流体的流型不确定。由于植物细胞形成了有较大尺寸的细胞团颗粒，鼓泡床反应器实际上属于流化床反应器。Kato 曾使用 1.5 m³ 的流化床反应器培养烟草细胞，但培养过程中出现了混合不均匀的问题，最终造成细胞的比生长速率降低。Wanger 等进行了不同生物反应器培养海巴戟（*Morinda citrifolia*）细胞生产蒽醌的研究，结果显示气升式反应器培养效果最好。Smart 用 85 L 的气升式反应器培养长春花细胞，证明气升式反应器适于植物细胞培养。Fulzele 等在 20 L 的气升式反应器内培养长春花细胞生产阿玛碱，产率达 315 μg·(g 干细胞)$^{-1}$。大量比较实验表明，气升式反应器非常适合于植物细胞培养，但当细胞密度比较高或反应器高径比过大时，会出现混合不好、细胞

粘壁生长等现象。

　　如图 3-11 所示的转鼓式反应器为一内装有挡板的卧式圆柱体，在其自旋转过程中，挡板不断将培养基携带上去，形成内器壁上液体薄层，加强了溶氧传质系数。同时，浸没在液体中的通气管不断地向培养基通入空气。这种反应器的最大优点是适合高密度和高黏度细胞培养。紫草细胞生产紫草宁就可以采用这种反应器。膜反应器也是用于植物细胞培养的新型反应器，一般采用中空纤维膜。膜的作用是截留植物细胞并向植物细胞提供氧气和营养物质，并移走代谢产物。

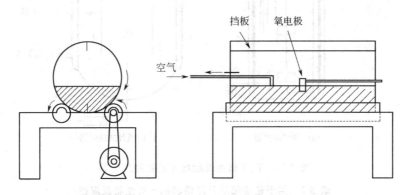

图 3-11　由 Tanaka 设计的转鼓发酵罐

3.3.4　植物细胞培养的应用

　　植物细胞培养的应用主要包括三个方面：生产有用物质（次级代谢产物）、快速繁殖植物无性系以及深入研究植物细胞遗传、生理、生化和病毒感染等。次级代谢产物生产结合了生物技术与工程技术，是典型的生物工程技术，而植物细胞培养的后两方面应用则更偏重于生物学本身。

3.3.4.1　利用植物细胞培养进行药物生产

　　植物细胞培养的工业应用为天然植物药物生产提供了全新的途径。下面是几个典型的应用例子。

　　（1）太平洋紫杉细胞培养生产抗癌药物——紫杉醇

　　紫杉醇是一种用于卵巢癌、乳腺癌、肺癌的高效、低毒、广谱并且作用机制独特的抗癌药物。紫杉醇存在于太平洋紫杉或红豆杉的树皮、叶及茎中，其中以树皮中的含量最高。大约从 12 000 株成年紫杉树的树皮中才能提取 1 kg 的紫杉醇，而且紫杉的生长周期很长、在世界上的分布很少，显然从天然植物中提取将导致太平洋紫杉或红豆杉的毁灭性砍伐的生态灾难，而且仍无法满足需要。植物细胞培养生产紫杉醇被公认为是一种有效的长期生产紫杉醇方法。日本曾从短叶红豆杉（*T. Brevifolia*）和东北红豆杉（*T. Cetenhum*）中诱导愈伤组织，筛选得到的细胞培养 4 周就增殖了 5 倍，紫杉醇含量达到 0.05%，比原来的红豆杉树皮中紫杉醇含量高 10 倍。Ketchum 从 6 种紫杉醇属植物中进行愈伤组织的诱导，获得了产生紫杉醇的高产细胞株，在悬浮培养下，细胞内紫杉醇含量超过了 20 mg·L^{-1}。中国也有不少研究单位，如中国科学院昆明植物研究所、天津大学等经过多年研究，对多种红豆杉的不同外植体进行愈伤组织诱导、培养，筛选出了紫杉醇高产细胞株，优化了培养条件，设计了新型生物反应器，取得了重要进展。

　　（2）人参细胞培养生产人参皂苷和人参多糖

人参是用于治疗与保健的名贵药材，它的主要有效成分是人参皂苷。1964 年罗士伟首先成功地进行了人参组织培养。日本于 1986 年开始采用 13 L 培养罐悬浮培养人参细胞，并从中提取人参皂苷和人参多糖，目前已经报道的用于人参细胞培养的最大反应器已经达到 20 m^3。

（3）毛地黄细胞培养转化毛地黄毒苷

毛地黄毒苷是一种强心苷类。毛地黄细胞培养能够完成植株所不能够或仅能极微量进行的生物合成过程。毛地黄毒苷能被毛地黄（*Digitais Purpurea*）和希腊毛地黄（*Digitais Lanatia*）的细胞培养物经葡萄糖糖基化转化成紫花毛地黄糖苷 A；毛地黄毒苷和紫花毛地黄糖苷 A 可被毛地黄的细胞培养物进一步变成芰毒苷和紫花毛地黄糖苷 B；而希腊毛地黄的细胞培养物能将紫花毛地黄糖苷 A 转化成阮乙酰毛花毛地黄糖苷 C，化合物 C 可被进一步羟基化为毛花毛地黄糖苷 C。这些强心苷都具有重要的医用价值。采用微生物发酵生产强心苷效率很低，而以毛地黄细胞悬浮培养转化强心苷则很有发展前景。

3.3.4.2 利用植物细胞培养生产天然色素

各种合成色素在食品工业和化妆品工业中的泛滥使用对人类健康的威胁已经被越来越多的人所认识，寻求无毒、安全的天然色素就显得非常重要。1987 年及 1989 年 Iiker 和 Francis 建议用植物细胞培养的方法生产花青素这种天然色素。此后，有许多大学和研究机构都开展了深入细致的研究。目前已报道能产生花青素的植物有：大戟属（*Euphorbiamilli*）、翠菊属（*Callistpe phus chinensis*）、甜生豆、矢车菊属（*Cemntaureacyanus*）、玫瑰花、紫菊属（*Perilla frutescens*）、苹果、葡萄、胡萝卜、野生胡萝卜、土当归、商陆（*Phytolacaamericana*）、筋骨草属（*Ajuga reptans*）、靶苔属等。同时也研究了植物细胞培养生产花青素的代谢途径、高产细胞株选育、最佳培养基成分、细胞生长与花青素积累的关系及产物提取等。用植物细胞培养生产的色素有：紫草宁、胡萝卜素、叶黄素和单宁等。

目前最为成功的应用植物细胞大规模培养生产色素的是利用紫草细胞培养生产紫草宁。紫草系多年生植物，可用作创伤、烧伤以及痔疮的治疗药物，同时又因为其漂亮的紫红色而作为高级色素使用。但紫草的自然资源供应不足，如在日本，紫草已濒临灭绝，我国已将新疆紫草（*Arnebia euchroma*）列入国家二级保护植物。随着野生资源日益不足，而人工栽培紫草又难以成活，采用从植物体中直接提取紫草宁的传统方法显然既无法满足市场需要，又与保护自然环境、维持生态平衡的宗旨背道而驰。而采用化学合成法生产紫草宁的工艺则非常复杂，且最终产率仅 0.7%，生产成本极其高昂。紫草宁在国际市场上售价高达 7000 美元·kg^{-1}。紫草宁的高价值决定了采用植物细胞培养技术工业化生产紫草宁的可行性，从而成为各国科学家研究的热点。早在 1974 年 Tabata 等就研究了用于紫草细胞培养产生紫草宁的培养基。1983 年，日本三井石油公司成功地采用了 750 L 气升式反应器培养紫草细胞生产紫草宁，并正式宣布将紫草宁作为染料和药物进行工业化生产。1984 年，紫草宁正式成为商品，以"生物口红"的商品名投放市场，成为第一个通过植物细胞大量培养方法获得的商品。1987 年，日本又开发了 1 m^3 的转鼓式反应器。中国南京大学生物系、浙江大学、中国科学院植物研究所等也从 1986 年开始对紫草细胞培养生产紫草宁进行研究，在优化的培养条件下，紫草细胞悬浮物中紫草宁含量占干重的 14%，比紫草根中的含量增加了 10 倍以上。

从上述研究和应用实例中可以看到，用植物细胞培养方法生产次级代谢产物的技术已成为当代生物技术的一个重要组成部分，吸引了许多国家的科学家参与研究。特别是日本、美国、德国等投入了大量人力和物力进行开发研究，旨在于提高次生代谢物的产量。与此相比，中国的研究发展无论从规模还是深度上都存在着差距，还有待进一步加强科研投入。

3.3.5 植物细胞培养的发展趋势

植物细胞培养取得成功的关键是必须提高目标产物的产量、降低培养成本。为此，各国科学家作出了很大的努力并正在取得新的进展。

3.3.5.1 建立和选择高产植物细胞系

筛选高产植物细胞系常用的方法有：克隆（有相同遗传基因的细胞群）选择、抗性选择和诱导选择等，其中克隆选择应用较为广泛。在培养细胞的群体中，存在少量细胞可以积累较多的次级代谢产物。通过单细胞克隆或细胞团克隆技术可以将这些具有相同遗传基因的细胞群挑选出来，加以适当的培养形成高产植物细胞系。抗性选择是指在选择压力下，通过直接或间接的方法得到抗性变异的细胞株。诱导选择常用于各种突变体的选择，与微生物诱变育种类似，通过化学或物理诱变剂处理植物细胞培养物，如 X 射线或 γ 射线的处理可提高培养细胞的生物素、色素或生物碱含量，但在高产植物细胞系中选择成功的例子还不多。随着对植物细胞代谢途径及其调控机理研究的深入，直接采用代谢工程原理将基因重组技术用于高产植物细胞株的建立也已经受到人们的重视。

3.3.5.2 植物组织化培养

一般而言，迅速生长的植物细胞趋向于增加细胞量而不是积累次级代谢产物，而成熟的高度组织化细胞则更有利于积累目标产物。对于非组织化的某些悬浮培养体系，即使改变各种培养条件也很难提高目标产物的痕量分泌水平。对这种体系，紧密的细胞间接触、细胞的聚集或组织化是提高产物产量的重要措施。而对于另一些体系，甚至连固定化这种类组织化的培养方式也无法提高产物的生产水平。在这些情况下，代谢产物合成途径中其中的一种或多种酶的表达肯定与细胞的分化过程相联系。这时，采用形态上已完全组织化的形式进行培养是提高次级代谢产物产量的必要条件。

近年来，采用器官培养物（根、胚）代替细胞悬浮培养物，已作为克服生物合成特异性与器官相关性的一种手段。一般用发根土壤农杆菌（*Agrobacterium rhizogenes*）诱导植物根系增殖而形成大量的发根，发根的增殖速率一般相当于或高于悬浮培养细胞，而且不容易被杂菌污染，反应器也比较简单。发根培养的最重要优点是可以使用目标产物的前体或诱导物强化目标产物的积累，有人已经成功地用洋葱及大蒜的发根培养生产调味品，采用发根培养得到的托烷碱产量也大大超过了原植物体的生产水平。发状根培养技术正在迅速发展，但可能仅限于生产原植物体根部合成的代谢产物。

3.3.5.3 固定化细胞技术

固定化培养技术的出现和发展使植物细胞培养技术向工业化前进了一大步。通过固定化技术能解决植物细胞悬浮培养过程中存在的许多问题：在反应器内高密度细胞培养，降低培养成本；加强了细胞之间的接触，提高目标产物产量；减少剪切力对植物细胞的伤害；延长次级代谢产物的生产期等。1979 年 Brodelius 首次报道了固定化高等植物细胞获得成功后，固定化技术已应用于许多培养体系，如长春花、毛地黄、罂粟等。

应用于植物细胞培养的固定化方法主要有：凝胶包埋法、吸附法、泡沫固定法和膜固定法。其中以膜反应器最有应用前景。Hulst 和 Tramper 提出了可用于植物细胞固定化的膜反应器形式有：中空纤维、平板膜、管式膜反应器和多膜反应器等。当然，固定化植物细胞也会带来一些问题，如操作步骤增加、染菌的可能性提高及设备投资高等。固定化方法都可能或多或少地对细胞的生理产生正面或负面的影响，因此对任何特定的培养体系我们都仍需研究细胞固定化的利弊。

3.3.5.4　产物促进释放技术

植物细胞培养的一个显著特点便是多数细胞合成的次级代谢产物储存在细胞内，只有极少数植物细胞的次级代谢产物附着在细胞壁上或分泌到细胞外。对胞内分泌体系，传统的分离方法是必须通过破碎细胞来释放出产物，这种方法大大减少了细胞的使用周期，给本已生长缓慢的植物细胞培养增加了一个非常不利的因素，而且会降低收率、增加生产成本。由于生物制品的价格很大程度上取决于产物分离提纯过程，下游分离成本占总成本的比例高达50%～90%。为此，科学家们在不降低细胞活性的前提下，发展了促使胞内产物释放到胞外培养基中的促进释放技术。如改变培养基组成、电刺激法、二甲基亚砜（DMSO）类物质的化学渗透法和由培养基与萃取剂组成的双液相培养等，都是目前普遍采用的方法。

3.3.5.5　产物合成与分离耦合过程

植物次级代谢产物的积累都会对植物细胞生长和代谢产生抑制作用，从而限制了细胞密度及目标产物产量的提高。采用产物合成与分离耦合过程可以在目标产物被合成的同时将产物从生物反应体系中分离，解除了产物抑制，就可以大大提高生产效率。例如，在细胞悬浮培养生产阿玛啉的过程中，由于阿玛啉反馈抑制作用，其产量不足 1 mg·L^{-1}，但如在培养液中加入吸附树脂将所产生的阿玛啉吸附，则总产量可以提高到 30 mg·L^{-1}；若采用固定化细胞和产物分离耦合过程，阿玛啉产量可进一步提高到 90 mg·L^{-1}。

3.4　转基因动植物

对于许多中国人来说，转基因动植物这个名词还比较陌生。但它已经与我们不期而遇，走进了每一个人的生活。我们每天所食用的奶粉、豆浆、方便面、色拉油等，都可能含有转基因成分。自 1996 年美国大面积推广种植转基因作物以后，转基因食品以惊人的速度向全球扩散。转基因技术在保证农业的稳产、高产及高品质方面产生了十分巨大的效果。例如，转基因羊和牛可以源源不断地给血友病人提供含有凝血因子的奶，转基因植物可以不用或少用化肥和农药。这些转基因动植物的发展无论是对于发展中国家还是发达国家来说意义都非同一般。虽然转基因作物已经在世界范围内得到成功推广，通过培育转基因羊和牛来生产昂贵医药品被寄予厚望，但不时有科学家对转基因动植物的生物安全性提出疑问，担心大量应用转基因生物会破坏生物多样性，甚至可能对人类健康造成伤害。中国政府对转基因动植物的研究、应用及转基因产品的销售都作出了严格的规定，以保证人们的健康和生态系统不被破坏。

3.4.1　转基因动物

3.4.1.1　常用的建立转基因动物方法

转基因动物构建是从细胞基因修饰开始，可见细胞基因的改造是其关键步骤。常见的建立转基因动物方法有显微注射法、逆转录病毒法与干细胞法等方法。

① 显微注射法。利用显微操作系统和显微注射技术将外源基因直接注入实验动物的受精卵原核，使外源基因整合到动物基因组，再通过胚胎移植技术将整合有外源基因的受精卵移植到受体的子宫内继续发育，进而得到转基因动物。这项技术开始于 1980 年初期的转基因鼠，在 20 世纪 80 年代后期被应用到大的家畜（如奶牛和奶山羊）等动物生物反应器的构

建上。

②逆转录病毒感染法。逆转录病毒可作为转基因载体用于构建转基因动植物。对于鸡受精卵，无法对其进行显微注射操作，比较适合采用逆转录病毒的操作方式。但由于逆转录病毒作为载体具有潜在的致癌性，其载体的构建较为复杂，容纳外源基因的大小也有限，而且获得的子代动物中嵌合体的比例大，使该技术的应用受到了一定的限制。

③胚胎干细胞。在20世纪80年代中晚期，随着转基因动物体系的建立，胚胎干细胞分离和体外培养以及胚胎干细胞移植后体内发育获得了成功，胚胎干细胞基因打靶技术也不断成熟，利用胚胎干细胞法建立转基因动物取得了很大的进展。

④精子载体法。该方法是将外源基因与精子共同培养，再通过电穿孔或脂质体介导等方法将外源基因导入成熟的精子，使精子携带的外源 DNA 进入卵中并受精，从而使外源DNA 整合到染色体中。由于这种方法相对简单，利用人工受精过程就可产生转基因动物，因而成为近年来许多学者关注的焦点，特别是在大动物的转基因研究上具有相当重要的意义。

⑤体细胞核移植法。该技术是以动物体细胞（包括动物成体体细胞、胎体成纤维细胞等）为受体，将目的基因导入能传代培养的动物体细胞，再以这些动物体细胞为核供体，进行动物克隆，进而得到带有外源基因的转基因动物。转基因克隆动物技术的采用，使基因转移效率大为提高，转基因动物后代数迅速扩增，所需动物数大幅度降低。

图 3-12 描述了转基因小鼠的构建实例，即将外来基因转入小鼠体内成为其基因组的一部分。引入的基因（带斑点皮毛）先被分离出来并设计使其携带适当片段，然后将这段基因注入受精卵，方法如下：对一只雌鼠注射激素使其排出大量卵，随后让一只雄鼠与其交配使部分卵受精；将这些卵收集起来，在其受精卵分裂前注入外来基因（皮毛表达成斑点状）物质。这些转基因的卵被移植入另一个雌性鼠体内，在那里发育成型。由于某些卵内基因物质在随意位点与染色体整合而成为老鼠细胞的遗传物质，由这种卵发育成的动物将携带该基因

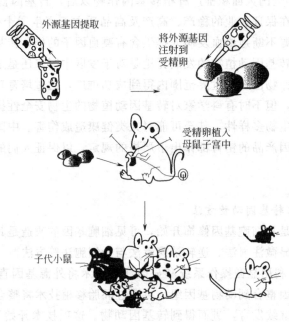

图 3-12 转基因鼠的构建

74

从而成为皮毛呈斑点状的转基因鼠。

3.4.1.2 转基因动物的应用

转基因动物技术对于在大动物体内产生有益蛋白质十分有用。通过转基因技术向动物受精卵注入能产生某种药物的基因，尔后就可在转基因动物体内表达所需的药物。比如向羊的受精卵里导入能产生人凝血因子的基因，所得转基因羊的乳汁将含有大量的人凝血因子，提取后可用于治疗血友病。1991 年 Ebert 等以山羊酪蛋白基因作启动子，以人组织纤溶酶原激活剂（htPA）基因为目的基因，制备出每升乳汁中表达 3 g htPA 的转基因山羊。后来有人培养出了乳汁中含抗胰蛋白酶的转基因绵羊等。随后出现的分泌人乳铁蛋白的转基因乳牛和血液中含有人血红蛋白的转基因猪的培养成功再次引起世界对动物生物反应器的重视。糖原累积病的患儿缺乏一种处理肝糖原（储存在肌肉里的作为能量来源的糖和淀粉的产物）的酶，当这种酶缺乏或失去作用的时候，糖原就逐渐积累并损伤肌肉包括心脏。最近，一种转基因兔的奶含有治疗婴儿期糖原累积病的酶，现已有 4 位患有该病的婴儿采用转基因兔奶成功地得到了治疗。鹿特丹 Sophia 儿童医院的 Ans Van der Ploeg 博士和他的同事们每周给患儿静脉注射从兔奶中提取的酶，12 周后，患儿体内的酶含量达到了正常水平，4 位患儿均度过了一年危险期。从转基因动物的乳汁中获取对人类有益的基因工程产物，不但具有产量高、容易提纯的优点，而且表达的蛋白经过了充分的修饰和加工，具有稳定的生物活性，因此被称为"动物乳腺生物反应器"。用转基因牛、羊等家畜的乳腺表达人类所需蛋白，就相当于建了一座大型制药厂，这种制药厂具有投资少、效益高、无公害等优点。

虽然目前通过转基因动物生产药物或珍贵蛋白尚未形成产业，但据国外经济学家预测，大约 10 年后，转基因动物生产的药品就会鼎足于世界市场。那时，仅药物的年销售额就会超过 250 亿美元（不包括营养蛋白和其他产品），从而使转基因动物（家畜)-乳腺生物反应器产业成为最具有高额利润的新型工业。

利用转基因动物还可以为研究遗传疾病的基因治疗打开方便之门。人类伦理道德一般不允许直接对人的受精卵进行基因操作，因而只有将处理过的体细胞移植到遗传病患者体内。但这种操作具有一定的危险性，必须首先在动物体内进行试验。通过培育缺陷性状矫正的动物新品系，不仅可以从根本上彻底消除动物的一些遗传性疾病，而且可以为这类疾病的基因治疗提供宝贵的经验和动物模型。事实上，每一次基因治疗实施之前，都已用转基因动物做了大量实验。例如，1989 年分离出囊性纤维变性（CF）基因，3 年后科学家制造出了具有这种疾病的转基因鼠，随即在这种鼠身上进行了大量基因转移和基因矫正试验，以便搞清CF 疾病的分子机理。接着又在这种鼠身上试验了大量的药物以便控制 CF 疾病。在总结了动物模型实验的基础上，才对人实行了 CF 病的基因治疗并取得了进展。

转基因动物还可能为因患病而导致某个器官功能衰退的病人提供健康的器官，如心、肝、肾等。例如，英国剑桥的几位科学家为一只猪胚胎导入了人的基因，因而培育出了世界上首例携有人基因的转基因猪，在世界上引起强烈反响，许多报刊都以"具有人类心脏的猪"为题报道了对这头名叫阿斯特丽德（Astrid）的猪。目前，这种转基因猪已发展到数百头。科学家的目的是希望这种转基因猪能为人类提供健康的可供移植的器官。他们已在进行把转基因猪的器官移植到灵长目动物身上的试验，预计移入人体的试验将在不久的将来开始实施。如果这项计划能够成功的话，那么将解决人类备用器官的严重缺乏，使千百万名患者脱离死亡威胁。总有一天，转基因动物会成为未来的器官工厂。

研究转基因动物还能培育具有更优良性状的转基因动物。科学家已培育出了转基因兔、鸡、羊、猪和鱼等。科学家还发现，通过将牛的生长激素基因导入到猪身上就能获得吃得少、生长快、瘦肉多但个头大的转基因猪。尽管成就不菲，但进一步的研究过程中还存在着一些障碍。例如，有些动物性状如控制瘦肉型猪或高产奶牛的基因不止一个，需同时导入几个基因，光是寻找这些基因就是一项十分艰巨的任务。

培育抗病能力强的禽畜新品种是转基因动物研究的另一目标。由于家禽、牲畜得病后很容易相互传染，所以培育有抗病基因的转基因动物十分必要。1992年，美国科学家把一种抗冻鱼的抗冻基因注入大西洋鲑鱼的受精卵中，培育而成的转基因鲑鱼具有很强的抗冻能力。这些通过转基因动物来培育动物新品种无疑具有重要的经济价值。

中国在转基因动物领域也取得了骄人成绩。由中国农业大学畜牧研究所培育的中国第一头采用常规冷冻方法保存克隆胚胎生产的体细胞克隆奶牛，于2002年10月26日在顺义区石家营奶牛场通过剖腹产降生。这头克隆牛起名"顺华"，出生体重达63.5 kg，体质健壮，毛色光亮。该克隆牛的核供体来自北京市奶牛中心的一头优良成年母牛的耳部细胞。克隆胚胎经过常规冷冻后移植到一头健康的青年荷斯坦母牛体内，克隆牛的产奶量是普通奶牛的2～3倍。

总之，人类拥有的有关基因的知识越多，就越能更好地利用它们去解决人类所面临的如疾病之类的诸多问题。

3.4.2 转基因植物

3.4.2.1 转基因植物的构建

与转基因动物相类似，转基因植物的构建也是从细胞基因修饰开始的。但是，植物细胞的生理特性不同于动物细胞，植物细胞的转基因实现也不一样。转基因植物的构建方法主要有农杆菌导入法、基因枪法、花粉管通道法和原生质体融合法等。

① 农杆菌导入法。农杆菌介导所用的基因转移根癌农杆菌和发根农杆菌适用于双子叶植物和部分裸子植物的转基因植物构建。最近研究显示根癌农杆菌的 Ti 质粒也可向一些单子叶植物（如石万柏、百合、薯蓣等）转移外源基因并表达。先将带目的基因的质粒整合到农杆菌基因组中，再将此农杆菌与植物细胞共同培养36～48 h，转化植物细胞，然后分离洗涤去菌后通过组织培养获得转基因植株或者形成冠瘿瘤和发状根等组织，所形成的肿瘤或发状根本身即是一种天然的选择标记。野生型根癌农杆菌的 Ti 质粒由于携带与生长素和细胞分裂素合成有关的基因，使转化的细胞产生过量的植物激素而形成肿瘤。利用这种野生型农杆菌作为基因载体，常使转化的细胞丧失分化能力。发根农杆菌感染后形成的发状根可诱导再生形成植株。例如，将处于再生壁时期的原生质体（在原生质体群体中通常可见部分已开始第一次分裂）与根癌农杆菌共培养，已使多种烟草属植物、矮牵牛、龙葵、胡萝卜等植物的细胞转化，并获得转基因植物。

② 基因枪法。这种方法用表面附着DNA分子（含目的基因）的金属微粒，经过加速装置，轰击植物细胞，将DNA直接射入植物细胞，转化率可达8%～10%。这种方法不受植物细胞种类限制，快速简单，但设备昂贵。

③ 花粉管通道法。将目的基因整合后，在植株开花时利用花粉管通道直接导入受体植株。这是由我国科学工作者发明的方法，主要用于棉花转基因研究。其实，从本质上讲转基因培育出来的品种与常规育种的品种的基因都发生了变化，只是方法路径不同、精确程度不同而已。

④ 原生质体融合法。植物细胞在其原生质体的外面有一层坚韧的细胞壁。要在植物细

胞间进行融合作用，首先必须设法除去细胞壁。称去除细胞壁的细胞为原生质体，它含有细胞组成的全部成分。原生质体保持着植物细胞的全能性，在适宜的培养条件下，可以重新长出细胞壁，进行细胞分裂、分化，形成完整的小植株。虽然原生质体融合法比较方便，但是完整原生质体的制备有相当大的难度。为了获得去壁的具有正常活性的原生质体，科学家们经过了长期艰苦的摸索。以下是一转基因烟草的构建实例。首先取烟草的体细胞（例如叶片细胞）用分解纤维素的酶（例如蜗牛胃里的酶）处理以去除它的坚硬的细胞壁，去除了细胞壁的细胞变成圆球状的原生质体；用运载着外来基因的载体 DNA 去转化原生质体，基因载体上有一个卡那霉素抗性基因；把转化后的原生质体在含有卡那霉素的固体培养基上培养，可以看到在大量死去的细胞的背景上有大约十几个细胞团，就是由接受了基因载体中抗卡那霉素基因的烟草细胞群落，把这些群落中的细胞转移到含有卡那霉素的器皿中便会长出枝叶来，而一般的烟草细胞则由于对卡那霉素呈敏感状态而不能生长。

3.4.2.2 转基因植物在农业上的应用

转基因植物在农业上的应用就是利用生物技术将某些外源生物的基因转移到农作物中去，改造生物的遗传物质，使其在性状、营养品质、消费品质等方面向符合人类所需要的方向转变。如果以转基因植物得到的产品为直接食品或原料加工生产的食品就是转基因食品。

对于农作物，转基因植物首先想到的应该是提高粮食和其他作物的产量以满足人类的需要。但是与作物有关的基因太多，影响因素太复杂，至今仍有许多科学问题有待于探索，已经了解的一些基因在植物染色体中的位置相距甚远，因此现在就发展以提高产量为目标的转基因植物还有很多困难。基于先易后难的原则，科学家目前所构建的转基因植物主要是那些具有抗病、抗虫、抗病毒和抗除莠剂能力的转基因植物，因为这些抗性都由单个基因所控制，而且植物一旦具备这些性状，自然便能提高产量。此外转基因植物还可应用于改进农产品质量，例如，提高蛋白质的必需氨基酸含量、改变油脂组分、延长果品的保鲜期、改变花卉的颜色等，都已经取得了研究成果。转基因植物还能改变农产品的外观，如方形的西红柿和西瓜，以便于装箱运输。可见，转基因植物有着广阔的发展天地。

抗除草剂基因工程主要有三种方法，一种是将除草剂作用的酶或蛋白质的基因转进植物，使其拷贝数增加，使转基因作物中这种酶或蛋白质的量大大增加，因而除草剂不能杀死该植物；另一种是以除草剂为底物的酶的基因转到植物中，该基因编码的酶在转基因作物中将除草剂催化分解，达到保护植物的目的；第三种是利用除草剂能识别和作用植物特定酶的特定位点的这一特点，用基因突变的方法使该位点上相应的氨基酸发生突变，除草剂不能识别而使转基因作物对除草剂不敏感。现已获得的抗除草剂转基因作物有大豆、棉花、玉米、水稻、甜菜等 20 多种，抗除草剂的转基因作物占总的转基因作物的 70% 以上。

抗虫基因工程在国内外受到高度重视，已成为植物基因工程研究和应用的热点。根据抗虫基因的来源，分为从细菌中分离出来的抗虫基因，主要是苏云金杆菌毒蛋白基因；从植物组织中分离出的抗虫基因，主要为蛋白酶抑制剂基因、淀粉酶抑制剂基因、外源凝集素基因等；从动物体内分离的毒素基因，主要有蝎毒素基因、蜘蛛毒素基因和抗菌肽基因等。

对植物造成重要危害的病原生物主要有病毒、细菌、真菌和线虫等，目前对前 3 种病原具有一定抗性作用的转基因抗病作物都已培育出来，已达十余种，种植面积快速增加。自从 1986 年美国 Beachy 等首先将烟草花叶病毒（TMV）外壳蛋白基因（CP）转入烟草和西红柿，并使转基因植株获得了对 TMV 的抗性以来，这种采用病毒外壳基因导入植物方法很快被应用到其他病毒和作物上。目前，在抗病毒基因工程中，人们已将烟草花叶病毒

（TMV）、黄瓜花叶病毒（CMV）、马铃薯 Y 病毒（PVY）、马铃薯 X 病毒（PVX）、苜蓿花叶病毒（AMV）等多种病毒的外壳蛋白基因分别转入烟草、西红柿、马铃薯、大豆、苜蓿等多种作物中，在不同程度减轻了病症，推迟了发病时间。抗细菌转基因作物有些来自病原菌本身的抗性基因，如抗菜豆假单胞菌的基因、抗毒素的乙酰转移酶基因导入烟草表现出很高的抗性；有些则来自昆虫的杀菌肽基因，目前也成功地将修饰改造后的杀菌肽基因转入植物，如对黑肿病菌和软腐病菌有抗性的马铃薯、对青枯病菌有抗性的烟草等。另外人们还试图从广泛分布于环境中的拮抗菌中筛选抗病原微生物的蛋白质或多肽，以期得到编码这些蛋白质或者多肽的基因，扩大抗病基因的资源，得到抗性高且持久的转基因植物。抗真菌转基因作物利用转座子标记法和定位克隆技术成功地克隆到许多植物的抗病基因，如玉米的 Hml、番茄的 Pto 基因、烟草的 N 基因、亚麻的 L6 基因、水稻的 Xa21 和 Xa1 基因等，并导入作物以提高抗病性。

抗逆基因工程主要包括抗旱、抗寒、抗热和抗盐等方面的研究，这方面工作目前尚处于起步阶段，但已取得了初步的进展。

世界上许多国家都在竞相研究和开发转基因植物，而且发展速度非常快。1986 年时全世界获准进行田间试验的转基因植物还只有 5 例，1986～1992 年间就增加到了 675 例。获准转基因植物进入田间试验的国家有美国、比利时、法国、英国、西班牙、加拿大、荷兰等 28 个国家。转基因植物种类分析，以马铃薯占首位（134 例），以下依次是油菜（122 例）、烟草（96 例）、西红柿（76 例）、玉米（63 例）、甜菜（34 例）、棉花（30 例）、大豆（27 例）等。就基因种类来看，以除莠剂抗性占首位（247 例），依次是品质改良（116 例）、抗病毒（104 例）、抗虫（89 例）、抗病（20 例）等。到 1994 年年底，全世界获准进行田间试验的转基因植物迅速增加到了 1467 例，当时正式批准上市的转基因植物至少有了两例：美国的延熟耐储西红柿和法国的抗除莠剂烟草。1999 年，全球转基因农作物种植面积达到了 4×10^7 ha，转基因农作物迅速摆上了餐桌、走进了人们的日常生活。据预测，到 2010 年，转基因作物的世界市场总收入将达 3 万亿美元，光是转基因作物种子的收入就可达到 1200 亿美元。

世界上第一种实验室转基因作物是 1983 年培育成功的含有抗生素抗性的烟草。1993 年，第一种转基因蔬菜——延迟成熟的番茄开始在美国的超市出售，到了 1996 年，由转基因番茄制造的番茄饼，才得以允许在超市出售。目前，美国是转基因农作物种植和转基因食品批准上市最多的国家，60％以上的加工食品都含有转基因成分，90％以上的大豆、50％以上的玉米和小麦都是转基因的。

中国在转基因植物方面也取得了可喜成果。到目前为止，已获得了抗细菌病的转基因马铃薯、抗赤霉病的转基因小麦、抗小菜蛾的转基因甘蓝、抗病毒的转基因烟草等，此外在耐盐转基因植物和提高必需氨基酸含量的转基因马铃薯等方面也取得了成果。中国农科院郭三堆研究员研制的"双价抗虫棉"就是向棉花植株中导入了两种基因，其中一个基因是人工合成的，另一个基因则来自细菌。他研制的转基因抗虫棉在全国各地已经推广了近 2×10^8 m² （200 万亩），实验表明，每亩可降低成本 80～100 元。

到目前为止，中国经农业部生物工程安全委员会准许商业化种植的转基因作物仅有 6 个，其中有 3 个涉及食品，即两种西红柿、一种甜椒。我国只有转基因抗虫棉获得国家基因安全评价的商业化安全生产许可。近年来由于进口粮食和油料作物增加，含转基因成分的食品和食物油的数量增加很快，中国已经对转基因食品的销售作出了严格的规定。

3.4.2.3 转基因植物用于生产药用蛋白质

近 20 年来，植物转基因技术的发展使外源基因在植物中表达变成现实，利用转基因植物作为生物反应器生产动物疫苗等蛋白质已经变成可能，从而使植物基因工程迈上了新的台阶，即利用转基因植物生产动物疫苗。目前，这项研究尚处于实验室阶段，但已引起了许多免疫学家、分子生物学家和植物学家的关注。

Mason 等在 1992 年就提出了利用转基因植物作为生物反应器生产疫苗的设想，并实现了人类乙型肝炎表面抗原在转基因植物中的表达。目前，乙型肝炎表面抗原、大肠杆菌热不稳定肠毒素（LT-B）抗原、诺沃克病毒衣壳蛋白、口蹄疫病毒 VP1 抗原、霍乱抗原等都已经在转基因植物中成功表达并且成功地诱导动物产生保护性免疫反应。狂犬病毒糖蛋白在转基因西红柿中也已经成功地表达，但能否刺激机体产生保护性免疫反应尚未得到证实。

转基因植物疫苗具有以下优点：①易于形成产业化规模，在筛选到高效表达植株后，只需增加耕种面积就能扩大产量；②价格便宜，植物易于栽培和管理，生产成本很低；③安全，植物病毒不会感染人类和家畜；④使用方便，例如，口蹄疫是一种急性高度接触性、发热性、毁灭性传染病，然而目前世界上使用的疫苗仍是以口蹄疫弱毒疫苗为主，尽管这些弱毒疫苗是预防口蹄疫的有效手段，但有文献报道，在生产弱毒疫苗的同时，又存在着传播口蹄疫病毒的潜在危险性，因此利用转基因植物作为生物反应器生产的口蹄疫疫苗很易被接受和推广应用。

但是，转基因植物生产医用蛋白也存在着不足之处。首先，在转基因植物中重组蛋白的含量很低；其次，植物外源蛋白的提取和纯化技术到目前为止仅在实验室内行得通（如层析、电泳、凝胶过滤等方法），如何进行重组蛋白大规模的提取与纯化还需要进一步研究发展；另外，如何长期保存储存在植物种子中的重组蛋白基因等问题还有待于研究解决。

3.4.2.4 转基因植物的安全性

一般认为，转基因植物技术的发展对未来 50 年内满足人类对食物的需求将起着关键作用，但同时，转基因生物的环境安全性和食用安全性又不断遭到各方对转基因食品安全性的质疑。据英国媒体报道，转基因作物生产公司今后 3 年内将不准在英国进行转基因作物商业化种植。西班牙政府拒绝转基因大米，俄罗斯一直在质疑转基因土豆的安全性。

环境安全性评价的核心问题是转基因生物释放到自然界后，是否会将所转基因再转移到其他生物中，会不会进入食物链，最终导致破坏生态环境，打破原有生物种群的动态平衡。以转基因作物为例，至少需要考察如下问题：转基因作物演变成农田杂草的可能性、基因漂流到近缘野生种群的可能性及对自然生物类群的影响。

食用安全性也是转基因生物安全性评价的另一个重要方面。食用安全性主要指食品和药品的安全性评价。经合组织（OECD）1993 年提出了食品安全性评价的实质等同性原则，即通过转基因技术生产的"产品"如果和传统产品有实质等同性，则可认为是安全的。如转基因羊乳汁中含有人类的凝血因子经鉴定和其他方法生产的是同一种物质，那么就可以放心地使用。若转基因产品与传统产品不存在实质等同性，则应进行严格的安全性评价，要求对所转入基因认真研究，确认对人畜无毒，不形成过敏源。

从纯技术层面分析，转基因技术是中性的，对人体不存在利弊问题。但是由于转基因食品是把一种外源的基因转移到生物本身去，因此便有可能存在着一些潜在的风险，这些风险在短时间内往往不易发现，因此加强监管和严格审批是完全必要的。

3.5 干细胞技术

3.5.1 干细胞分类

干细胞（stem cells）即未分化的细胞，是一类具有自我更新和分化发育潜能的原始细胞。机体的各种细胞、组织和器官、甚至完整的生物都是通过干细胞分化发育而成的。干细胞分胚胎干细胞（embryonic stem cell，ESC）和组织干细胞两类。干细胞研究最早是从胚胎干细胞开始的。如图 3-13 所示，在 3～5 天的胎儿（或称胚囊）中，有几十个内层细胞是非常特殊的细胞，经过 6 个月的增殖，这几十个内层细胞能分化出千万个不同的细胞。这些内层细胞就是胚胎干细胞，胚胎干细胞具有形成所有组织和器官的能力，具有"全能性"。胚胎干细胞逐渐定向分化，朝着特定的组织器官发展，失去全能性而变得比较专一，它们能继续发育成器官组织，如心脏、肺、皮肤、骨髓、血管、骨骼肌和肝脏等，它们只能发育分化成一个系统中的几种细胞，但不能生成其他系统的细胞，因此这些干细胞称为"多能"干细胞（pluripotent stem cell）。"多能"干细胞继续分化发育，将生成更加专门化的细胞，即"专能"干细胞（committed progenitor cell），它们只能再增殖分化为一种类型的"终端"细胞，如红细胞、肌细胞、神经细胞等。终端细胞失去了分裂繁殖能力，只能完成专门的生理机能，如输送氧气、肌肉收缩、传递信息等。

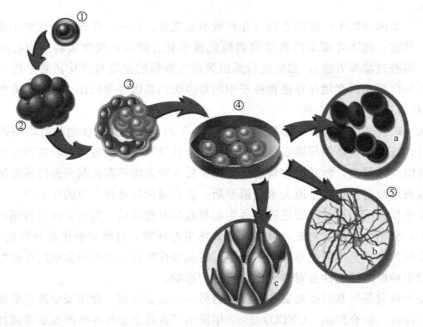

图 3-13 胚胎干细胞的分离及分化
①受精卵；②胚囊阶段（5～7 天）；③内层干细胞团；④培养的未分化的
干细胞；⑤分化干细胞（a 为血红细胞，b 为神经细胞，c 为肌肉细胞）

终端细胞生成后，会逐渐衰老、死亡，然后再有专能干细胞产生新的终端细胞补充。出生后的机体中除了专能干细胞外，仍保留了少量的多能干细胞，继续增殖分化，不断补充衰老损伤导致的细胞损失，维持机体的正常代谢功能。多能及专能干细胞统称为组织干细胞，如造血干细胞、皮肤干细胞及神经干细胞等。

然而，这个观点目前受到了挑战。最新的研究表明，组织特异性干细胞同样具有分化成其他细胞或组织的潜能。例如，造血干细胞也会分化成脑细胞、心肌细胞和肝脏细胞；脑干细胞也能分化成血细胞和骨骼肌细胞。这些干细胞的分化多样性为干细胞的研究和应用提供了更广阔的空间。

干细胞对早期人体的发育有特别重要的意义，但是在儿童和成年人中也存在着多能和专能干细胞。以我们最熟知的干细胞——造血干细胞为例，它们存在于每个儿童和成年人的骨髓之中，也存在于循环血液中，但数量非常少。在我们的整个生命过程中，造血干细胞在不断地向人体补充血细胞——红细胞、白细胞和血小板的过程中起着很关键的作用。如果没有造血干细胞，我们就无法存活。

3.5.2 干细胞的分离与培养

干细胞表面有许多特殊的标记，以造血系统为例，干细胞的表面标志（细胞表面的分化抗原，实际上是细胞的特异表面蛋白）有 Sca-1 和 c-kit 等。另外各种成体干细胞还有各自独特的标记物，如人造血干细胞表现为 $CD34^+$ 和 Thy^{lo}，而 CD10，CD14，CD15，CD16，CD19，CD20 皆为阴性。这些特异的标记物可能与其分化调控有关，如上皮干细胞有 β1 整合素的高表达，而 β1 整合素可介导干细胞与细胞外基质黏附从而抑制其分化的发生。另外干细胞还有不同于一般分化细胞的物理特性，比如干细胞不被染料 Hoechst33324 和 Rhodamine123 染色。利用这些特性及表面标志，采用荧光细胞分离器从单细胞悬液中即可分离纯化干细胞。

由于干细胞的数目很少，因此需要在体外对干细胞进行非分化性增殖。这需要许多生长因子和间质细胞的共培养。Brustle 等人在体外成功地培养了鼠的胚胎干细胞。他们首先把分离的胚胎干细胞在含有成纤维细胞生长因子（FGF）的培养基中培养，随后加入上皮生长因子（EGF），最后在 FGF 和 PDGF 的混合培养基中生长增殖。在这种培养条件下胚胎干细胞可以保持其分化潜能，如停止供给生长因子，ES 细胞会分化为寡树突细胞或星状细胞。不同组织来源的干细胞的培养条件不尽相同。在应用前还需依据靶组织类型对培养干细胞进行定向分化诱导。准确的分化诱导是应用干细胞治疗的基础。这需要对与干细胞发育有关的信号调节及微环境的影响进行详细研究。

可以通过加入适当的生长因子对干细胞的增殖和分化进行调控，使之向指定的方向发展。调控方法主要有内源性调控、细胞内蛋白和转录因子三种。调节细胞不对称分裂的蛋白、控制基因表达的核因子以及细胞分裂次数都是干细胞内源性调控因子，而细胞的结构蛋白（如细胞骨架蛋白）则是细胞内蛋白调控因子，一种哺乳动物早期胚胎细胞表达转录因子 Oct4 和白血病抑制因子 LIF 是典型的转录因子。

综上所述，干细胞有两个不同于其他细胞的基本特征：能在未分化状态下通过细胞分裂方式进行长期繁殖延续；在特定生理条件下，能诱导分化成具有特定功能的分化细胞，如心肌中的跳动细胞和胰腺中的胰岛素分泌细胞。由于对人干细胞的研究历史还较短，目前对干细胞的研究仍处于相当基础的研究阶段，主要在于阐明干细胞的两个基本特征，即脱分化增殖和定向分化。

3.5.3 干细胞的研究进展

3.5.3.1 胚胎干细胞

人体发育起始于卵子的受精，产生一个能发育为完整有机体潜能的单细胞，即全能性的受精卵。受精后的最初几个小时内，受精卵分裂为一些完全相同的全能细胞。大约在受精后

4天，经过几次细胞分裂之后，这些全能细胞开始特异化，形成一个中空环形的细胞群结构，称之为胚囊，胚囊由外层细胞和位于中空球内的内细胞群所构成；外层细胞继续发育成胎盘以及胎儿其他支持组织，而内细胞群细胞即胚胎干细胞继续发育成人体所需的全部组织。尽管内细胞群可形成人体内的所有组织，但它们不能发育成胎盘以及子宫内发育所需的支持组织。因此，这些胚胎干细胞不能发育成单独的生物体，只能是可以发育成多个组织器官的多能性细胞。

胚胎干细胞可以取自于动物或人类。早在20多年前，科学家就从小鼠中分离得到了胚胎干细胞，但直至1998年才在人胚胎中分离得到胚胎干细胞并且在实验室培养。1998年11月，威斯康星大学的汤姆生和约翰·霍普金斯大学的吉尔哈特教授报道了他们用不同的方法获得了具有无限增殖和全能分化潜力的人胚胎干细胞。这一成就将给移植治疗、药物发现及筛选、细胞及基因治疗和生物发育的基础研究等带来深远的影响，奠定了在体外生产所有类型的可供移植治疗的人体细胞、组织乃至器官的基础。

研究证实，分离的小鼠胚胎干细胞可以在体外培养分化成如图3-13所示的各种细胞，包括神经细胞、造血干细胞（血细胞的前体）和心肌细胞。令人惊奇的是，这些细胞还具有自发发育成某些器官的趋势。有人发现，在一定的培养条件下，一部分胚胎干细胞会分化为胚状体（与小的跳动的心脏极相似），另一些细胞会发育成包含造血干细胞的卵黄囊，而且形成胚状体和卵黄囊的比例可通过改变培养基而改变。但是，至今还没有用干细胞体外培养成完整器官的报道。不过，如果将小鼠胚胎干细胞移植到重度复合免疫缺损小鼠（SCID，它不会排斥移植的细胞）体内时，胚胎干细胞则能够发育成肌肉、软骨、骨骼、牙齿和毛发等组织。

3.5.3.2 造血干细胞

造血干细胞（hematopoietic stem cell，HSC）分布于骨髓、外周血和脐血中。尤其脐血中含有丰富的造血干细胞，可用于造血干细胞移植，变"废"为"宝"，极大地拓宽了造血干细胞的分离提取资源。

造血干细胞是造血细胞的"种子"，体内所有血细胞，包括红细胞、白细胞、血小板等，都由它分化发育而来，也是人们认识最早的干细胞之一。造血干细胞又具有自我复制能力，即产生新的造血干细胞以自我补充，从而生生不息。造血干细胞移植，就是应用超大剂量化疗和放疗以最大限度杀灭患者体内的白血病细胞，同时全面摧毁其免疫和造血功能，然后将正常人的造血干细胞输入患者体内，重建造血和免疫功能，达到治疗疾病的目的。

除了可以治疗急性白血病和慢性白血病外，造血干细胞移植也可用于治疗重型再生障碍性贫血、地中海贫血、恶性淋巴瘤、多发性骨髓瘤等血液系统疾病以及小细胞肺癌、乳腺癌、睾丸癌、卵巢癌、神经母细胞瘤等多种实体肿瘤。对急性白血病无供体者，也可在治疗完全缓解后，采取其自身造血干细胞用于移植，称为自体造血干细胞移植。虽然缓解后的骨髓或外周血中恶性细胞极少，可视为"正常"细胞，但疗效比异体移植稍差。为此，人们正在研究一些特殊的"净化"方法，用以去除骨髓中的恶性细胞，有望进一步提高自体移植的疗效。

造血干细胞移植已经取得了肯定的疗效，由于医疗技术的进步，一般也比较安全，但在治疗过程中还存在一定的风险，某些患者可出现移植物抗宿主病、间质性肺炎、肝静脉阻塞综合征、重症感染或出血等严重并发症。造血干细胞并不能在人群中随意移植，需要两个个体的人白细胞抗原一致，才能进行造血干细胞移植，否则会发生移植物抗宿主病（GVHD）

或移植排斥反应，严重者可致命。造血干细胞移植对患者的身体条件和年龄也有一定的限制。

3.5.3.3 间充质干细胞

间充质干细胞（mesenchymal stem cell，MSC）是分化发展为成骨细胞、成软骨细胞、脂肪细胞、成肌肉细胞和骨髓基质细胞的干细胞，在成年后主要存在于骨膜下和骨髓腔中，也分布于肌肉、胸腺和皮肤中。自 20 世纪 70 年代中期 Friedenstein 等建立了骨髓 MSC 分离培养方法以来，人们对 MSC 的多向分化性进行了深入研究。MSC 和其他干细胞的关系十分密切，例如，骨髓 MSC 具有支持体外造血的作用，可维持造血干细胞的自我更新和向巨核系细胞分化的功能；MSC 也参与了免疫细胞发育过程，因此，MSC 在造血干细胞移植中具有重要的价值，这也是利用异体 MSC 构建组织临床应用的基础。此外，MSC 在体外具有极强的增殖能力，抽取少量的骨髓即可满足细胞治疗的需要。然而，对 MSC 本身生物学特性的认识还远远不够深入，许多现象至今尚无法得到明确的解释。

3.5.3.4 神经及其他干细胞

神经干细胞（neural stem cell）存在于成体神经组织中，具有再生神经元、星形胶质细胞和少突状细胞的潜在能力。从目前的研究看，在成体脑中似乎有两群神经干细胞，分别位于室管膜和室管壁。两群细胞虽然所在的位置不同，但具有相同的生长方式及体内功能，可能属于同一种细胞。

研究表明，成年哺乳动物的神经元缺乏再生能力，中枢神经受到损伤后的恢复相当困难，是临床上治疗神经创伤及神经变性难以取得满意效果的主要因素之一。近年来对神经干细胞的研究，已经从胚胎及成年的脑组织中分离、纯化出神经干细胞，它们具有自我修复和增殖的能力，还具有分化成三种类型成人脑细胞的能力，即星状细胞、寡树突胶质细胞（两者均属胶质细胞）和神经元。神经干细胞不仅能促进神经元的再生及脑组织的修复，而且通过基因操作，神经干细胞可以作为载体用于神经系统疾病的基因治疗，如表达外源性的神经递质、神经营养因子及代谢性酶。

神经干细胞的移植将成为容易接受和切实可行的方法。利用神经干细胞的多向潜能性来恢复中枢神经系统的正常结构和功能，是目前治疗帕金森（Parkinson）病的有效方法之一。但是，干细胞移植受可供细胞量的限制。

胚脑干细胞移植用于脑损伤、帕金森病和老年性痴呆等疑难病症的治疗，向人们展示了十分诱人的前景。

科学家们还发现肌肉中存在具有造血功能和成肌能力的多能干细胞和成肌细胞。在肌肉正常发育过程中，附着于肌肉纤维的卫星细胞（satellite cell）跨越肌纤维的基底膜，形成并行的肌纤维并参与附近肌细胞的增殖。在肌肉损伤和再生过程中，卫星细胞被激活，增殖分化并替代损伤的肌纤维。在进行性肌肉营养不良小鼠的移植实验模型中，这类细胞可以使肌组织重建，促进肌细胞表达肌细胞增强蛋白。

3.5.4 干细胞的应用前景和障碍

研究干细胞的最初目的是揭示从单一的受精卵细胞到完整生命的发展过程以及成体中健康细胞替代受损细胞的机理。干细胞研究除了有助于阐释生命本身，还被寄予厚望于采用细胞疗法来治疗帕金森综合征和糖尿病等疾病。不仅如此，干细胞还可以用于新药和毒物的筛选模型，以及探索先天性遗传缺陷的原因。

科学家们曾进行了一个有趣的实验：先教会两只鹦鹉唱歌，然后将其中一只鹦鹉的脑中枢神经破坏，这只鹦鹉就失去了唱歌的能力。当他们将另一只鹦鹉中提取的神经干细胞注射到受损伤的鹦鹉时，他们惊奇地发现，这只鹦鹉又能够唱歌了。这一实验说明，干细胞经过分化，能够修复原来受损失的脑中枢神经，这一实验成果为人类所面临的许多不治之症的治疗打开了希望的大门。

许多疾病及功能失调往往是由于细胞功能障碍或组织破坏所致。如今，一些捐赠的器官和组织常常用以取代生病的或遭破坏的组织。遗憾的是，受这些疾病折磨的病人数量远远超过了可供移植的器官数量。多能干细胞经刺激后可发展为特化的细胞，就有可能用于修复受损伤的组织和器官，从而可用于治疗各种疾病、身体不适和残疾，包括帕金森病、老年痴呆症、脊髓损伤、中风、烧伤、心脏病、糖尿病、骨关节炎和类风湿性关节炎等。现举其中两例说明如下。

① 健康心肌细胞的移植可为慢性心脏病病人提供新的希望。这些病人的心脏已无法正常跳动，从人体多能干细胞中发育出心肌细胞，并移植到逐渐衰退的心脏肌肉，就可能增加衰退的心脏功能。在小鼠和其他动物身上进行的初期工作已表明，植入心脏的健康心肌细胞成功地进入了心脏，并与宿主细胞一起工作（见图3-14）。

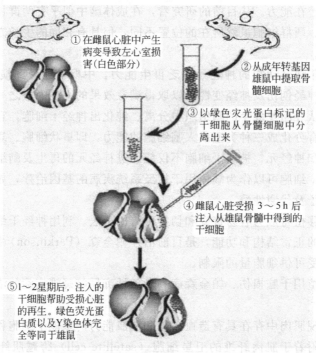

图3-14 采用成体干细胞治疗心脏损伤

② 在许多患有Ⅰ型糖尿病的病人身上，特异的胰腺细胞遭到破坏，使胰岛细胞不能生成胰岛素。医学实践表明，移植完整的胰腺或分离的胰岛细胞可减少胰岛素的注射量。从人体多能干细胞中分化培养的胰岛细胞系有可能取代器官移植用于Ⅰ型糖尿病的治疗。

科学家们甚至将干细胞用于返老还童的研究。他们用大剂量放射线破坏老年小鼠的免疫干细胞后，再将含免疫干细胞的年轻小鼠的骨髓和胸腺移植进去，结果使老年小鼠拥有了与年轻小鼠一样强大的免疫功能！这样，如果将婴儿的干细胞冷冻保存，当他年老时，将保存的干细胞增殖后再输入体内，就可能使人保持年轻状态。

人干细胞还能被用于测试新药的安全性。从人多能干细胞定向分化得到的功能细胞具有一致的性质，非常适合于作为新药安全性测试的对象。

干细胞各种功能的发现给人类战胜疾病、永葆青春展示了美好的前景，但是要使其成为现实，尚有许多基础研究和应用研究工作有待于我们去研究，只有当这些问题完全解决后，才可能将干细胞用于临床实践。由于胚胎干细胞只能取自胚胎，使用人胚胎干细胞时必须考虑伦理方面可能出现的问题。

3.6 组织工程

3.6.1 组织工程概述

如图 3-15 所示，组织工程的研究几乎遍及人体所有的器官或组织。20 世纪 90 年代，美国 FDA 已批准组织皮肤工程及自体软骨细胞移植修复关键软骨部分缺损用于临床，并已开始产业化进程。一些组织工程产品如生物人工肝等已进入三期临床试验。在世界各国科学家的共同努力下，用体外构建的组织、器官、干细胞和生物活性因子治疗疾病将成为现实。

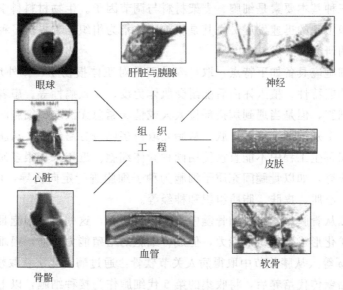

图 3-15　组织工程的应用

长期以来，人工器官和移植手术使众多患者受益匪浅，但也显露出了致命弱点：前者与人体不相容、无法实现人体高级功能；后者供体有限，且存在免疫排斥等问题。组织工程以组织再生为核心，借助工程学方法由细胞重新构筑人体组织。

如图 3-16 所示，组织工程按组织器官的构筑方式可分为两个部分：组织再生工程和组织替代工程。组织再生工程采用自体细胞，借助人工细胞外基质，在各种生长因子的促进下使细胞分裂、增殖、分化，以重新构筑患者自己的组织。组织再生工程又可以按再生过程的环境分为体内和体外组织再生工程。体内再生工程是在体内制造完成再生目的物，通常是将在体外大量培养的细胞种子置于可降解支架上，将此"杂合体"移入体内使其再生为组织。例如，具有人耳形状的软骨细胞和可降解支架杂合体移植到裸鼠背部，在鼠背形成"人耳"等。体外组织再生工程则在体外制造出组织再生目的物，细胞转变为组织的全部过程都在体外完成，然后用外科手段将目的物移入体内或体表。体外组织再生工程虽然还只有十几年的历史，但是发展很快，如再生皮肤、再生软骨等已在临床上应用，将成为人体组织工程今后发展的主流。组织替代工程是由异体或异种细胞与免疫隔离膜一起构筑能替代患者受损、缺失器官的功能性组织器官技术。这种组织器官的构筑体是由"生物体"和"非生物体"结合而成，故称为杂合型人工器官或称为生物型人工器官。组织替代工程已有 20 多年的历史，杂合型的胰脏和肝脏已经接近开发成功，有望在临床获得应用。但是，要运用组织再生工程的方法使结构及功能极其复杂的胰脏、肝脏、脑组织等得以再生和重筑，还需要相当漫长的时间。

$$
组织工程\begin{cases} 组织再生工程\begin{cases} 体内再生工程：小鼠身上的"人耳" \\ 体外再生工程：再生皮肤、再生软骨 \end{cases} \\ 组织替代工程\begin{cases} 非生物型：人工肾、人工肝 \\ 生物型杂合型：生物人工肝 \end{cases} \end{cases}
$$

图 3-16　组织工程的分类

3.6.2　组织工程的构建

组织工程的三种基本要素是细胞、支架材料与调节因子。生物材料科学及细胞工程的研究进展促进了组织工程的迅速发展，尤其是干细胞技术为组织工程提供了种子细胞，极大地推动了组织工程的研究和开发。

理想的种子细胞应具备如下特点：取材容易而且对肌体损伤小、体外培养增殖能力强、易稳定表达原有功能特性、植入体内后能耐受肌体免疫、无致瘤性等。患者本人的自体细胞是最理想的种子细胞，但是当遇到病损部位太大或情况紧急无法取得细胞时，也可以使用同种异体细胞。除了个别情形（培养皮肤、从胎儿取得多巴胺分泌细胞、从脐血取得血液细胞等）之外，在组织再生工程中不能直接使用同种异体细胞。近年来，很多研究者已经将干细胞用于组织工程研究，如以骨髓间充质干细胞为种子细胞进行定向诱导，可分化得到软骨、骨、肌腱、韧带、心肌、皮肤、脂肪组织和神经等。

成骨细胞可以从骨膜、骨小梁和骨髓中直接分离培养，这些成骨细胞具有合成、分泌骨基质并促进基质矿化形成骨组织的能力，但成骨细胞的增殖能力较弱，很难满足骨组织工程的需要。Frondoza 等人从膝关节中取得病人关节软骨，通过酶消化法获取软骨细胞，进行 3 个月的软骨细胞贴壁传代培养后，将收集的第 5 代细胞作为接种细胞，以 I 型胶原作为微载体进行悬浮培养，细胞数量在 2 周内至少增加了 20 倍。通过免疫细胞化学染色，发现在微载体上培养的软骨细胞逐渐改变了其"成纤维样细胞"外观，重新呈现软骨细胞原始表型的特征。这种方法有助于克服成骨细胞的增殖能力较弱的困难。

人工支架的作用包括人工细胞外基质、空间确保膜、生长因子控制释放、组织生长的支撑体、免疫隔离膜和生物反应器等。对于任何一种细胞支架材料，都需要考虑以下几个指标：有良好的生物相容性和细胞亲和性、能阻挡外来组织的侵袭、通畅的营养物质补给、可以控制释放生长因子、能灭菌消毒、有利于细胞大量分泌各种蛋白质等，还应该具有良好的力学性能。目前，用于组织工程细胞支架的生物材料主要有无机材料、天然高分子材料和合成高分子材料三大类。天然无机材料有羟基磷灰石、珊瑚礁和磷酸钙；天然高分子材料有壳聚糖、海藻酸盐、胶原蛋白、葡聚糖、透明质酸、明胶和琼脂等；合成高分子材料有脂肪族聚酯、聚酸酐、聚原酸酯和聚醚等。细胞支架不但起着决定新生组织和器官形状大小的作用，更重要的是为细胞增殖提供营养、气体交换、排除废物和为细胞增殖提供场所。因此组织工程细胞支架的形态结构必须具有相互贯通的开放孔结构，孔径大小必须符合不同细胞的要求。当然，细胞支架还必须与需要再生或修复的组织或器官具有类似的形状和尺寸。

图 3-17 显示了利用组织工程进行骨的生长和修复过程。将Ⅰ型胶原、定向间充质干细胞或成骨细胞和必要的生长因子（如变形生长因子等）一起移植到短骨中间，经过一定时间后就能完全与原骨融合在一起，修复受到损伤的骨骼。

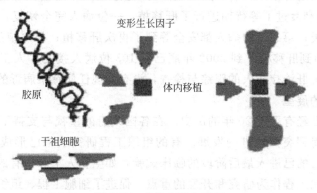

变形生长因子

胶原

体内移植

干祖细胞

图 3-17 骨的生长与修复

图 3-18 是组织替代工程研制的生物人工肝装置，已经进入三期临床试验。该装置由一个装有原代猪肝细胞的中空纤维反应器、活性炭过滤器、一个膜式增氧器和一台泵组成。此外，该装置还与血浆分离器及温度和氧的检测控制装置相连接。核心部分是聚砜中空纤维反应器，有 5×10^9 个猪肝细胞贴附在位于中空腔外、表面涂有胶原的葡聚糖微载体上。生物人工肝装置主要用于肝坏死病人在等待肝移植时暂时维持生命。病人血液经血浆分离后先经活性炭灌注柱，然后再进入中空腔内在猪肝细胞作用下完成一系列的生化反应以使血液成分能保持在正常范围内。每次处理需要约 6 h，病人的血压在处理 2～2.5 h 后得到明显改善，

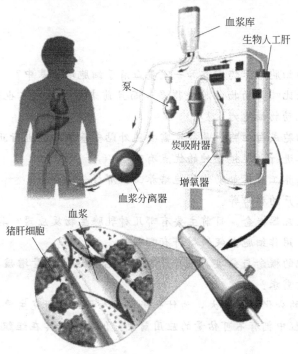

血浆库

生物人工肝

泵

炭吸附器

增氧器

血浆分离器

血浆

猪肝细胞

图 3-18 生物人工肝装置

处理后的病人平均可以支撑 39.2 h，每位病人最多可以接受 5 次人工肝处理，这样就为病人接受肝移植争取了宝贵的时间。经过生物人工肝处理的病人仍需进行定期的逆转录病毒感染检查与检测。在生物人工肝一期临床试验中，有 31 位病人进行了该型生物人工肝的治疗。病人的分组情况如下：第一组 18 人，他们是等待肝移植的爆发性肝衰竭患者；第二组 3 人，属于肝移植后排异引起肝不工作者；第三组 10 人是急性发作的慢性肝炎患者。其中，第一组中的 16 位病人顺利渡过了等待期进行了肝移植，一位病人完全恢复，不用肝移植，只有一位病人死于胰腺炎；第二组的病人都安全等到了再次肝移植；第三组病人的情况不理想，8 人中只有 2 人存活到肝移植。到 2002 年底已有 103 位病人接受了人工肝治疗，通过 5 年来对接受过生物人工肝治疗病人的跟踪与检查，没有发现任何感染病毒的现象。

3.6.3　组织工程的展望

组织工程研究已经有了近 20 年的历史。在各国政府的重视与支持下，组织工程的基础研究及临床应用均得到突飞猛进的发展。有的组织工程研究成果已形成稳定的产品用于临床，如骨和皮肤；有的已进入最后阶段的临床试验，如生物人工肝；有的正处于临床前期试验。很多国家把组织工程作为研究和开发的重点，促进了细胞工程、组织工程和材料工程的相互融合和发展，并将为人类健康和疾病治疗提供了新的方法。

尽管组织工程的研究与临床应用已经取得了一定的突破，但主要集中在皮肤、关节软骨等结构相对简单的组织工程，而要使具有复杂三维厚层结构的组织实现再生，还有很多难题需要探索。因此，无论是基础研究还是临床应用，都有需要深入研究。组织工程是一门交叉科学，需要各方面的专家通力合作，解决诸如细胞的大量分离和迅速增殖技术、细胞在多孔支架内部均匀分布的生长技术、高效率供应营养物质的技术及大量获得各种细胞生长因子的方法等关键问题。组织工程应用于医疗时还面临着棘手的医用产品的质量控制问题，只有严格控制组织工程产品的质量，才能保证组织工程产品的有效性和安全性。

思考题

1. 为什么大部分动物细胞培养仍需添加一定量血清于细胞培养基中？
2. 虽然昆虫细胞生长比哺乳动物细胞快得多，而且前者培养基成本也低得多，为什么医用蛋白生产仍以哺乳动物细胞为主？
3. 如果培养血液红细胞或白细胞，是否也需要胞外贴壁基质才能进行正常的细胞培养？
4. 采用植物细胞培养进行大规模育种的优点有哪些？
5. 为什么植物细胞培养工业不如动物细胞培养工业那样普遍？
6. 详述转基因食品生产的利与弊。
7. 请阐述乳腺生物反应器概念。目前主要有哪几种乳腺生物反应器？其工业应用前景如何？
8. 什么是组织工程？用作细胞支架的材料有哪些？
9. 请阐述成体干细胞的概念与分类。成体干细胞能否快速地大量增殖，以满足组织工程对成体干细胞的大量需求？
10. 既然胚胎干细胞的分化潜力更大，为什么当前的人干细胞研究主要局限于成体干细胞？
11. 干细胞在组织工程中拥有不可估量的应用前景，但目前，其在组织工程上的实际应用还不现实，为什么？
12. 生物人工肝临床试验中为什么要采用猪肝细胞而不是其他动物的肝细胞？

主要参考书目

1　闫新甫主编. 转基因植物. 北京：科学出版社，2003

2　裴雪涛主编. 干细胞生物学. 北京：科学出版社，2003

3　卢浩泉主编. 现代科技与人文大观——生命科学的奥秘——生物学（上、下）. 北京：中国华侨出版社，1995. 205，253

4　翟中和，王喜忠，丁明孝主编. 细胞生物学. 北京：高等教育出版社，2000. 491

5　谈家桢. 向上帝挑战生物技术. 上海：上海科技教育出版社，1996. 182

6　王兆琴. 肢体根叶存信息——全息的故事. 上海：上海科普出版社，1996. 121

7　汪德耀主编，陈细法，林加涵等编著. 细胞生物学超微结构图谱. 北京：高等教育出版社，1989. 195

8　[意] P. 卡普奇内利著. 生物学研究概说　活细胞的运动. 李利民译. 北京：科学出版社，1987. 97

9　[美] 斯佩克特等著. 细胞实验指南（上、下册）. 黄培堂主译. 北京：科学出版社，2001. 1428

10　杨志明主编. 现代生物技术丛书——组织工程. 北京：化学工业出版社，2002. 360

第4章 酶 工 程

4.1 概述

无论是低等微生物，还是高等动植物，体内成千上万个错综复杂的化学反应构成了新陈代谢的网络。这些反应都是井井有条、绵绵不断地进行着，那么生物体内这样有规律、有秩序的反应是如何维持的呢？大量的科学研究表明，这些反应都是在生物催化剂——酶的作用下进行的，许多酶构成了一个庞大而有规律的酶促反应体系，控制和调节着生物体复杂的新陈代谢。

酶是一类生物催化剂，其化学本质为蛋白质，同时又具有催化剂的功能。现在我们已经知道，生物体内几乎所有的反应都是在酶的催化下进行的，几乎所有生物的生理现象都与酶的作用紧密相关。可以这样说，没有酶的存在，就没有生物体的一切生命活动；离开了酶，生命活动就一刻也不能维持；失去了酶，也就失去了整个生物世界。

无数事实已经证明，在生命出现之前，酶就已经存在，人类在生产实践中早就开始不自觉地利用了酶，而酶真正被人类所认识，却还只有短短的二三百年时间。人们对酶的认识最早起源于酿酒、造酱、制饴和治病等生产与生活实践。我们的祖先在几千年以前就已经开始制作发酵饮料和食品，早在夏禹时代，人们就会酿酒；"周礼"上已有造酱、制饴的记载；春秋战国时期，已有采用曲治疗消化不良等疾病的案例。当然，在那个时代，我们的祖先对酶还缺乏认识，并没有明白这些过程中酶的存在及其所起的作用。

17世纪后期起人们对酶的存在有了清晰的认识。1684年比利时医生 Helment 将引起发酵过程中物质变化的因素称为酵素（ferment）。1810年 Jaseph-Lussac 发现酵母可将糖转化为酒精，之后 Pasteur 对发酵做了很多研究，并做出了重要的贡献，但他却错误地认为只有活的酵母细胞才能进行发酵；Liebig 在研究酿酒过程中对这种观念提出了挑战，首次认为发酵现象是由于酵母细胞中含有发酵酶，是发酵酶催化糖发酵产生酒精，但由于当时科学和技术的限制，他未能从酵母细胞中制备出可催化发酵的无细胞酶制品。但从那时开始，人们对具有生物催化作用的酶已经有了模糊的认识。1835～1837年间，Berzelius 提出了催化作用的概念，对酶学的发展起了非常重要的作用，实际上，正是这一概念的诞生使得对酶的研究一开始就与它所具有的催化作用联系在一起。1876年 Kuhne 创造了"enzyme"一词，目的是为了避免与"ferment"一词的混淆，它来自于希腊语，意义是"在酵母中的物质"。一般认为真正的酶学研究始于 Buechner 兄弟的发现，1887年他们用细砂研磨酵母细胞，压取出汁液，证明了不含酵母细胞的酵母提取液也能使糖发酵生成酒精，他们的实验证实了发酵与细胞活力无关，并表明了酶能够以溶解的、有活性的状态从破碎的细胞中分离出来，从而推动了酶的分离以及对酶的理化性质的进一步探讨和研究，也促进了对各种与生命活动过程有关酶系统的深入研究，在酶的催化性质和应用上取得了极大的进展，是酶学研究的里程碑。

历史上对酶化学本质的认识经历了一个曲折的过程。20 世纪 20 年代初，Willstatter 认为酶不一定是蛋白质，他将过氧化物酶纯化了 12000 倍后，发现酶的活性很高，但却检测不到蛋白质，所以他错误地认为酶是由活动中心与胶质载体组成的，活动中心决定酶的催化能力及专一性，胶质载体的作用在于保护活性中心，蛋白质只是保护胶质载体的物质，并以此来解释酶纯度越高越不稳定的实验现象。这一错误的观点来源于当时对蛋白质检测水平的限制，但由于 Willstatter 的权威地位，使这一观点在当时较为流行。1926 年，Sumner 在简陋的实验条件下第一个获得了脲酶的蛋白质结晶，并提出了酶是蛋白质的观点，但仍无法推翻 Willstatter 的错误观点。直到 Northrop 和 Kunitz 得到了胃蛋白酶、胰蛋白酶、胰凝乳蛋白酶等多种结晶酶，并用可信服的实验方法证实了这些结晶都是纯蛋白质后，酶的蛋白质属性才被人们普遍接受。至今，已经鉴定的酶有 8000 种左右，其中很多酶已经在医药、疾病诊断、食品及日化工业、分析检

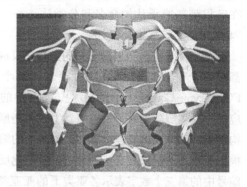

图 4-1　HIV-1 蛋白酶的空间结构示意图

测、科学研究及工业催化等领域获得了广泛的应用。图 4-1 显示了经过计算机模拟得到的 HIV-1 蛋白酶的空间结构示意图。

酶工程是蛋白质化学与工程科学相互交叉渗透、相互结合并发展而形成的一门新的技术科学。它是从应用的目的出发研究酶、利用酶的特异性催化功能，并通过工程化技术利用酶的催化功能将相应的原料转化为有用物质的技术。按 1971 年第一届国际酶工程会议提出的关于酶工程的定义，酶工程是研究和开发酶的生产、酶的分离纯化、酶的固定化、酶及固定化酶的反应器、酶与固定化酶的应用等的工程科学。此后，随着酶在工业、农业、医药和食品等领域中应用的迅速发展，酶工程也不断地增添新的内容，按现代观点来看，酶工程主要包括了以下几个方面的研究内容：①酶的大量生产和分离纯化及它们在细胞外的应用；②新颖酶的发现、研究和应用；③酶的固定化技术和固定化酶反应器；④基因工程技术应用于酶制剂的生产及遗传修饰酶的研究；⑤酶分子改造与化学修饰以及酶的结构与功能之间关系的研究；⑥有机介质中酶反应的研究；⑦酶的抑制剂、激活剂的开发及应用研究；⑧抗体酶、核酸酶的研究；⑨模拟酶、合成酶以及酶分子的人工设计、合成的研究。随着酶工程研究的深入，酶在工业、农业、医药、食品、分析检测及科学研究等方面的应用正发挥着越来越重要的作用。

近年来，核酸酶、抗体酶、模拟酶及人工酶的发现和合成，对酶化学本质是蛋白质的传统概念提出了挑战，使酶工程的领域迅速扩大，当然，应用范围也就越来越宽。目前，酶工程已经成为连接生物技术和产业之间的重要桥梁。

4.2　酶的命名和分类

由于酶的种类繁多，在酶学研究的初期，尚没有一个系统的命名法则，酶的名称都是习惯沿用的，绝大多数是依据酶作用的反应物（或称为底物）来命名的，如淀粉酶、蛋白酶、脂肪酶等；有时也根据酶所催化的反应性质来命名，如氧化酶、转氨酶等；也有一些酶结合了上述两点进行命名，如胆固醇氧化酶、醇脱氢酶、谷丙转氨酶等；此外，在这些命名的基础上，再加上酶的来源或酶的其他特点来命名，如心肌黄酶、胰蛋白酶、碱性磷酸酯酶等。

虽然这种命名的延用时间很长，也比较简单，但缺乏系统性，常常会不可避免地出现一酶数名或一名数酶的混乱情况。

为了避免这种混乱，国际生物化学联合会（International Union of Biochemistry，简称 IUB）在 1955 年就酶的命名和分类问题成立了国际委员会，并在 1961 年提出了酶的系统命名法和系统分类法，并经 1965 年、1972 年、1978 年和 1984 年几次修改、补充后形成了现在已得到普遍承认的命名和分类法。

4.2.1 国际系统分类法

国际酶学委员会根据已知的酶催化反应类型和作用的底物，将酶分为六大类，规定每一种酶都有一个由四组数字组成的编号，每个数字之间用"·"分开，并在此编号的前面冠以 EC(Enzyme Commission 的简称)。编号中的第一个数字表示该酶所属的大类，EC 根据酶催化反应的类型将酶分为六个大类酶：①氧化还原酶类；②转移酶类；③水解酶类；④裂合酶类；⑤异构酶类；⑥合成酶或连接酶类。编号中的第二个数字表示在该大类下的亚类，亚类的划分有些是根据所作用的基团，有些则反映了所催化反应的亚类，表 4-1 列出了酶的大类和亚类的分类简表。编号中的第三个数字表示各亚类下的亚亚类，它更精确地表明酶催化反应底物或反应物的性质，例如氧化还原酶大类中的亚亚类区分受体的类型，具体指明受体是氧、细胞色素还是二硫化物等。编号中的第四个数字表示亚亚类下具体的个别酶的顺序号，一般按酶的发现先后次序进行排列。编号中的前三个数字表明了该酶的特性如反应物的种类、反应的性质等。例如，EC 1.1.1.1 代表乙醇脱氢酶，第一个数字 1 表明这是一种氧化还原酶；第二个数字 1 说明作用于分子中的羟基；第三个数字 1 代表作用的底物是乙醇；第四个数字 1 则是发现的顺序号。根据此规则，每个酶都有自己的编号，如己糖激酶为 EC 2.7.1.1，腺苷三磷酸酶是 EC 3.6.1.3，果糖二磷酸醛缩酶是 EC 4.1.2.13，磷酸丙糖异构酶是 EC 5.3.1.1 等。

表 4-1 酶的大类和亚类的分类简表

1. 氧化还原酶(oxidoreductase)	3. 水解酶(hydrolase)	5. 异构酶(isomerase)
1.1　作用于—CH—OH	3.1　水解酯键	5.1　消旋酶
1.2　作用于—C＝O	3.2　水解糖苷键	
1.3　作用于—C＝CH—	3.4　水解肽键	
1.4　作用于—CH—NH$_2$	3.5　水解其他 C—N 键	
1.5　作用于—CH—NH—	3.6　水解酸酐	
1.6　作用于 NADH 或 NADPH		
2. 转移酶(transferase)	4. 裂合酶(lyase)	6. 连接酶(ligase)
2.1　转移一碳基团	4.1　加成到—C＝C—双键	6.1　C—O
2.2　转移醛基或酮基团	4.2　加成到羰基—C＝O	6.2　C—S
2.3　转移乙酰基团	4.3　加成到—C＝N—双键	6.3　C—N
2.4　转移葡萄糖基团		6.4　C—C
2.7　转移磷酸基团		
2.8　转移含硫基团		

4.2.2 国际系统命名法

按照国际系统命名法，每一种酶都有一个系统名称和一个习惯名称，其命名原则如下。

① 酶的系统名称由两部分构成，前面为底物名，如有两个以上底物则都应该写上，并用"："分开，如底物之一是水时，则可将水略去不写；后面为所催化的反应名称。例如醇脱氢酶的系统名称为醇：NAD$^+$氧化还原酶；又如 ATP：己糖磷酸基转移酶等。

② 不管酶催化的是正反应还是逆反应，都用同一名称。当只有一个方向的反应能够被证实，或只有一个方向的反应有生化重要性时，自然就以此方向来命名。有时也带有一定的习惯性，例如在包含 NAD^+ 和 NADH 相互转化的所有反应中（$DH_2 + NAD^+ \rightleftharpoons D + NADH + H^+$），习惯上都命名为 DH_2：NAD^+ 氧化还原酶，而不采用其反方向命名。

此外，各大类酶有时还有一些特殊的命名规则，如氧化还原酶往往可命名为供体：受体氧化还原酶，转移酶为供体：受体被转移基团转移酶等。

值得注意的是来自不同物种或同一物种不同组织或不同细胞器的具有相同催化功能的酶，它们能够催化同一个生化反应，但它们本身的一级结构可能并不完全相同，有时反应机制也可能存在差别。例如，根据酶所含金属离子的不同，超氧化物歧化酶（SOD）可以分为三类：CuZn-SOD、Mn-SOD 和 Fe-SOD，它们不仅一级结构不同，而且理化性质上也有很大差异，即使同是 CuZn-SOD，来自牛红细胞和猪红细胞的 SOD 一级结构也是不同的。但无论是酶的系统命名法还是习惯命名法，对这些均不加以区别，而定为相同的名称，人们将这些酶称为同工酶。所以，在讨论一种酶时，通常应把它的来源与名称一并加以说明。

4.2.3　酶的活力和活力单位

酶是催化剂，酶的活力是指酶催化特定底物转化成产物的速率，酶的活力还常常是制订酶制剂价格的最重要的参考指标。国际上对酶的活力单位尚未制订统一的单位，主要原因是影响酶催化活性的因素太多。反应温度、pH 值、离子强度、表面活性剂、剪切力及混合等环境条件；底物浓度、产物浓度、辅酶及辅助因子、酶催化反应的抑制物及激活剂等化学因素；酶的来源、存在形式、酶的失活速率及酶的纯度等生物因素都将影响酶催化反应的速率。人们在阅读文献时往往发现，具有同样催化功能、甚至源自同一生物的同一种酶的酶活力相差悬殊，关于酶活力的定义也是五花八门。因此在阅读文献、购买酶制剂及应用酶时一定要注意酶活力定义的环境条件、化学因素和生物因素。

一般而言，酶活力是在规定的环境条件、化学因素和生物因素下，根据酶所催化反应的初速度而测定的。酶活力的单位一般是：单位时间、单位质量酶蛋白所催化的底物反应或产物生成的物质的量（或质量）。在工业酶催化中，为了降低成本，酶的纯度往往较低；有时采用未经提纯的粗酶甚至整细胞，无法确定酶蛋白的量，就只好用单位质量生物催化剂表示。对于一些重要的酶，国际上已经有了比较统一的定义，这类酶活力就称为国际单位（IU）。

4.3　酶的化学本质、来源和生产

4.3.1　酶的化学本质

酶是具有催化功能的蛋白质，组成蛋白质的 L-型 α-氨基酸有 20 种，通过一个氨基酸残基的 α-羧基与另一氨基酸残基的 α-氨基之间形成的酰胺（肽）键，一个又一个的氨基酸连接起来的长链大分子就称为肽链，肽链的结构如图 4-2 所示，酶蛋白分子就是由一条或多条肽链组成的。有些酶属于简单蛋白质，完全由氨基酸残基组成；而有些酶除了蛋白质成分外，还必需有非蛋白质成分，如辅基或配基，才具有催化功能，这类蛋白质称为结合蛋白质，包

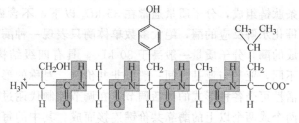

图 4-2　酶蛋白中的肽链

含辅基的酶称为全酶。蛋白质化学的研究表明，酶的催化活性只与酶分子中少数氨基酸残基有关，这些氨基酸残基构成了酶催化的活性中心或活性部位。当然，对于需要辅酶或辅助因子的酶来说，辅酶、辅助因子或它们的部分结构也是酶活性中心的组成部位。

酶与其他蛋白质一样，也有一、二、三及四级结构。酶的一级结构也称酶的化学结构，指的是酶分子多肽链共价主链的氨基酸排列顺序。二级结构是指多肽链通过氢键排列成沿一维方向具有周期性结构的构象，如纤维状蛋白质和球状蛋白质中的 α 螺旋结构和 β 折叠都属于二级结构。酶的三级结构是在二级结构的基础上，借助于各种次级键（非共价键）盘绕成具有特定肽链走向的紧密球状构象。四级结构是指寡聚蛋白质中各亚基之间在空间上的相互关系或结合方式，当然，寡聚蛋白质中各亚基又有各自的三维构象。维持酶蛋白质四级结构的主要作用力是疏水键，在少数情况下，共价键和离子键等也参与维持四级结构。图 4-3 为酶蛋白质的四种结构示意。根据蛋白质结构的理论，蛋白质的一级结构决定了它们的高级结构。

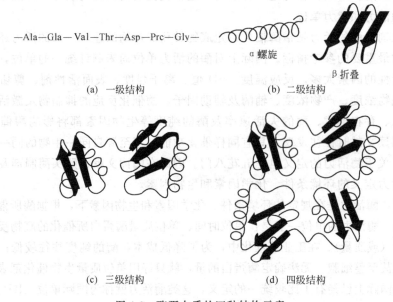

—Ala—Gla—Val—Thr—Asp—Prc—Gly—

α 螺旋

β 折叠

(a) 一级结构　　　　　　　　(b) 二级结构

(c) 三级结构　　　　　　　　(d) 四级结构

图 4-3　酶蛋白质的四种结构示意

值得指出的是：由两个半胱氨酸残基的巯基脱氢形成的二硫键对酶蛋白的结构具有重要的影响。二硫键可以在一条肽链内形成，也可以在两条不同的肽链之间形成。例如，人表皮生长因子中的六个半胱氨酸残基形成了三个二硫键；胰岛素的 A 链有一个二硫键，而在 A 链和 B 链之间则形成了两个二硫键。

酶有多种存在类型，如单体酶、寡聚酶、多酶复合体、多酶融合体等。单体酶一般由一条肽链组成，分子质量通常在 35 kD$_a$ 以下，不含四级结构。单体酶的种类很少，一般多是催化水解反应的酶，绝大多数单体酶只表现一种酶活性。寡聚酶是由两个或两个以上亚基组成的酶，分子质量一般高于 30 kD$_a$，具有四级结构。构成寡聚酶的亚基可以相同，也可以不同，亚基与亚基之间一般以非共价键、对称的形式排列。相当数量的寡聚酶是调节酶，其活性可受各种形式的灵活调节，在调节控制代谢过程中起着非常重要的作用。多酶复合体由两个或两个以上的酶靠共价键连接而成，其中的每一种酶分别催化一个反应，所有反应依次连接，构成一个代谢途径或代谢途径的一部分，由于这一连串反应是在高度有序的多酶复合体内完成的，反应效率非常高。多酶融合体是指一条多肽链上含有两种或两种以上催化活性的酶，这些酶可以是单体酶，也可以是寡聚酶或更复杂的多酶复合体。

4.3.2 酶的来源和生产

4.3.2.1 酶的来源

酶作为生物催化剂普遍存在于动物、植物和微生物细胞中。早期酶的生产多以动植物为主要来源，直接从生物体组织经过分离、纯化而获得。有些酶的生产至今仍采用提取法，如从颌下腺中提取激肽释放酶、从菠萝中制取菠萝蛋白酶、从木瓜汁液中制取木瓜蛋白酶等。但动植物原料的生产周期长、来源有限，并受地理、气候和季节等因素的影响，同时，还要受到技术、经济以及伦理等各方面的限制。因此，随着酶制剂应用范围日益扩大，单纯依赖于动植物来源的酶已经不能满足需要，使得许多传统的酶源已经远远不能适应当今世界对酶的需求。

理论上，酶和其他蛋白质一样，也可以通过化学合成法来生产。继我国科学家在1964年率先从氨基酸出发，以化学法全合成了具有生物活性的牛胰岛素以后，1969年Gutte和Merrifield也通过化学方法人工合成了活性的核糖核酸酶，并发展了一整套固相合成多肽链的自动化技术，大大加快了合成速度。但是，化学合成的反应步骤多，一般只适用于短肽的生产。就经济和技术等角度而言，由于受到试剂、设备和成本等多种因素的限制，用化学合成法人工合成氨基酸残基数目高达100以上的酶蛋白还很遥远。

有鉴于此，人们正越来越多地求助于自然界中广泛存在的微生物，工业上酶的生产一般都是以微生物为主要来源，通过液体深层发酵或固态发酵进行生产。在目前1000余种正在使用的商品酶中，大多数的酶都是利用微生物生产的。原始产酶微生物可以从菌种保藏机构和有关研究机构获得，但大多数酶的高产微生物都是从自然界中经过分离筛选获得的。自然界中的土壤、地表水、深海、温泉、火山、森林等是产酶微生物的主要来源。筛选产酶微生物的方法主要包括含菌样品的采集、菌种分离初筛、产酶性能测定及复筛等步骤。利用微生物生产酶制剂的突出优点是：①微生物种类繁多，制备出的酶种类齐全，几乎所有的酶都能从微生物中得到；②微生物繁殖快、生产周期短、培养简便，并可以通过控制培养条件来提高酶的产量；③微生物具有较强的适应性和应变能力，可以通过适应、诱导、诱变以及基因工程等方法培育出新的高产酶的菌株。

微生物细胞产生的酶可以分为两类：结构酶和诱导酶。结构酶在细胞的生长过程中出于其自身需要就会表达，而诱导酶则需要加入相应的诱导剂后才会表达，诱导剂一般是该酶所催化反应的底物或产物。一般情况下，细胞所表达的酶量受到细胞的调节和控制，合成的酶量是有限的，主要是满足细胞本身生长和代谢的需要。当酶成为发酵的目标产物时，野生型微生物就无法满足酶制剂生产的需要，因此，工业酶制剂生产中，所有微生物菌种都是通过遗传改造的高产酶菌株。常规的利用物理或化学诱变育种方法都可以用于产酶高产菌株的选育，并为酶制剂工业的建立和发展做出了重要贡献。

近年来，随着基因重组技术的发展和微生物基因组学的研究进展，学术界和工业界已经越来越多地采用基因工程的方法构建产酶高产菌株并已经用于大规模工业化生产。一些更加高效的新方法，如DNA重排（DNA shuffling）及基因组重排（genome shuffling）等也已经开始用于高产菌株的选育。

一个优良的产酶菌种应该具备以下一些要求：①繁殖快、产酶量高、酶的性质应符合使用要求，而且最好能产生分泌到胞外的酶，产生的酶容易分离纯化；②菌种不易变异退化，产酶性能稳定，不易受噬菌体感染侵袭；③易于培养，能够利用廉价的原料进行酶的生产，并且发酵周期短；④菌种不是致病菌，在系统发育上与病原体无关，也不产生有毒物质或其他生理活性物质，确保酶生产和使用的安全；⑤除了目标产物是蛋白酶外，生产其他酶的微生物应不产或尽量少产蛋白酶，以免所产生的目标酶蛋白受到蛋白酶的攻击而水解。

在酶制剂工业化生产中，一些常用的微生物及它们所产的酶列于表 4-2。从表 4-2 中可以看到，同一种微生物经过诱变育种后可以用于不同酶的生产；不同的微生物也可以用于具有相同功能酶的生产。

表 4-2　一些常用的微生物及它们所产的酶

微 生 物	所 产 的 酶
大肠杆菌	谷氨酸脱羧酶、天冬氨酸酶、青霉素酰化酶、β-半乳糖苷酶等
枯草杆菌	α-淀粉酶、β-葡萄糖氧化酶、碱性磷酸酯酶等
酵母菌	产转化酶、丙酮酸脱羧酶、乙醇脱氢酶等
曲霉菌	糖化酶、蛋白酶、果胶酶、葡萄糖氧化酶、氨基酰化酶以及脂肪酶等
青霉菌	葡萄糖氧化酶、青霉素酰化酶、$5'$-磷酸二酯酶、脂肪酶等
李氏木霉	内切纤维素酶、外切纤维素酶、β-葡萄糖苷酶等
根霉菌	淀粉酶、蛋白酶、纤维素酶等
链霉菌	葡萄糖异构酶等

4.3.2.2　酶的生产

有了优良的产酶菌株后，如何通过发酵实现微生物的大规模培养及产酶就成了关键。发酵法生产酶制剂是一个十分复杂的过程，由于具体的生产菌种和目的酶的不同，菌种制备、发酵方法和条件等都不尽相同，其中影响酶生产的主要因素是：培养基设计、发酵方式选择、发酵条件控制等。

培养基是人工配制的供微生物生长、繁殖、代谢和合成代谢产物的营养物质和原料。由于酶是蛋白质，大量合成蛋白质需要丰富的营养物质和能源，如碳源、氮源、无机盐及生长因子等。同时，许多酶的用途是作为工业催化剂，销售价格不高，这样就需要尽可能利用那些价格便宜、来源丰富、又能满足细胞生长和酶合成需要的农副产品作为发酵原料。如淀粉、糊精、糖蜜、蔗糖、葡萄糖等碳源物质；鱼粉、豆饼粉、花生饼粉及尿素等氮源物质；Ca^{2+} 等无机离子；少量的维生素、氨基酸、嘌呤碱、嘧啶碱等生长因子。对于诱导酶，培养基中还应该加入诱导剂。例如，在利用白腐菌生产木素过氧化物酶时，就必须加入藜芦醇或苯甲醇作为诱导剂。

微生物发酵生产酶主要有两种方式：固体发酵和液体深层发酵。固体发酵技术也称为表面培养或曲式培养，是以麸皮、米糠等为基本原料，加入适量的无机盐和水作为培养基进行产酶微生物菌种培养的一种培养技术。常用的固体发酵设备有：浅盘培养、转鼓培养和多用通风式厚层培养等。固体发酵法的特点是设备简单，便于推广，特别适合于霉菌的培养和产酶，但它的缺点是发酵条件不易控制、物料利用不完全、劳动强度大、容易染菌等，该法不适于胞内酶的生产。液体深层发酵技术也称为浸没式培养，它是利用液体培养基，在发酵罐内进行的一种搅拌通气培养方式，发酵过程需要一定的设备和技术条件，动力消耗也较大，但是原料的利用率和酶的产量都较高，培养条件容易控制。目前，工业上主要采用液体深层发酵技术生产酶，但是在酒曲（内含大量淀粉酶及糖化酶等）培养、食品工业及一些用于饲料添加剂的酶生产中，仍在应用固态发酵技术。

由于蛋白质合成需要消耗大量 ATP，微生物发酵产酶一般都采用好氧微生物，在通气搅拌罐中进行。除了营养条件外，环境条件如溶氧浓度、温度、pH 值等也对微生物生长和酶的产生具有重要影响，需要进行调节和控制。此外，在高剪切力条件下，蛋白质很容易失活，因此应该对发酵体系中的剪切力适当予以控制；蛋白质又是一种天然的表面活性剂，大量蛋白质积累在发酵液中使得在鼓泡条件下很容易形成泡沫，影响发酵罐的正常操作，因此在发酵罐设计中应考虑消泡装置并在发酵过程中及时添加消泡剂。在发酵罐的操作中，经常采用流加碳源和氮源的方法提高酶的产量。

4.3.2.3 酶的分离和提纯

从动植物、微生物细胞或微生物的发酵液中产生的酶必须进行分离提纯后才能应用。值得注意的是：酶的分离提纯要求与酶的用途直接相关。一般地说，用于科学研究的酶需要有最高的纯度，特别是用于酶蛋白结构研究时，应该使用酶蛋白的结晶；医用酶制剂也需要有很高的纯度，特别是那些用于静脉注射的酶，如用于溶解血栓的尿激酶或链激酶等，必须非常纯净以避免不良反应；用于食品工业的酶制剂的纯度要求相对可以低一些，但必须考虑其安全性，因此，生产食品工业用酶的微生物应是对人类安全的；工业用酶制剂的纯度要求通常不高，但是为了提高生产效率及减少副反应，也必须达到一定的酶活力要求。

酶的分离提纯是一项十分复杂的任务，特别是需要高纯度的酶产品时更是如此。酶产品的价格构成中，分离提纯占的比重非常高，一般都占 50% 以上，有时甚至超过 80%。这主要是由如下原因引起的。①酶的浓度往往很低。无论是从动植物中提取，还是从微生物发酵生产，酶蛋白的浓度都很低，而分离提纯的费用往往随着产物初始浓度的下降呈指数上升；②细胞破碎液或发酵液的组成都非常复杂，存在大量与目标酶蛋白性质类似、分子量差不多的杂蛋白，要将这些杂蛋白分离不是一件容易的任务；③酶是具有生物活性的蛋白质，对环境条件非常敏感，而且，环境中免不了会存在数量不等的蛋白酶，使目标酶蛋白很容易失活。因此，酶的分离提纯一般都在低温、缓冲溶液中进行，无疑将增加分离成本。

对于胞内酶，在下述情况下，可以直接利用整细胞作为生物催化剂。①细胞内目标酶的活性很高，可以满足工业过程对酶活的要求；②细胞内目标酶的催化作用必须依赖于辅酶（如 ATP、NADH 等），而细胞内除了目标酶外还存在一个现成的辅酶再生系统，利用整细胞就可以不用外加价格昂贵的辅酶或另外设计复杂的辅酶再生系统；③所需要的生物转化过程需要细胞内几种酶共同参与的过程。

酶的绝大多数应用领域都需要对酶进行一定程度的分离提纯。对于胞内酶，分离提纯大致包括如图 4-4 所示的步骤。若酶被分泌到了细胞外，则除了不需要细胞破碎外，其他步骤都类似。

在酶的分离提取过程中，保持酶的活性不受或少受破坏是一条必须时时刻刻都要牢记的原则。任何会影响酶活力的因素都必须仔细考虑，如温度、pH 值、离子强度、剪切力、有机溶剂等。

细胞破碎一般采用超声破碎、均质化、球磨等方法，也可以采用化学或生物方法，如利用酸、碱、有机溶剂及溶菌酶等都能使细胞壁破碎。细胞及其碎片可以通过过滤、重力及离心沉降等方法分离除去。

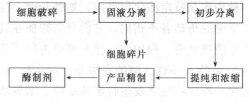

图 4-4　酶分离提纯工艺示意

留在溶液中酶蛋白的初步分离一般都利用蛋白质的一些基本性质，如利用蛋白质在其等电点时溶解度最低的原理通过调节溶液 pH 值使目标酶蛋白沉淀；利用蛋白质盐析机理加入硫酸铵使酶蛋白沉淀；利用酶蛋白分子量与其他蛋白质及杂质的分子量差别，采用超滤方法进行分离等。

酶蛋白的提纯需要考虑目标酶蛋白与其他杂蛋白性质的细微差异，大规模生产一般利用凝胶层析、离子交换层析、亲和层析等方法，实验室提纯时除了利用层析方法外，电泳、等电聚焦等也是常用的方法。在层析分离时，酶蛋白的纯度得到提高，但浓度往往被稀释，因此需要用膜分离、盐析等方法浓缩。为了获得高纯度酶蛋白，这样的过程往往需要重复好几次。

酶蛋白的精制液可以通过冷冻干燥获得结晶酶蛋白。结晶酶蛋白便于运输和保存，酶的失活小、保存时间长。

近年来，一些新的蛋白质分离方法，如双水相萃取、亲和分配技术等还在不断地研究开发，将几个分离技术集成化的分离概念正在形成。可以预料，酶蛋白的分离效率将会不断得到提高，成本也将不断下降，使酶催化具有更强的竞争力。

4.4 酶催化反应机理及反应动力学

4.4.1 酶催化反应的特点

酶是一种特殊的生物催化剂，具有催化剂的共性，如参与化学反应过程时能降低反应的活化能，加快反应速率而不改变反应性质（即不改变反应的平衡点），反应前后酶的数量和性质不变。酶又是一种蛋白质，具有催化效率高、专一性强、反应条件温和、催化活性容易受到调节和控制等特点。

(1) 反应条件温和

由于酶是蛋白质，酶的催化反应通常在常温、常压、接近中性 pH 值条件下进行。因此，当用酶作为催化剂时，反应条件十分温和，不需要化学催化时常用的耐高温、高压以及耐强酸、强碱的反应器。

(2) 极高的催化效率

酶的催化效率相对其他无机或有机催化剂要高 $10^6 \sim 10^{13}$ 倍。例如，过氧化氢分解反应：

$$2H_2O_2 \longrightarrow 2H_2O + O_2$$

当用 Fe^{2+} 作为催化剂进行催化时，催化效率为 6×10^{-4} mol·mol^{-1}·s^{-1}；当用过氧化氢酶催化时，催化效率为 6×10^6 mol·mol^{-1}·s^{-1}。由此可见，过氧化氢酶比 Fe^{2+} 的催化效率要高出 10^{10} 倍。又如，1 g 结晶 α-淀粉酶在 60 ℃、15 min 内就可以使 2 t 淀粉完全液化为糊精，蔗糖酶催化蔗糖水解为葡萄糖和果糖的效率比强酸催化高 2000 亿倍等。

(3) 高度专一性

酶的专一性是指酶对它所作用的底物有严格的选择性，一种酶只能催化某一类，甚至是某一种物质起特定的化学反应。如糖苷键、酯键、肽键等都能被酸碱催化而水解，但水解这些化学键的酶却各不相同，它们分别需要在具有专一性的糖化酶、脂肪酶及蛋白酶的催化作用下才能被水解。酶的专一性又可分为以下几种类型。

① 底物专一性。酶的底物专一性是指酶对它所催化的底物有严格的选择性，一种酶只能催化一种底物使之发生特定的反应，如脲酶只能催化尿素水解反应，而不能催化尿素以外包括结构与尿素非常相似的甲基尿素等任何物质发生水解反应，也不能使尿素发生水解以外

的其他反应。

②　反应专一性。有些酶的专一性程度比较低，能催化具有相同化学键或基团的底物进行某种类型的反应。如酯酶能催化酯键的水解，但对底物 RCOOR′ 的 R 及 R′ 基团却没有严格的要求。

③　立体化学专一性。这种专一性表现为酶对底物的构象有特殊的要求，酶对手性底物的结合和催化都显示出高度的专一性，往往只能催化底物的一种立体化学结构体。例如，L-乳酸脱氢酶只能催化 L-乳酸的氧化，而对 D-乳酸则不起作用；又如，反丁烯二酸酶仅作用于反丁烯二酸，而不能作用于顺丁烯二酸。

酶催化作用的专一性从根本上保证了生物体内为数众多的化学反应能有条不紊地协同进行。

（4）辅酶和辅因子

许多酶只有在某些非蛋白质成分存在时才表现出催化作用，人们将这些非蛋白质成分称为辅助因子。其中能通过透析除去的称为辅酶，如 NADH、ATP 及各种维生素等；而不能通过透析除去的就叫做辅基或辅因子，如 Ca^{2+}、Co^{2+}、Zn^{2+}、Mg^{2+} 等金属离子。辅助因子本身并不具备催化作用，但在酶催化反应中承担着运输转移电子、原子或某些功能基团的重任。

（5）酶催化活性的调控机制

在细胞内，酶的催化活性受到多方面因素的调节和控制，生物体内酶与酶之间、酶与其他蛋白质之间都存在着相互作用，机体正是通过调节酶的活性和酶量来控制代谢速度，以满足生命的各种需要和适应环境的变化。在细胞内酶的调控方式包括基因水平调节、酶水平调节等，如转录水平调节、翻译水平调节、抑制剂调节、反馈调节、酶原激活及激素控制等。在细胞外，酶的催化活性则受到环境条件的影响，如温度、pH 值、离子强度及机械力等。同时酶催化反应速率还将受到底物、产物及其他抑制剂的抑制。

4.4.2　酶催化反应的机理

自从酶的催化作用被发现以来，科学家们一直在探索酶催化反应的机理。实验发现，某些酶蛋白分子经过弱水解作用切除一部分肽链后仍保留催化活性，这说明酶的催化功能只局限在蛋白质分子的特定区域。人们将酶分子中负责催化作用的这个核心部分称为活性中心。一些酶蛋白的活性中心已经十分清楚，例如，胰凝乳蛋白酶的活性中心是由 Ser_{195}，His_{57} 及 Asp_{102} 组成，这些氨基酸残基在肽链上的位置相距甚远，但通过肽链的盘绕和折叠而在空间构象上相互靠近。需要辅酶或辅助因子的酶分子的活性中心则需要两个功能部位，一个是结合部位，用于与底物分子结合；另一个是催化部位，底物的键在该部位被打开或形成新的键，从而完成特定的化学反应。例如，羧肽酶 A 需要 Zn^{2+} 作为辅助因子，它的催化部位是一个由 His_{156}、His_{69}、Glu_{72} 和一个水分子组成的四面体，Zn^{2+} 位于四面体的中心；Tyr_{248}、Arg_{145} 及 Glu_{270} 则组成了酶的结合部位。

曾有多种不同的假说对酶催化的专一性作用机制进行了解释，最著名的是锁-钥学说（Key-Lock theory）和诱导-契合学说（Induced-Fit theory）。

1890 年，德国化学家 Fisher 研究了糖化酶的性质，发现酶的功能与底物分子的立体结构有关，提出了如图 4-5 所示的锁-钥学说，并在 1902 年成为第一位获得诺贝尔奖的生物化学家。该学说认为酶与底物分子或底物分子的一部分之间，在结构上有严格的互补关系。当底物契合到酶蛋白的活性中心上时，很像一把钥匙插入到一把锁中的情况。该学说认为酶的天然构象是刚性的，如果底物分子结构上存在着微小的差别，就不能契入酶分子中，从而不能被酶催化。

诱导-契合学说是由 Koshland 创立的。如图 4-6 所示，该学说认为酶的活性部位在结构上是柔性的，而非刚性的，即具有可塑性或弹性。当酶分子与底物分子接近时，酶蛋白受底物分子的诱导，其构象发生有利于底物结合或被催化的变化，酶与底物在这个基础上互补契合进行反应。近年来的许多研究，如 X 射线衍射分析，已经证实酶与底物结合时确有显著的构象变化，支持了诱导-契合假说。

图 4-5　锁-钥假说示意	图 4-6　诱导-契合假说示意
a、b、c 是酶分子的必需基团	a、b、c 是酶分子的必需基团

以上两种关于酶催化反应机理的学说都说明酶与底物的结合以及催化反应是通过酶的活性中心来进行的。中间络合物学说认为酶在催化过程中，底物先与酶结合成为不稳定的中间络合物，然后再分解释放出酶与产物。由于底物与酶的结合，致使底物分子内的某些化学键发生极化，呈现为活化的不稳定状态，使反应能阈降低。目前已经有许多可靠的实验证实了在酶的催化过程中确实形成了中间络合物，酶与底物所形成的中间络合物，不但保证了反应向着特定的方向进行，而且大大降低了反应的活化能，提高了反应速率。当然，在强调酶催化活性中心重要性的同时，并不能否认酶的其他部位的重要性，事实上，酶的其他部位对于维持酶的空间构象、保护酶的活性部位、保持酶的催化能力、保证酶活性中心结构的稳定性及分子构象的完整性等方面，都有不同程度的重要性。

值得指出的是，并不是所有的酶在体内一经合成即有催化活性。一些酶在细胞内合成完毕后并不表现出催化活性，通常将这种无活性的酶称为酶原。酶原只有在一定条件下，通过有限的水解作用切除分子中的部分肽链段后，引起酶分子空间结构的变化，从而形成或暴露出催化活性中心，转变成为具有催化活性的酶。人体胰脏中产生的各种蛋白酶就是以酶原形式存在，只有当酶原进入胃部后，将多余的一段肽链切除后，才成为有活性的胰蛋白酶。如果这个过程在胰脏中就发生了，胰就会发生大规模坏死。

4.4.3　酶催化反应的速率理论

酶催化作用的本质是它能降低化学反应的活化能，使反应能在较低能量水平上进行，从而加速了化学反应，图 4-7 说明了非催化与催化过程中反应活化能的变化。

与非催化反应相比较，催化剂的存在大大降低了反应的活化能，促进了反应速率提高；与一般化学催化剂相比，酶可使反应的能阈降得更低，所需活化能进一步减少。如表 4-3 所示，酶催化反应的活化能只有无机催化剂的 1/3 以下。根据反应速率理论，反应速率与活化能之间呈指数函数关系，即活化能的降低使反应速率呈指数增加，故酶的催化效率比普通催化剂高得多，同时也能够在温和的条件下充分地发挥其催化作用。

酶催化为什么具有高度专一性和高效性这两个特点呢？很久以来人们一直试图阐明酶催化反应的作用机制。近代研究认为，酶除了一般催化剂所利用的化学机制加速反应外，还能利用酶与底物非共价相互作用的有效能进行催化以加速反应，而且这种相互作用的有效能可以通过多方面的作用来加速反应的进行，有些是在结合底物中诱导扭曲或变形，使底物产生去稳定作用；有些是用来触发酶蛋白的构象变化，产生更活泼的酶形式；另一些则通过冻结底物的移动和转动，提供熵催化作用，以增加催化反应速率。酶催化反应的专一性表现主要也就在于酶-底物结合所释放的有效能究竟有多少用来增加酶催化反应的速率。对酶催化反应速率做出贡献的主要因素如下。

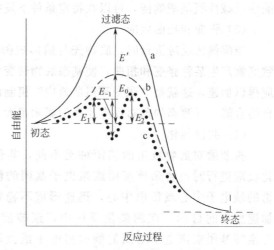

图 4-7 催化过程中活化能的变化

a—非催化反应（—）；

b——一般催化反应（—）；c—酶催化反应（•••）

表 4-3 某些反应的活化能

反　　　应	催化剂	活化能/(kJ·mol^{-1})	反　　　应	催化剂	活化能/(kJ·mol^{-1})
H_2O_2分解	无	75.2	蔗糖水解	H^+	104.5
	Fe^{2+}	41		蔗糖酶	33.4
	过氧化氢酶	<8.4	乙酸丁酯水解	H^+	66.9
尿素水解	H^+	103		OH^-	42.6
	脲酶	28		胰脂酶	18.8

（1）邻近和定向效应

除异构化反应外，其他酶催化反应的底物都需要两种或两种以上，酶的作用就好像把几种底物从溶液中取出来，使它们固定在酶分子表面的一个活性部位，使它们的反应基团相互邻近，同时使反应基团的分子轨道以正确的方位相互交盖，使反应易于发生。这种作用就称为邻近和定向作用。邻近效应是指酶、底物结合形成络合物时，底物分子与底物分子之间、酶的催化基团与底物分子之间，由于络合形成了"大分子"，局部反应基团的有效浓度得到了极大的提高，从而使反应速率得以大大增加的一种效应。定向效应是指反应物的反应基团之间、酶的催化基团与底物的反应基团之间的正确取向，使反应速率增大的一种效应。邻近和定向效应代表着熵对酶催化反应的贡献，由于酶对底物分子起电子轨道导向作用、酶使分子间反应转变成分子内反应以及起底物固定作用等综合影响，提高了酶催化反应速率。

（2）酸碱催化

酸碱催化是通过瞬时地向反应物提供质子或从反应物中汲取质子，以稳定过渡态、加速反应的一类催化反应机制。一般酶反应涉及的都是广义酸碱催化，虽然尚未发现酶具有浓缩H^+和OH^-的机制，但酸碱催化在酶的催化过程中占有很重要的地位，酶分子中具有各种酸性或碱性氨基酸侧链，可以在特定条件下发挥重要作用。

（3）张变和扭曲效应

当酶催化反应进行时，底物先与酶形成酶-底物络合物，由于互补性不甚精确，从而导致底物产生某种张变和扭曲，使基态底物转变为过渡态构象，降低了反应活化能，使催化反应得以加速，这就是"张变和扭曲效应"机制的中心思想。一般认为，张变、扭曲的能量来自结合能，过渡态构象对反应速率的影响很大。

（4）共价催化

按照酶对底物攻击的基团种类不同，共价催化可分为亲核和亲电子催化两类。在催化反应进行时，含亲核基团或亲电子基团的酶能分别放出电子或汲取电子，并作用于底物的缺电子中心或负电中心，迅速形成不稳定的共价络合物，降低反应活化能，以达到加速反应的目的。在酶催化反应中，亲核催化较为普遍，亲电催化则较为少见。通常，含亲核基团或亲电子基团的酶放出电子或汲取电子是慢过程，催化速率却取决于放出电子与汲取电子的速率，催化效率也取决于含亲核基团或亲电子基团的酶的 pK 值与反应系统的 pH 值。共价催化在酶催化反应中也占有重要的地位，许多酶都是借助于共价催化的机制进行催化反应。

（5）多元催化与协同效应

酶分子是一个拥有多种不同侧链基团组成活性中心的大分子，这些基团在催化过程中根据各自的特点发挥不同的作用，而酶的催化作用则是一个综合的结果，是通过这些侧链基团的协同作用共同完成的，多元催化与协同作用的效果远胜于单元催化的效果。

此外，静电催化、微环境效应等催化机制也存在于酶催化反应中。必须指出的是，这些催化机制只是人们现阶段对酶催化作用的结构基础、酶催化机制的一些基本认识。随着研究的进一步深入，对酶的催化反应机理将会有更全面的认识。

4.4.4 酶催化反应动力学

酶催化反应动力学是根据酶所催化反应中从反应物到产物之间可能进行的反应历程，即反应的机理，研究酶催化反应的速率以及影响速率的各种因素。酶催化反应动力学研究对了解酶催化作用机制、优化反应过程、选择合适的生产工艺以及酶反应器的设计等都具有重要意义。酶催化反应动力学研究与其他技术相结合，可对酶的催化作用机制提供重要信息，了解酶在细胞中以及代谢过程中的作用，有助于认识酶活力调节机理，对研究生理条件下酶的调节机制也很有价值。

通过测定酶催化过程中不同时间时反应体系中产物的生成量，并以产物生成量对反应时间作图，可得

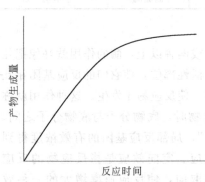

图 4-8 酶的反应进程曲线

到如图 4-8 所示的反应进程曲线。不同时间的反应速率就是反应进程曲线在不同时间时的斜率。通常通过酶催化反应过程曲线的直线部分的斜率来计算初速率。影响酶催化反应速率的因素主要有底物浓度、酶浓度、温度、pH 值、激活剂和抑制剂等。

4.4.4.1 底物浓度对酶催化反应速率的影响

早在 1902 年，Henri 就提出了单底物酶催化反应的动力学模型。1913 年，Michaelis 和 Menten 根据酶催化反应的实验现象提出了中间络合物假设，并推导得到了著名的米氏方程。

他们获得的酶催化反应实验数据如图 4-9 所示，从图中他们观测到了如下现象。

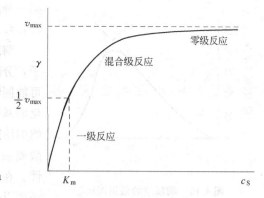

① 当底物浓度较低时，反应速率与底物浓度成正比，即符合一级反应动力学；当底物浓度较高时，反应速率与底物浓度无关，即符合零级反应动力学。

② 当酶的浓度大大小于底物浓度时，反应速率与酶的加入量成正比。

根据上述实验现象，Michaelis 和 Menten 提出的单底物酶催化反应机理为：

图 4-9　酶反应速率与底物浓度的关系

$$E+S \underset{k_{-1}}{\overset{k_{+1}}{\rightleftharpoons}} ES \overset{k_{+2}}{\longrightarrow} E+P \tag{4-1}$$

式中，E 代表游离酶；ES 为酶与底物的复合物；S 为底物；P 为产物；k_{+1}、k_{-1}、k_{+2} 为相应各步反应的反应速率常数。

Michaelis 和 Menton 进一步假设：①与底物浓度［S］相比，酶的浓度［E］很小，因而可忽略由于生成中间复合物 ES 而消耗的底物；②考虑反应的初始状态，此时产物 P 的浓度为零，可忽略该反应的逆反应 P＋E→ES 的存在；③假设基元反应 ES→E＋P 的反应速率最慢，为上述反应的控制步骤，而 S＋E→ES 的反应速率很快，可快速达到平衡状态。在此基础上，推导出了著名的 Michaelis-Menten 方程，简称 M-M 方程，或称米氏方程。

$$v=\frac{v_{max} \cdot c_S}{c_S+K_S} \tag{4-2}$$

式中，v 为酶反应速率；c_S 表示底物的浓度，$mol \cdot L^{-1}$；K_S 为中间复合物的解离常数，$mol \cdot L^{-1}$，人们为了纪念 Michaelis 和 Menten，就用 K_m 来代替 K_S 而称为米氏常数。

由式（4-2）可以看出：

当 $c_S \gg K_S$ 时，反应速率符合零级反应动力学

$$v \approx \frac{v_{max} \cdot c_S}{c_S}=v_{max} \tag{4-3}$$

当 $c_S \ll K_S$ 时，则反应速率符合一级反应动力学

$$v \approx \frac{v_{max} \cdot c_S}{K_S} \tag{4-4}$$

这些结果都是与实验现象相吻合的。

4.4.4.2　温度对酶催化反应速率的影响

如图 4-10 所示，温度对酶催化反应速率有两方面的影响：一方面是当温度升高时，与一般化学反应一样，反应速率加快；另一方面，若温度继续升高，酶蛋白将会逐渐变性，反应速率也将随之下降。酶反应的最适温度就是这两方面影响折中平衡的综合结果。在低于最适温度时，以前一种影响为主，在高于最适温度时，则以后一种影响为主。值得注意的是，最适温度不是酶的特征常数，它受酶的纯度、底物、激活剂、抑制剂等因素的影响，因此对

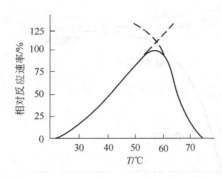

图 4-10 酶反应的最适温度

某一种酶而言，必须说明是在什么条件下的最适温度。

4.4.4.3 pH值对酶催化反应速率的影响

酶蛋白是由氨基酸残基通过肽键连接起来的大分子，分子中既有氨基又有羧基，酶在任何 pH 值中都可能同时含有正电荷或负电荷的基团，且这种可离子化的基团常常是酶的活性部位的一部分，因此大多数酶的活性受 pH 值的影响较大，在极端的情况下（强酸或强碱）会导致蛋白质的变性，使酶永久失去活性。在酶的催化过程中，为了完成催化作用，酶通常必须以一种特定的离子化状态存在，并要求催化系统应具有与之相适应的 pH 值。在一定条件下，能使酶发挥最大活力的 pH 值称为酶的最适 pH 值，大多数酶的最适 pH 值在 5～8 之间，当然也有例外。图 4-11 为胃蛋白酶和葡萄糖-6-磷酸酶活性与 pH 值的关系曲线。

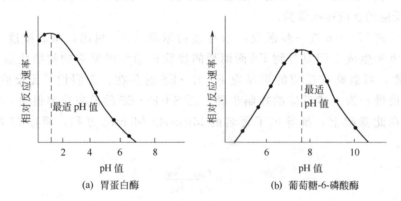

(a) 胃蛋白酶　　　　　(b) 葡萄糖-6-磷酸酶

图 4-11　胃蛋白酶和葡萄糖-6-磷酸酶活性与 pH 值的关系曲线

4.4.4.4 激活剂对酶催化反应速率的影响

通常将能提高酶的活性、加速酶催化反应进行的物质都称为酶的激活剂或活化剂。酶的激活剂主要有金属离子、无机阴离子以及诸如半胱氨酸、维生素等小分子有机化合物。如 Co^{2+}、Mg^{2+}、Mn^{2+} 等金属离子可显著增加 D-葡萄糖异构酶的活性；Cu^{2+}、Mn^{2+}、Al^{3+} 等三种金属离子对黑曲霉酸性蛋白酶有协同激活作用，若三者同时使用，酶的活性将会提高两倍。但是金属离子的浓度要适当，太高的离子强度会引起酶的失活。

4.4.4.5 抑制剂对酶催化反应速率的影响

酶催化的抑制作用是指在酶不发生变性的情况下，由于必需基团或活性中心化学性质的改变而引起酶活性的降低或丧失。能引起抑制作用的物质通称为酶的抑制剂，酶的抑制剂可能是外来添加物，也可能是反应产物或底物。酶的抑制作用可以是可逆的，也可以是不可逆的。可逆抑制作用是指抑制剂与酶蛋白以共价键结合，具有可逆性，可以通过加入某些能解除抑制作用的物质而恢复酶的活性。根据可逆抑制剂、底物与酶这三者之间的相互关系，可逆抑制作用又可分为竞争性抑制作用、非竞争性抑制作用、部分竞争性抑制作用、部分非竞争性抑制作用、混合竞争性抑制作用和反竞争性抑制作用等多种。而不可逆抑制作用通常是抑制剂以共价键方式与酶蛋白中的必需基团结合，逐步使酶的活性丧失而不能恢复。根据可逆抑制剂、底物与酶三者之间的相互关系，不可逆抑制作用也可分为非专一性不可逆抑制作用和专一性不可逆抑制作用等。

4.5 酶的固定化和固定化酶反应器

4.5.1 酶的固定化

酶是蛋白质，在水中具有较高的溶解度，因此传统的酶催化反应几乎都在水溶液中进行，催化结束后溶液中的游离酶只能一次性使用，难以回收，不仅造成酶的浪费，而且也会增加目的产物分离的难度和费用，并影响到产物的质量；此外，溶液中酶的稳定性差，容易变性和失活。为了适应工业化生产的需要，人们模仿生物体中酶的作用方式，通过固定化技术将酶加以改造固定，使固定化酶既具有酶的催化性能，又具有一般化学催化剂能回收、反复使用的优点，并在生产过程中可以实现连续化和自动化。固定化酶是 20 世纪 60 年代开始发展起来的一项新技术，最初主要是将水溶性酶与不溶性载体结合起来，成为不溶于水的酶的衍生物，所以也曾被称为水不溶解和固相酶。1971 年第一届国际酶工程会议正式建议采用固定化酶（immobilized enzyme）的名称。

通常将固定化酶的制备过程称为酶的固定化，固定化是将酶限制或固定于特定空间位置的方法。固定化所采用的酶可以是经过分离纯化的有一定纯度的酶，也可以是结合在菌体或细胞碎片上的酶或酶系。固定化酶的最大特点是既具有生物催化剂的功能，又具有固相催化剂的特性。与天然酶相比，固定化酶具有以下优点：①可以重复多次使用，而且在大多数情况下，酶的稳定性也有明显改善；②催化反应后，酶与底物以及产物容易分开，产物中没有残留酶，易于分离纯化，使产品的质量有大的提高；③反应条件易于控制，可实现生物催化反应的连续化和自动控制；④酶的利用效率高，单位酶量催化的底物量增加，而用酶量则大为减少；⑤比水溶性酶更适合于多酶催化反应。

但是，固定化酶也带来了一些问题和缺点，如：①在固定化过程中，总是有一部分酶会失活，其中以共价键法固定时造成的酶活损失最为严重；②酶的固定化将消耗固定化材料，增加酶的成本；③酶被固定到载体后将增加底物和产物的传质阻力。因此在选择酶是否要固定化及固定化的方法时，必须以成本最小为原则综合予以分析后确定。一般地说，微生物发酵产生的胞外酶的产量高、生产成本低廉，就不需要进行固定化，工业生产中直接使用游离酶作为催化剂。

自 20 世纪 60 年代以来，人们就一直对酶的固定化技术进行研究和改进，开发和应用了上百种固定化方法进行酶的固定化，但迄今为止，还没有一种固定化方法可以普遍地使用于每一种酶的固定化，所以要根据酶的特性和应用目的选择相应的固定化方法。目前已建立的各种各样固定化方法，按所用载体和操作方法的差异，可分为载体结合法、包埋法和交联法等三类，如图 4-12 所示。载体结合法包括了物理吸附法、离子结合法、螯合法和共价结合法等，包埋法又包括了聚合物包埋法、疏水相互作用法、微胶囊包埋法、脂质体包埋法等。各种固定化方法和特性的比较见表 4-4。

天然酶经过固定化后即成为固定化酶。由于固定化的方法和所用的载体不同，制得的固定化酶可能会受到扩散限制、空间障碍、微环境变化和化学修饰等因素的影响，大部分酶都比游离酶有较高的稳定性、较长的操作寿命和保存稳定性。而许多特性如底物专一性、最适 pH 值、最适温度、动力学常数及最大反应速率等均有可能发生变化。固定化酶的出现不仅为酶学的理论研究，也为酶的应用展现了广阔的前景，目前已经在工业、医药、分析化学等领域内获得了广泛的应用。

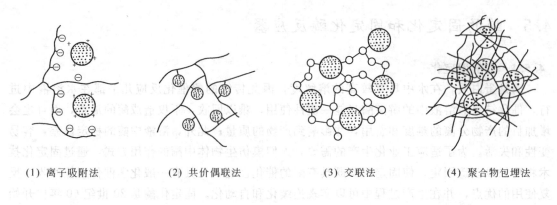

(1) 离子吸附法　　　(2) 共价偶联法　　　(3) 交联法　　　(4) 聚合物包埋法

(5) 疏水作用　　　(6) 脂质体包埋法　　　(7) 微胶囊包埋法

图 4-12　酶的固定化方法

表 4-4　酶的固定化方法及其特性的比较

特　　征	吸　附　法		包 埋 法	交 联 法	共价偶联法
	离子吸附法	物理吸附法			
制备方法	易	易	难	易	难
结合力	中	弱	强	强	强
酶活性	高	中	高	低	高
载体再生	能	能	不能	不能	极少用
底物专一性	不变	不变	不变	变	变
稳定性	中	低	高	高	高
固定化成本	低	低	中	中	高
应用性	有	有	有	无	无
抗微生物能力	无	无	有	可能	无

4.5.2　固定化酶反应器

用于酶催化反应的装置称为酶反应器。游离酶反应器比较简单，一般都采用搅拌罐反应器，而且常用间歇式操作，如用于淀粉水解的反应器就是如此。固定化酶反应器的形式很多，根据进料和出料的方式不同，可分为间歇式和连续式两大类。连续式又有连续流动搅拌罐式反应器和填充床反应器等两种基本形式，以及连续流动搅拌罐-超滤膜反应器、循环反应器和流化床反应器等衍生形式。此外还有淤浆反应器、滴流床反应器、气栓式流动反应器、转盘式反应器、筛板反应器及不同类型反应器的结合等。图 4-13 为不同类型的固定化酶反应器。目前已有多种类型的固定化酶反应器可供选择和使用，但遗憾的是并没有一种通用的理想的反应器。因此，在研究和生产中必须根据固定化酶的形状、底物的物理和化学性质、固定化酶反应动力学、固定化酶的稳定性、操作要求、反应器的费用等因素来选择具体的固定化酶反应器形式。

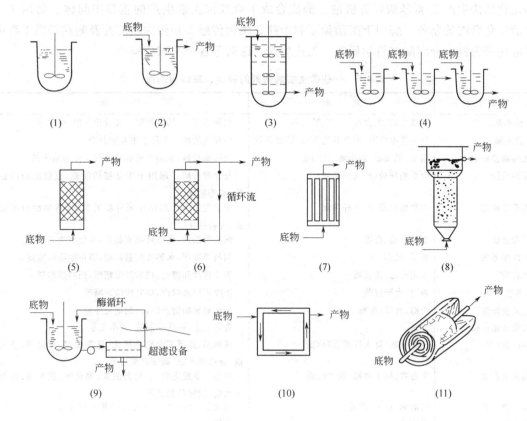

图 4-13　各种类型的固定化酶反应器

（1）间歇式搅拌罐式反应器；（2）连续式搅拌罐式反应器；（3）多级连续式搅拌罐式反应器；
（4）多级串联半连续式操作反应器；（5）填充床式反应器；（6）带循环的填充床式反应器；
（7）列管式填充床式反应器；（8）流化床式反应器；（9）搅拌罐-超滤器联合反应器；
（10）环流式反应器；（11）螺旋卷式生物膜反应器

除了工业应用的固定化酶反应器外，用于分析的固定化酶反应器则更是五花八门，一般是根据需要进行特殊设计。

4.6　酶工程的应用

鉴于酶催化反应具有专一性强、反应条件温和、工艺简单、催化效率高、生产成本低、环境污染小以及可催化化学法无法进行的反应等特点，使酶工程成为现代生物技术的主要支柱之一，并成为了现代生物技术和产业之间重要的桥梁，应用范围已遍及工业、农业、环保、医药、食品、纺织等各个领域，已成为国民经济中不可缺少的一部分。可以毫不夸张地说，人们的衣、食、住、行等几乎都已经离不开酶的应用。表 4-5 列出了目前常用的微生物酶制剂的种类、微生物来源和用途。

表 4-6 分别列出了一些重要的酶制剂及在各个工业领域的应用。目前，产量最高和应用最广泛的是水解酶，但是，随着酶工程研究不断深入、酶的应用领域不断扩大，其他酶的应用正在迅速增长，虽然产量还无法与水解酶相比，但所创造的产值已经大大超过水解酶。下面将以葡萄糖异构酶催化葡萄糖异构化生产高果糖浆、固定化酶法生产 5'-复合单核苷酸、

固定化酶法生产 L-氨基酸和有机酸、酶法合成半合成抗生素生产的重要中间体、酶用于光学活性化合物的制备、酶用于疾病诊断和治疗、生物传感器和蛋白质芯片及酶在基因工程中的应用等为例，介绍酶在科学研究、工业生产、医药等各个领域的应用。

表 4-5　一些微生物酶制剂的种类、来源和用途

酶的名称	来源	用途
α-淀粉酶	枯草杆菌、米曲霉、麦芽、黑曲霉	织物退浆、酒精及发酵工业液化淀粉、消化等
β-淀粉酶	巨大芽孢杆菌、多黏芽孢杆菌、链霉菌等	与异淀粉酶一起用于麦芽糖制造
葡萄糖淀粉酶	根霉、黑曲霉、内孢霉、红曲霉	制造葡萄糖，发酵工业和酿酒行业作为糖化剂
异淀粉酶	假单胞杆菌、产气杆菌属	与 β-淀粉酶一起用于麦芽糖的制造，直链淀粉的制造，淀粉糖化
茁霉多糖酶	假单胞杆菌、产气杆菌属	与 β-淀粉酶一起用于麦芽糖的制造，直链淀粉的制造，淀粉糖化
纤维素酶	绿色木霉、曲霉	饲料添加剂，水解纤维素制糖，消化植物细胞壁
半纤维素酶	曲霉、根霉	饲料添加剂，水解纤维素制糖，消化植物细胞壁
果胶酶	木质壳霉、黑曲霉	果汁榨汁和澄清，植物纤维精炼，饲料添加剂
β-半乳糖酶	曲霉、大肠杆菌	治疗不耐乳糖症、炼乳脱除乳糖等
右旋糖酐酶	青霉、曲霉、赤霉	分解葡聚糖防止龋齿，制造麦芽糖等
放线菌蛋白酶	链霉菌	食品工业，调味品制造，制革工业
细菌蛋白酶	枯草杆菌、赛氏杆菌、链球菌	洗涤剂、皮革工业脱毛软化、丝绸脱胶、消化剂、消炎剂、蛋白质水解、调味品制造等
霉菌蛋白酶	米曲霉、栖土曲霉、酱油曲霉	皮革工业脱毛软化、丝绸脱胶、消化剂、消炎剂、蛋白质水解、调味品制造等
酸性蛋白酶	黑曲霉、根霉、青霉	消化剂、食品加工、皮革工业脱毛软化等
链激酶	链球菌	清创
脂肪酶	黑曲霉、根霉、镰刀霉、地霉、假丝酵母	消化剂、试剂
脱氧核糖核酸酶	黑曲霉、芽孢杆菌、链球菌、大肠杆菌	试剂、药物
多核苷酸磷酸酶	溶壁小球菌、固氮菌	试剂、药物
磷酸二酯酶	固氮菌、放线菌、米曲霉、青霉	制造调味品
过氧化氢酶	黑曲霉、青霉	去除过氧化氢
葡萄糖氧化酶	黑曲霉、青霉	葡萄糖定量分析，食品去氧，尿糖、血糖的测定
尿素酶	产朊假丝酵母	测定尿酸
葡萄糖异构酶	放线菌、芽孢杆菌、短乳酸杆菌、节杆菌	葡萄糖异构化制造果糖
青霉素酰化酶	蜡状芽孢杆菌、地衣芽孢杆菌	分解青霉素生产 6-氨基青霉烷酸(6-APA)

表 4-6　酶在工业领域中的应用

酶种类	应用领域	用途
细菌蛋白酶类	洗涤剂工业	用于污渍去除，可以直接液体使用，也可以用胶囊包埋后使用
淀粉酶类		可作为洗碗机的洗涤剂，用于去除难溶的淀粉残迹
真菌 α-淀粉酶	烘烤食品工业	催化淀粉降解成可被酵母利用的糖类，用于面包及面卷的制作等
蛋白酶类		在饼干制作过程中，用于降低面粉中的蛋白质含量等
麦芽产生的淀粉酶、蛋白酶、葡聚糖酶	酿酒工业	将淀粉和蛋白质降解成能被酵母使用的单糖、氨基酸和肽，从而提高乙醇的产量
β-葡聚糖酶		改进啤酒的过滤性能
淀粉葡萄糖苷酶		用于生产低糖啤酒
木瓜蛋白酶		去除啤酒储存过程中生成的浑浊
凝乳酶	乳制品工业	在奶酪的制作过程中用于分解蛋白质
乳糖酶		降解乳糖为葡萄糖和半乳糖

酶 种 类	应用领域	用 途
淀粉酶、淀粉葡萄糖苷酶	制糖工业	将淀粉转化为葡萄糖及各类糖浆
葡萄糖异构酶		用于将葡萄糖转化为果糖生产高果糖浆
淀粉酶类	纺织工业	广泛地应用于纺织品的退浆,其中细菌淀粉酶能忍受 100～110 ℃的高温操作条件
纤维素酶		牛仔服装褪色处理
胰蛋白酶类	制革工业	用于去除毛皮中特定蛋白成分,使皮革软化,也可用于皮革脱毛
胰蛋白酶	医药行业	用于伤口愈合和溶解血凝块、去除坏死组织、抑制污染微生物的生长
L-天冬酰胺酶		用于癌症的治疗,剥夺癌细胞生长所需的营养
蛋白酶		治疗消化不良症
青霉素酰化酶		半合成抗生素中间体生产
其他酶		用做诊断试剂
丙烯腈水解酶	化学工业	丙烯酰胺生产
脂肪酶		手性合成和手性拆分

4.6.1 酶法生产高果糖浆

众所周知,淀粉的水解产物是葡萄糖,既是人们的营养成分,又是一种甜味剂。但遗憾的是同样质量葡萄糖的甜度只有蔗糖的 0.7。这样,如果利用葡萄糖作为甜味剂,必须多加 30％糖才能达到与蔗糖同样的甜度。果糖的分子式与葡萄糖完全相同,但果糖的甜度是葡萄糖的 1.7 倍,而且甜味纯正。因此,如果能将廉价的淀粉水解为葡萄糖,再将葡萄糖的醛基转化为果糖的酮基,那么,作为甜味剂使用时就可以大大减少果糖的用量。这对于高血糖患者和希望减肥的人士无疑是一个好消息。问题是目前尚未发现有效的化学催化剂能够实现这一反应。幸运的是酶帮我们解决了这一难题。科学家们发现,葡萄糖异构酶能够轻而易举地在常温条件下将葡萄糖转化为果糖,转化率达到了 42％。含 42％果糖的果葡糖浆甜度已经与蔗糖相当。工程师不断地改进这一过程,他们将含 42％果糖的果葡糖浆采用"模拟移动床分离出果糖后,将葡萄糖重新用酶进行转化,这样得到的高果糖浆中果糖的含量达到了 92％以上。由于原料淀粉来自玉米,人们就把这种产品称为高果玉米糖浆 (HFCS)。目前,全世界的 HFCS 产量已经高达 1000 万吨以上,主要用于碳酸饮料、食品工业等作为甜味剂。HFCS 生产企业主要集中在北美粮食生产过剩地区,不但为农场主开辟了新的粮食消费市场,而且大大节约了原来用于进口蔗糖的外汇。

图 4-14 为以淀粉为原料生产果葡糖浆的生产工艺流程示意。该过程用了三种酶,α-淀粉酶用于淀粉的液化,糖化酶则将糊精水解为葡萄糖,最后由葡萄糖异构酶将葡萄糖转化为果糖。所有反应都在 50～70 ℃范围内进行。每年葡萄糖异构酶的消耗大约只有几百万美元,

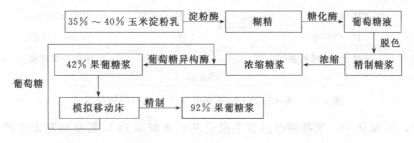

图 4-14　以淀粉为原料生产果葡糖浆的生产工艺流程示意

但 HFCS 的产值却达到约 25 亿美元。果葡糖浆的生产是酶工程在工业生产中最成功、规模最大的应用实例之一。

4.6.2 酶法合成丙烯酰胺

传统观念认为酶催化合成的产物都是与生命活动有关的分子。酶法合成丙烯酰胺的成功打破了传统，将酶催化的应用扩展到了石油化工领域。

丙烯酰胺是一种重要的石油化工中间产品，是合成乙烯基高分子聚合物的水溶性单体，广泛用于水性涂料、絮凝剂、纸张增强剂及采油助剂等。传统的丙烯酰胺合成工业采用丙烯腈为原料在还原铜催化下通过硫酸水合法生产，于 1954 年开发成功。化学合成工艺的主要缺点是：反应物浓度低、一次转化率只有约 40%、反应产物中往往残留金属铜和丙烯腈，影响产品质量。1985 年日本首先开发成功了利用腈水合酶催化丙烯腈水合反应合成丙烯酰胺的新工艺，开创了酶工程用于石油化工的新时代。酶催化水合法反应条件温和、丙烯酰胺的产率几乎达到 100%，没有副产物。因此，不需要分离回收未反应的丙烯腈，也不必考虑脱铜，大大简化了工艺、降低了能耗和丙烯酰胺的生产成本，使酶法工艺一问世就显示了极强的竞争力，得到了各国学术界和工业界的重视。

我国科学家在该领域的研究开发也取得了重大进展，发现了能高产腈水合酶的微生物，开发了具有特色的产酶、固定化及转化工艺，并已经投入大规模工业化生产，生产能力已经达到每年近 10 万吨。

腈水解酶、腈水合酶及酰胺化酶等腈转化酶类广泛存在于微生物中，这些酶具有较高的底物专一性，在催化合成手性农药中间体、手性氨基酸及羧酸等精细化学品生产中具有广阔的应用前景。

有人曾经预料，进入 21 世纪后，将会有越来越多的传统化学工业采用酶法工艺代替传统工艺，使化学工业成为一个绿色的、可持续发展的工业部门。

4.6.3 酶法生产 L-氨基酸和有机酸

4.6.3.1 酶法生产 L-氨基酸

目前，氨基酸在医药、食品以及工农业其他领域中的应用范围越来越广。各种必需氨基酸对人体的正常发育有很好的促进作用，有些氨基酸还可以作为药物，以适当比例配成的混合物可以直接注射到人体内，用以补充营养以及治疗某些疾病。此外，氨基酸还可用做增味剂和畜禽的饲料，并可用来制造可生物降解的高分子材料，如聚赖氨酸等。

化学合成法曾经是工业化生产氨基酸的主要方法之一，但是化学合成法生产的氨基酸都是消旋体。由于只有 L-型氨基酸才具有生理活性，外消旋氨基酸必须转化为 L-型氨基酸，主要的拆分方法有物理化学法、化学法和酶法等三种，其中以酶法最为有效，能够生产纯度较高的 L-氨基酸。酶法拆分化学合成 DL-氨基酸生产 L-氨基酸的反应式如图 4-15 所示。

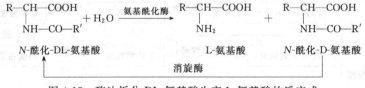

图 4-15 酶法拆分 DL-氨基酸生产 L-氨基酸的反应式

拆分时，N-酰化-DL-氨基酸经过氨基酰化酶的水解得到 L-氨基酸和未水解的 N-酰化-D-氨基酸，由于这两种物质的溶解度不同，很容易使它们分离。未水解的 N-酰化-D-氨基酸经过外消旋作用后又成为 DL-型氨基酸,可再次用氨基酰化酶进行分离。

1969 年科学家通过离子交换法将氨基酰化酶固定在 DEAE-葡聚糖载体上,制得了世界上第一个适用于工业生产、稳定性好、酶活高的固定化酶,用于连续化拆分酰化-DL-氨基酸。具体过程包括如下步骤:固定化氨基酰化酶的制备、固定化酶拆分 DL-氨基酸及 N-酰化-D-氨基酸的外消旋化。

目前,只有少数氨基酸仍采用化学合成法生产,如 DL-蛋氨酸,主要用于饲料添加剂;应用海因法合成 L-氨基酸的工艺则正在研究开发中。

由于微生物发酵和酶法合成得到的都是 L-型氨基酸(有些酶法合成的是 D-型氨基酸,也有重要用途),微生物发酵和酶法合成生产氨基酸已经成了主要工业化生产方法。特别是酶法工艺,具有工艺简单、转化率高、生产成本低等显著优点,得到了生产企业的青睐。

酶法工艺生产 L-氨基酸最早获得工业化的是 L-天冬氨酸。在 L-天冬氨酸合成酶的催化下,通过富马酸与氨的加成反应就可以方便地获得 L-天冬氨酸。大肠杆菌、三叶草假单胞菌、巨大芽孢杆菌及产氨短杆菌等都能产生 L-天冬氨酸合成酶,而且可以采用固定化整细胞作为催化剂连续进行生物催化,L-天冬氨酸的产率和转化率分别达到了 168 g·L^{-1}及 96%。L-天冬氨酸经假单胞菌所产的 β-脱羧酶催化下脱去 L-天冬氨酸的 β-羧基就能得到 L-丙氨酸。我国科学家发明的酶法合成 L-丙氨酸的同时将产物结晶分离的工艺可使 L-丙氨酸的转化率几乎达到了 100%。

其他通过酶法合成的氨基酸还有:以 α-氨基-己内酰胺为原料经水解酶催化合成 L-赖氨酸;以 L-酪氨酸为原料,在酪氨酸酶的催化下合成 3,4-二羟基苯丙氨酸(多巴,用于治疗帕金森症等);以肉桂酸为原料酶法合成 L-苯丙氨酸;以吲哚、丙酮酸和氨为原料酶催化合成 L-色氨酸;以苯酚、丙酮酸和氨为原料酶催化合成 L-酪氨酸等。

值得一提的是由 L-苯丙氨酸和 L-天冬氨酸合成的二肽甜味剂——阿斯巴甜(aspartame),它的甜度约是蔗糖的 180~200 倍,而且甜味纯正,已经成了低热量食品和饮料中使用的主要甜味剂。阿斯巴甜的两种原料氨基酸都可以通过酶法合成,合成反应本身也可以在嗜热杆菌蛋白酶的催化下完成。

催化酶法合成 L-氨基酸的酶大多属于水解酶、裂合酶及基团转移酶类。

4.6.3.2 酶法合成有机酸

酶法合成有机酸的典型工业应用实例是 L-苹果酸的生产。以富马酸为原料,在苹果酸合成酶的催化下,可以高效地将富马酸水合生成 L-苹果酸。为了提高生物催化效率,我国科学家研究开发了酶催化反应和 L-苹果酸分离同时进行的过程,将所生成的 L-苹果酸钙从反应体系中及时地结晶分离,使反应的转化率几乎达到了 100%。

酶法合成有机酸的另一个成功例子是从富马酸合成 D-酒石酸或 L-酒石酸。由于催化所用的酶不同,可以得到具有不同立体构象的酒石酸。

4.6.4 酶法合成半合成抗生素生产的重要中间体

自从 1928 年人类发现第一个抗生素——青霉素以来,已经发现了数千种抗生素并有上百种抗生素投入了工业化生产,使千百万濒于死亡的生命得到拯救,为人类的健康事业做出了卓越的贡献。但是,发酵法生产的抗生素也存在着一些缺点,如抗菌谱窄、副作用大等。另外,由于长期大量使用抗生素,造成了细菌产生耐药性,使抗生素的治疗效果明显下降。为了解决上述问题,除努力从各种微生物中寻找新的广谱、低毒及不容易产生耐药性的抗生素外,更有效的方法是研究细菌产生耐药性的原因,改造抗生素的原有结构,用人工的方法合成各种能抑制耐药性细菌的新型广谱抗生素。

　　青霉素和头孢霉素 C 都属于 β-内酰胺类抗生素。20 世纪 50 年代以后，科学家发现 6-氨基青霉烷酸（6-APA）和 7-氨基头孢霉烷酸（7-ACA）分别是青霉素和头孢霉素的核心成分，从它们出发，可以合成一系列毒性低、能口服、抗菌谱广的半合成抗生素，如氨苄西林、阿莫西林、头孢氨苄、头孢拉定等。因此，6-APA 和 7-ACA 的生产就成了半合成抗生素生产的关键步骤。过去，人们试图用化学方法裂解青霉素或头孢霉素 C，但是副反应多、产率低。随后，从大肠杆菌及其他一些微生物中，发现了能够催化上述反应的青霉素酰化酶，并通过诱变育种和基因工程提高了青霉素酰化酶的表达水平。如图 4-16 和图 4-17 所示，由大肠杆菌或基因工程菌发酵产生的青霉素酰化酶既可以催化青霉素或头孢霉素 C 水解生成 6-APA 或 7-ACA；同时又发现该酶还能够催化其逆反应（酰基化反应），使 6-APA 和 7-ACA 的酰基重新得到各种基团的修饰，由 6-APA 合成新型青霉素或由 7-ACA 合成新型头孢霉素。现在已经有几十种半合成青霉素或头孢霉素新药上市，它们都具有广谱抗菌性和抗耐药性，能够口服并具有很好的疗效，已经成了抗生素市场的新贵。

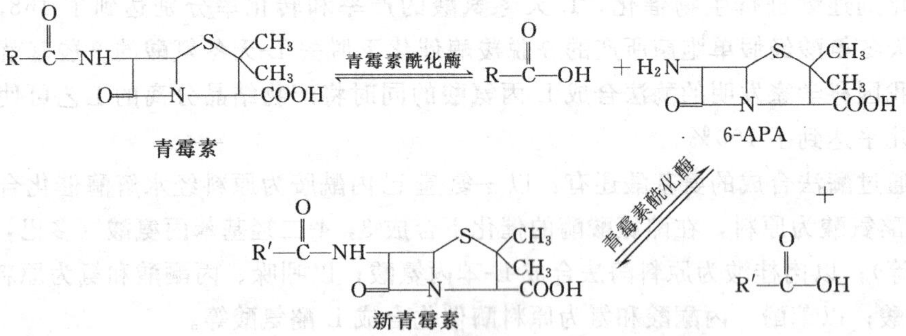

图 4-16　利用青霉素酰化酶催化合成 6-APA 和新型青霉素

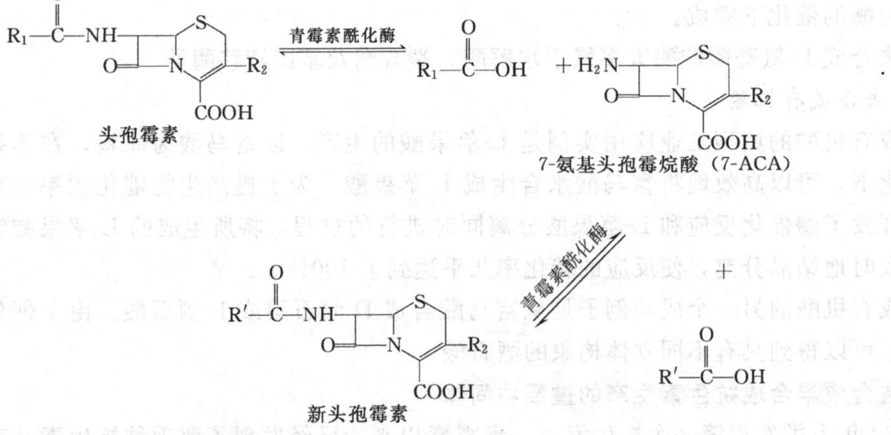

图 4-17　利用青霉素酰化酶催化合成 7-ACA 和新型头孢霉素

4.6.5　酶用于光学活性化合物的制备

　　光学活性化合物的制备一直是有机合成中的难题，至今尚未走出困境。而以酶作为生物催化剂由于酶催化反应所特有的立体选择性，可以方便地用于光学活性化合物的合成和拆分。酶催化光学活性物质的合成是将有潜在手性化合物或前体化合物通过酶催化反应转化为单一对映体的光学活性物质。酶催化光学活性物质的拆分是利用酶只能催化外消旋化合物中其中一种对映体反应的能力将外消旋化合物拆分为两种具有不同旋光性的化合物。由于酶催化具有高对映体选择性、副反应少等优点，所以产物的光学纯度和收得率都很高。

光学活性化合物在制药、精细化学品和新材料制备中有十分重要的应用前景。特别是在医药领域，大量的研究工作已经表明，具有不同手性的同一种药物，具有不同、甚至相反的治疗效果，表 4-7 显示了部分药物不同对映体的功能比较。因此许多国家的医药管理当局都规定，对于有手性中心的化合物，每一种异构体的药效必须分别予以检验，这样一来，若仍采用外消旋药物，则必须对其中的每一种旋光体的药效、毒理等分别予以检验，这将势必增加制药企业的新药开发成本和周期，大大刺激了研究开发单一手性药物的积极性，对于单一对映体药物的需求量也将越来越大。与化学合成手性化合物相比，酶催化手性化合物合成已经成了首先选择的方法，是手性药物研究和开发的有力工具。目前已经有许多酶催化光学活性物质的合成和拆分的成功范例，如普萘洛尔、环氧丙醇、布洛芬等手性药物都已经采用了酶法拆分方法生产。表 4-8 列出了酶在光学活性化合物（手性药物）制备中的应用。据统计，目前销售额最大的前 100 种药物中，手性药物的数量和销售额都占了一半左右；在 1996 年美国 FDA 新批准的 51 种药物中，手性药物占到了 29 种。随着研究的深入，可以相信今后在制药领域酶法手性合成和拆分将会有更大的发展空间。

表 4-7　部分药物不同对映体的功能比较

药物的活性形式	功　能	药物的非活性形式	药物的活性形式	功　能	药物的非活性形式
（＋）-巴比妥酸	催眠镇定	（－）-引起惊厥	L-多巴	震颤麻痹症	D-粒细胞减少
（＋）-毒碱	支气管扩张	（＋）：（－）=1：1000	（－）-抗坏血酸	抗坏血病	（＋）-无活性
（－）-吗啡	麻醉镇定	（＋）-无活性	（＋）-奎宁	抗心律失常	（－）-抗疟疾
（＋）-可的松	激素活性	（－）-无活性	右-丙氧芬	止痛	左-止咳

表 4-8　酶在光学活性化合物（手性药物）制备中的应用

酶	光学活性化合物	酶	光学活性化合物	酶	光学活性化合物
D-乙内酰脲酶	D-氨基酸	烯烃单加氧酶	手性环氧化物	羰基还原酶	S-4-氯-3-羟基丁酸酯
L-乙内酰脲酶	L-氨基酸	羰基还原酶	D-泛酸内酯	腈水合酶	5-羟基吡嗪-2-羧酸
二加氧酶	反 4-羟基脯氨酸	乙醇脱氢酶	S-对氧苯乙醇	核苷磷酸化酶	S-甲基尿苷
二加氧酶	顺 3-羟基脯氨酸	乙醇脱氢酶	R-对氧苯乙醇	羟化酶	R-2-(4-羟基苯氧基)丙酸
β-酪氨酸酶	L-3,4-二羟苯基丙氨酸	乙醛还原酶	R-4-氯-3-羟基丁酸乙酯		

4.6.6　酶用于疾病诊断和治疗

疾病治疗效果的好坏在很大程度上决定于诊断的准确性。在众多的疾病诊断方法中，酶学诊断具有可靠、简便和快捷的特点，已在临床上得到广泛的应用。生命现象是由多种酶催化的连续化学反应的综合结果，因此，只要其中一种酶出现异常，就可能造成代谢紊乱，引起人类的疾病，借助于体内酶活性水平的检测就可以对疾病进行诊断；同样，对于由于疾病引起的体内代谢产物浓度的变化，也可以通过酶与代谢产物的特殊反应进行检测。例如，转氨酶是催化氨基酸和 α-酮酸之间进行氨基转移形成新氨基酸的酶类，谷草转氨酶（GOT）存在于心、肝及肌肉组织中，而谷丙转氨酶（GPT）存在于肝内，正常人血液中不存在转氨酶，因此当血液中转氨酶活性增高时，就预示着肝或心脏发生了病变。又如，心血管梗死时，坏死的心肌细胞会将肌酸激酶、天冬氨酸转氨酶及乳酸脱氢酶释放到血液中，而这三种酶在血液中出现和消失的时间并不一致，因此通过检测三者出现的高峰时间，不但可以对疾病进行诊断而且可以判断疾病发作的进程。表 4-9 列出了一些酶在疾病诊断中的应用。酶法分析的专一性好，只与特定的底物进行反应，而且有很高的灵敏度，检测限可达到 10^{-7} mol·L^{-1}，若与其他方法结合，甚至能达到 10^{-9} mol·L^{-1}。

表 4-9　一些酶在疾病诊断中的应用

酶	可诊断相关疾病	酶	可诊断相关疾病
葡萄糖氧化酶	糖尿病	谷丙转氨酶	肝炎、心肌梗死等
乳酸脱氢酶、醛缩酶	癌症、肝病、心肌梗死	碱性磷酸酶	佝偻病、软骨化病、骨瘤等
碳酸酐酶	坏血病、贫血等	淀粉酶	胰腺炎等
葡萄糖醛缩酶	肾癌、膀胱癌等	肌酸激酶	心血管梗死、心肌坏死
磷酸葡萄糖变位酶	肝炎、癌症	辣根过氧化物酶	酶联免疫吸附分析法（ELISA）
胃蛋白酶	胃癌、十二指肠溃疡等		检测各种疾病
谷草转氨酶	肝炎、心肌梗死等		

利用特殊的酶试剂也可以对体液成分进行检测，以帮助对疾病的诊断，其中最典型也是最成功的是酶联免疫吸附分析法（ELISA）。该方法利用抗体与抗原之间的特殊反应生成抗体-抗原络合物，再与偶联的酶发生显色反应，这样一来就可以用比色法定量测定抗体-抗原络合物的含量。ELISA 方法常用于体液中免疫球蛋白、甲胎蛋白、激素等的定量分析。

在人体代谢活动中，一旦体内的酶活性发生失调，无论是过多或过少，都会引起疾病，比较常见的是某些酶的缺乏症。这时候，我们就可以通过向体内补充相应的酶进行治疗。蛋白酶具有消炎、消肿、祛痰、防止皮肤粘连等作用；链激酶及尿激酶等能够将血管中的凝块溶解，是治疗血栓的常用药物；L-天冬酰胺酶则能抑制恶性淋巴瘤的生长等。表 4-10 为主要的药用酶以及治疗的疾病。

表 4-10　主要的药用酶以及治疗的疾病

酶	可治疗的相关疾病	酶	可治疗的相关疾病
淀粉酶、脂肪酶、纤维素酶	消化不良、食欲不振等	青霉素酶	由青霉素引起的变态反应
蛋白酶	消化不良、食欲不振等，消炎、消肿，去除坏死组织、促进创伤愈合等	超氧化物歧化酶	预防辐射损伤，治疗红斑狼疮、皮肌炎、结肠炎、氧中毒
溶菌酶	手术性出血、咯血、鼻出血、分解脓液、消炎、镇痛，止血，治疗外伤性浮肿等	凝血酶	各种出血
尿激酶	心肌梗死等	胶原酶	分解胶原，消炎，化脓，治疗溃疡
链激酶	血栓性静脉炎、血肿、咳痰等	弹性蛋白酶	治疗动脉硬化，降血脂

4.6.7　生物传感器和蛋白质芯片

近年来，生物传感器的发展非常迅速，生物传感器是用生物活性物质做敏感器件，配以适当的换能器所构成的分析工具，大致可以分为酶传感器、微生物传感器、免疫传感器和场效应晶体管生物传感器等四大类。其中利用酶的催化作用制成的酶传感器是问世最早、成熟度最高的一类生物传感器。

酶传感器是间接型传感器，它不是直接测定待测物质的浓度，而是利用酶的催化作用，在常温常压下将糖类、醇类、有机酸、氨基酸等生物分子氧化或分解，然后通过测定与反应有关物质的浓度，进而换算成相应的生物物质浓度。目前国际上已研制成功的酶传感器大约有几十种。其中最为成熟的传感器是葡萄糖传感器。如图 4-18 所示的是一种较简单的葡萄糖氧化酶电极。它的工作原理是当将酶电极浸入样品溶液中时，溶液中的葡萄糖就会扩散进入酶膜，之后就被膜中的葡萄糖氧化酶氧化生成葡萄糖酸，同时需要消耗氧，使得氧的浓度降低，通过氧电极测定氧浓度的变化，即可推知样品中葡萄糖的浓度。

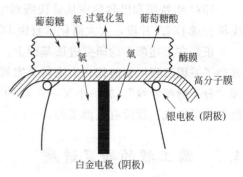

图 4-18　葡萄糖氧化酶电极

在构建酶电极时，首先要选择一种适当的酶，这种酶应是已经商品化的，能催化待测的底物发生反应，反应产物的浓度能够用已知的测量技术（一般采用电化学方法或免疫方法测量）检测；第二步是把酶固定化，一般是制成酶膜；第三步是将酶膜与测量产物浓度的电极组装成酶电极。表 4-11 列出了部分典型的酶电极及测量方法。

表 4-11　部分典型的酶电极及测量方法

分析对象	酶	电　极	分析对象	酶	电　极
半乳糖	半乳糖氧化酶	H_2O_2	阿斯巴甜(一种	胰凝乳蛋白酶＋	O_2
乙醇(NADH)	乙醇脱氢酶	$Pt/FeCN_4^-$	二肽甜味剂)	醇氧化酶	
尿素	脲酶	O_2	青霉素	青霉素酶	pH
丙酮酸	丙酮酸氧化酶	O_2	L-氨基酸	氨基酸氧化酶	NH_3
胆固醇	胆固醇氧化酶	H_2O_2			
乳糖	β半乳糖苷酶＋醇氧化酶	O_2			

在传统的酶电极的基础上，近年来在免疫电极方面的研究进展很快。更重要的是酶电极的基本原理已经推广应用到蛋白质芯片和基因芯片的研究开发中。

4.6.8　酶在基因工程中的应用

众所周知，酶在基因重组技术中起着不可或缺的作用。对限制性内切酶的研究始于对噬菌体不能交叉感染现象的实验发现。1968 年，瑞士的阿尔柏首次从大肠杆菌中分离得到了限制性内切酶；几乎同时，美国的史密斯从流感嗜血菌中也分离出了限制性内切酶，并证明它确实对 DNA 分子的特定位点具有剪切活性；1971 年，内森斯利用这种限制性内切酶对一种猴子病毒 SV40 进行切割，提出了酶切图谱。由于这三位科学家在限制性内切酶发现中的重要贡献，共同分享了 1978 年的诺贝尔奖。现在已经从 250 种细菌中分离得到了 500 余种限制性内切酶，分别用于 DNA 分子中不同位点的剪切。有人曾非常形象地将限制性核酸内切酶称为"分子剪刀"。

将两个 DNA 片段连接起来的任务是由称为"分子缝纫针线"的 DNA 连接酶完成的。1967 年，世界上几个研究小组几乎同时发现了 DNA 连接酶，1970 年发现了具有很高连接活性的 T_4 DNA 连接酶。

DNA 复制的方式根据碱基互补配对的原则进行，无论是体外还是体内，将核酸的结构单元——核苷酸连接起来都需要 DNA 聚合酶的催化作用。已经在大肠杆菌中发现了三种 DNA 聚合酶，在噬菌体中发现了四种 DNA 聚合酶，在真核生物中也有四种 DNA 聚合酶。这四种 DNA 聚合酶的缺点是热稳定性差，从而严重地制约了基因工程研究进展。1969 年，布罗克从嗜热菌中分离得到了耐热 Taq DNA 聚合酶，能耐 90℃ 以上的高温，从而为 PCR

技术的诞生创造了条件，现在 PCR 已经成为基因工程的基本工具。

1971 年特明和巴尔的摩从劳氏病毒中发现了一种新酶——逆转录酶，它能以 mRNA 为模板合成 DNA 片段，大大简化了重组 DNA 技术，并因此而获得了 1975 年的诺贝尔奖。

正是在上述酶学的研究进展基础上，1972 年人类第一次实现了 DNA 分子的体外重组，开启了基因工程的新时代。生物科学家就是手艺高超的"时装设计大师"，利用"分子剪刀"和"分子缝纫针线"，将一个又一个新的 DNA 分子奉献给世界。可以毫不夸张的说，没有酶工程的发现，就没有基因工程。

4.7 酶工程的研究进展

随着现代科学技术的飞速发展，人类对酶的了解越来越深入，分离提纯得到的酶越来越多，酶工程的研究内容在不断地扩大和更新，酶的应用范围也会越来越广。

4.7.1 酶的修饰和蛋白质工程

酶是一种高效、有高度专一性的生物催化剂，在实际应用中也暴露出了一些缺点，如酶的稳定性差、活力不够高以及具有抗原性等，使酶的应用受到限制。同时人们在酶的研究和应用过程中已经逐渐认识到是酶的结构决定了酶的性质和功能，只要使酶的结构发生某些精细的改变，就有可能使酶的特性和功能随之改变。提高酶的稳定性、解除酶的抗原性、改变酶的酶学性质、扩大酶的应用范围的研究越来越引起人们的重视。通过酶分子的改造或修饰就有可能克服酶在应用中的缺点，使酶能发挥最大的催化效能。

在研究酶的结构-功能关系的基础上，就可以在分子水平上对酶进行化学修饰，如金属离子置换修饰、大分子结合修饰、肽链有限水解修饰、酶蛋白侧链基团修饰、氨基酸置换修饰以及物理修饰等，近年来利用计算机对酶的结构-功能关系进行分析计算可以为酶蛋白的修饰指出方向并大大减少实验工作量。

金属离子置换修饰是通过改变酶分子所含的金属离子，使酶的特性和功能发生改变的方法，简称离子置换法。

大分子结合修饰利用水溶性大分子与酶结合，使酶的空间结构发生某些精细的改变，从而改变酶的特性与功能，简称为大分子结合法。通常使用的水溶性大分子修饰剂有：右旋糖酐、聚乙二醇、肝素、蔗糖聚合物、聚氨基酸等。这些大分子在使用前一般需要经过活化，然后再在一定条件下与酶分子以共价键结合，对酶分子进行修饰。例如，右旋糖酐先经高碘酸活化，然后再与酶分子的氨基共价结合。由于各种酶的结构各不相同，所以不同的酶所结合的修饰剂种类和数量也有所差别，修饰后酶的特性和功能的改变情况也不一样，必须通过实验确定最佳修饰剂的种类和浓度。操作时需根据所要求的分子比例控制好酶和修饰剂的浓度，并控制好温度、pH 值和反应时间等条件，以便获得理想的修饰效果。大分子结合修饰是目前应用最广的酶分子修饰方法。只要不牵涉酶的活性中心，肽链的部分水解不会影响酶蛋白的催化活性，但可能改善其稳定性和降低抗原性。

蛋白质侧链基团修饰可以改变蛋白质表面电荷和疏水性，从而影响其催化活性和稳定性。酶蛋白中个别氨基酸的置换可以采用点突变的方法很容易就可以完成，点突变是研究蛋白质结构与功能关系的重要工具。一般地说，经过修饰的酶可显著提高酶活力、增加稳定性或降低抗原性、显著提高酶的使用范围和应用价值。

大量的研究工作显示，化学修饰法是改造酶分子的有效方法，具有广泛的应用前景。但值得指出的是化学修饰法并不适用于所有的酶，同时也不是经过化学修饰后，酶的所有性质都有改善。通常化学修饰法只能改善酶的部分不足，使其更适合特定应用的需要。

4.7.2 酶的新用途——靶酶及酶标药物

在生物体内新陈代谢过程中进行的各种化学反应几乎都是在酶的催化下，以一定的速度、按确定的方向进行的。其中的每一种酶都有一些特定的抑制剂，通常将这种酶称为该抑制剂的靶酶。

传统上，人们只是根据某些化合物对特定疾病有一定治疗作用作为设计药物的线索，大量合成出其类似物，从中进行筛选，并获得某种疗效最好的药物。根据统计，每种新药的上市需要从大约 10 万种化合物中筛选得到，可以想象新药研究和开发所需的巨大人力、物力和资金投入！随着人类基因组计划完成及对疾病引发机理的深入研究，人们发现许多疾病的发生都是由于基因突变引起的酶蛋白表达水平的变化引起的。这样一来，只要对这些酶蛋白的活性水平进行调节，就可能治愈疾病。这种对疾病具有关键作用的酶就是靶酶，筛选得到的能影响和调节靶酶活性并能治疗疾病的药物就称为酶标药物。

血管紧张素肽转换酶（ACE）抑制剂是酶标药物的一个成功实例。人们已经知道，血管紧张素肽在人体内是以前体的形式分泌出来，经 ACE 水解后生成血管紧张素肽，从而引起血压升高。据此，人们设想通过抑制 ACE 应可以控制血管紧张素肽的释放，进而就能抑制血压升高。通过大量的研究和实践，这一设想目前已经得到证实，许多血管紧张素肽转换酶（ACE）的抑制剂已经成为重要的具有良好效果的常用降压药物。根据靶酶筛选的药物已经有了一串长长的清单。例如，用于降低血液中低密度胆固醇的药物洛伐他汀（lovastatin）是催化胆固醇合成途径中第一个反应的酶的抑制剂；降低血糖用药阿卡波糖（acarbose）是胰淀粉酶的抑制剂；一种治疗乳腺癌的新药 herceptin 是一种命令乳腺癌细胞快速分裂的蛋白质的抑制剂。今后，这样的药物将会越来越多。

在酶标药物研究中值得注意的另一个例子是抗耐药性的半合成青霉素研制。人们已经认识到细菌对青霉素产生耐药性是由于细菌在青霉素的诱导下能大量合成青霉素酰化酶，从而大大加快了青霉素水解造成的。根据这一理论，可以从两个方面着手研究开发新药：①研究开发不被青霉素酰化酶水解的半合成青霉素，人们利用青霉素酰化酶切除青霉素分子中的苄基，代之以其他基团，从而获得了能够抗青霉素酰化酶的新型青霉素；②筛选能够抑制青霉素酰化酶的抑制剂与青霉素共同使用，从而抑制耐药细菌产生的青霉素酰化酶活性，克服细菌对青霉素的耐药性，这方面的研究正在进行。

目前，利用靶酶设计酶标药物已经成为新药设计的主流，将组合化学快速合成大量新化合物、快速筛选方法与计算机辅助蛋白质结构-功能关系分析三者结合，将大大加快新药的研究开发速度。

4.7.3 非水系统中的酶催化

传统观点认为，酶反应只能在以水为介质的系统中进行。直到 1984 年 Klibanov 等获得酶反应也能在非水系统中进行的研究成果后，非水系统中的酶催化研究和应用都取得了引人注目的成果。与传统的水溶液中酶催化反应相比，非水系统中的酶催化有以下一些特点：①绝大多数有机化合物在非水系统中的溶解度高于水溶液；②根据热力学原理，一些在水中不可能进行的反应，有可能在非水系统中进行；③与水相比，酶在非水系统中的稳定性比较高；④从非水系统中回收反应产物比从水相中容易；⑤在非水系统中酶很容易回收和反复使用。表 4-12 列出了部分有代表性的有机介质中的酶催化反应。

表 4-12　部分有代表性的有机介质中的酶催化反应

酶	溶　剂	催化反应
脂肪酶	非极性溶剂	酯合成、酯交换、肽合成、大环内酯合成
蛋白酶（嗜热菌蛋白酶、枯草杆菌蛋白酶、胰凝乳蛋白酶）	乙酸乙酯	肽合成
羧基酯酶（固定化酶）	甲基丙酸酯	对映体选择性酰化外消旋醇
固定化醇脱氢酶	异丙醇	酮类底物的不对称还原
固定化多酚氧化酶	氯仿	酚氧化为奎宁
固定化扁桃酸腈酶	乙酸乙酯	光学活性 R-腈醇的合成
胆固醇氧化酶	庚烷、四氯化碳、丁酸乙酯	3-β 羟基类固醇的氧化

目前非水系统中的酶催化作用已经广泛用于药物、生物大分子、肽类、手性化合物等的合成，已引起人们的极大关注。特别是脂肪酶催化的反应底物往往都是非水溶性的，利用非水相酶催化反应可以大大提高效率。

需要指出的是：非水相酶催化反应并不是绝对不需要水。由于蛋白质的空间结构需要通过氢键维持，在反应体系中必须维持一定的水活度，才能保持酶的催化活性。

4.7.4　酶法固氮

氮分子的三价键极其稳定，使得分子氮极难与其他化合物反应。也就是说，除非利用极端手段，如高压高温及化学催化剂存在时与氢气反应才能合成氨、在燃料燃烧形成的高温条件下与氧反应产生氮氧化物以及在放射线或等离子体存在时的反应等。在常温常压下，氮气非常稳定。但是，在固氮菌的作用下，空气中的氮在常温常压下就能转化为能被植物利用的氨。目前发现的固氮菌多数属于与豆科作物共生的根瘤菌，还有少量的自生固氮菌和蓝细菌也有固氮作用。

通过科学家对固氮菌的深入研究，发现在固氮菌中存在一种能够在温和条件下激活分子氮的固氮酶。天然固氮酶由铁蛋白和铁钼蛋白两种金属蛋白质组成，经过几十年来许多科学家对固氮酶激活分子氮作用的酶学、生理学机理等方面的深入研究，已经取得了很大的进展，提出了许多关于固氮酶的模型和作用机理。如果能够大规模生产固氮酶并利用这种酶将空气中的氮气转化为氨，就不用再建造合成氨厂、不用消耗大量的煤或石油，将带来农业生产的新革命。

4.7.5　极端酶的研究和应用

酶作为大分子生物活性物质，在应用过程中常常会出现不稳定的现象，尤其是在高温、强酸、强碱和高渗等极端条件下更容易失活，因此在一定程度上限制了酶在工业和其他领域中的应用。但在长期的生产实践中，人们逐渐认识到在自然界中存在一类能在超常生态环境下生存的微生物，即通常所称的嗜极微生物。根据所耐受的环境条件不同，这类微生物可分为嗜热、嗜冷、嗜盐、嗜酸、嗜碱、嗜压微生物等多种类型。大量的研究结果表明，正是因为嗜极微生物体内存在大量适应极端条件的酶，才使它们能在超常生态环境条件下生存。通常将这些能在各种极端环境条件下起生物催化作用的酶称为极端酶。与嗜极微生物的分类相对应，极端酶可分为嗜热酶、嗜冷酶、嗜盐酶、嗜酸酶、嗜碱酶、嗜压酶等多种类型。自第一个极端酶——嗜热 Taq DNA 聚合酶成功地用于基因工程常用的 DNA 聚合反应并随之产生的 PCR 技术后，人们就开始不断地探索各种极端酶的结构、性质和应用前景。近年来，已经有一些极端酶投入工业化应用。表 4-13 列举了一些极端酶的应用情况。

表 4-13　一些极端酶的应用情况

极　端　酶	应　　用	极　端　酶	应　　用
嗜热淀粉酶	生产葡萄糖和果糖	嗜冷中性蛋白酶	奶酪成熟、牛奶加工、洗涤剂
嗜热木糖酶	纸张漂白	嗜冷蛋白酶	奶酪成熟、牛奶加工、洗涤剂
嗜热蛋白酶	氨基酸生产、食品加工、洗涤剂	嗜冷淀粉酶	洗涤剂
嗜热 DNA 聚合酶	基因工程中的 PCR	嗜冷酯酶	洗涤剂
嗜碱蛋白酶	洗涤剂	嗜盐过氧化物酶	卤化物合成
嗜碱淀粉酶	洗涤剂	嗜酸硫氢化酶系	原煤脱硫

极端酶就像一个初生的婴儿，正在逐渐成长并逐步走向工业化应用。

4.7.6　人工合成酶和模拟酶

根据酶的作用原理，用人工方法合成的具有活性中心和催化作用的非蛋白质结构的化合物称为人工合成酶或人工模拟酶，简称人工酶或模拟酶。人工酶或模拟酶一般具有结构简单、高效、高适应性、高选择性和高稳定性等特点，在结构上与天然酶相比要简单得多，通常具有两个特殊部位，一个是底物结合位点，一个是催化位点。相比而言，构建底物结合位点比较容易，而构建催化位点则比较困难。在实践中，通常是将两个位点分开设计。同时，研究发现，如果人工合成酶有一个反应过渡态的结合位点，那么该位点也就常常会同时具有结合位点和催化位点的功能。因此，构建模拟酶时，一般都要以高分子聚合物或络合了金属的高分子聚合物为母体，并在适宜的部位引入相应的疏水基，作为一个能容纳底物、适于和底物结合的空穴，同时在合适的位置引入有催化功能的催化基团。由于模拟酶不含氨基酸，其热稳定性与 pH 值稳定性都大大优于天然酶。

最简单的模拟酶无疑是利用现有的酶或蛋白质为母体，并在此基础上再引入相应的催化基团，但这类模拟酶在某种意义上更被看作是酶的修饰；也可以参照酶的活性结构合成一些简单的小肽作为模拟酶。更多的模拟酶则是以合成高分子聚合物为母体，目前主要有环糊精以及通过分子印迹制备出的人工酶。

4.7.6.1　利用环糊精构建模拟酶

环糊精是一种优良的模拟酶，可提供一个疏水的结合部位并能与一些无机和有机分子包接形成络合物，以此影响和催化一些反应。

环糊精分子是由几个 D-(＋)-吡喃葡萄糖残基通过 α-1,4-糖苷键连接而成的。每个葡萄糖残基均呈现无扭曲变形的椅式构象，整个分子组成类似轮胎的环柱形分子，分子内有空穴，其大小、形状是由组成环的葡萄糖残基数目而定的。由于环糊精分子空穴边缘有很多葡萄糖的羟基，所以能溶于水，但空穴内基本上是疏水的。环糊精的这种疏水区处于空穴内侧、亲水区处于环状分子外侧的结构与酶所具有的微环境十分相似。由于空穴本身疏水，所以能从水溶液中抽提有机小分子，并将其束缚到空穴中，这种现象类似于酶将底物束缚到酶的空穴中。环糊精对束缚的分子也有选择性，被束缚的分子要有适当的形状和疏水性。当一个与环糊精的空穴相适应的疏水分子遇到环糊精时，则进入它的空穴中与之"契合"（包接），可被环糊精分子的空穴契合的分子种类很多。环糊精分子的空穴中有醚氧基，所以空穴内部不完全是非极性的。

值得指出的是，环糊精空穴的直径和深度与许多底物所需要的几何形状不一定适应，但可以通过对环糊精的修饰来改变这种不适应状况，使其与要束缚的底物大小和形状相匹配，从而增强对底物的束缚能力和增加反应速率。

环糊精催化反应的最大特点是参与反应的底物分子先被环糊精分子包接，再发生反应，过程与酶催化反应十分相似。人们已用环糊精模拟了转氨酶、核糖核酸酶、碳酸酐酶等，取得了一定进展。

4.7.6.2 分子印迹技术

分子印迹技术是指制备对某一特定分子具有选择性的聚合物的过程，该特定分子通常称为印迹分子或模板。分子印迹技术借助模板在高分子物质上形成特异的识别位点和催化位点。目前，分子印迹技术已经在反应及分离等领域获得了广泛应用。

分子印迹的过程如下：①选定印迹分子和功能单体，让它们之间发生互补作用，形成印迹分子-功能单体复合物；②用交联剂在印迹分子-功能单体复合物周围发生聚合反应，形成交联的聚合物；③从聚合物中除去印迹分子，得到对印迹分子具有选择性的聚合物。分子印迹主要分为两种方法——共价分子印迹和非共价分子印迹。在非共价分子印迹方法中，首先是印迹分子与功能单体相混合，两者以非共价键发生反应，然后功能单体与交联剂发生共聚合，形成高交联的刚性聚合物，最后使印迹分子从聚合物上脱离，并留下一个在形状和功能基团位置上与印迹分子相互补的识别部位。在共价分子印迹方法中，印迹分子与功能单体是以共价键相连的，在与交联剂发生共聚合后，用化学方法将印迹分子从这个高度交联的聚合物上除去，这种聚合物与印迹分子的结合属于可逆共价键。

分子印迹技术自问世以来，制备成的分子印迹聚合物除了作为手性药物、生物大分子的分离介质等以外，在酶技术和有机合成中作为模拟抗体、模拟酶或具有催化活性的聚合物等领域有可能得到广泛应用。例如，莫斯塔法等人分别用L-天冬氨酸和L-苯丙氨酸或它们合成的二肽产物阿斯巴甜为印迹分子、以甲基丙烯酸甲酯为单体、二亚乙基甲基丙烯酸甲酯为交联剂，经聚合获得了具有催化二肽合成功能的模拟酶，反应48 h后，二肽产率达到了63%。

4.7.7 核酸酶

长期以来，人们只知道酶的化学本质是蛋白质。但自20世纪80年代初Cech和Altman各自独立地发现了RNA具有生物催化功能后，人们发现除蛋白质具有酶的催化功能以外，某些RNA和DNA分子也具有催化功能，这就改变了只有蛋白质才能有催化功能的传统观念，也为先有核酸，后有蛋白质的观点提供了进化的依据。这种具有催化功能的核酸就是核酸酶（ribozyme）。由于这一重要发现，他们获得了1989年诺贝尔化学奖。进一步的研究发现，核酸酶存在于许多生物中，如原生动物、真菌的线粒体、藻类的叶绿体及噬菌体等。核酸酶是一种多功能的生物催化剂，不仅可以作用于RNA和DNA，而且还可以作用于多糖、氨基酸酯等底物。核酸酶催化的反应也有高度的底物专一性，反应速率也符合米氏方程。

目前已知的核酸酶大致上可以分为剪切型核酸酶和剪接型核酸酶。剪切型核酸酶又可分为异体催化剪切型或分子间催化剪切型核酸酶、自身催化剪切型或分子内催化剪切型核酸酶等两类。从目前的研究成果来看，自身催化剪切型核酸酶似乎最有应用前景，因为人们对它的剪切机制和分子结构要求已经有所了解，可以针对病毒核酸、不良基因或恶性肿瘤基因进行人工设计、合成相应的各种RNA或DNA片段作为核酸酶基因，定向地剪切病毒核酸或不良基因以及它们的转录中间产物，抑制它们的表达，进行疾病治疗。

核酸酶需要有特定的二级结构才能表现其催化活性，通常可用"锤头状模型"和"发夹模型"来描述催化自身剪切的核酸酶的二级结构。

核酸酶的发现，突破了蛋白质酶是惟一生物催化剂的传统概念。与通常的酶相比，核酸酶由于切割效率比较低、难以引入体内以及稳定性较低等缺陷，尚需进行深入的研究，但核酸酶的应用前景仍然是十分诱人。

4.7.8 抗体酶

抗体是动物为抵御外来物质入侵而合成的一种蛋白质。受 Pauling 过渡态理论和预言的启发，Jencks 于 1969 年提出：抗体若能与化学反应的过渡态产物结合，则这样的抗体必然具有催化性能的观点。这意味着抗体一旦能与过渡态物质结合，它就具有酶在温和条件下高效、转移地催化化学反应的性质。以此类推，抗体若能与过渡态相似物结合，则它也会与化学反应过程中的过渡态物质结合，这样的抗体就具有催化性能。使抗体具有酶的活性，其意义之重大是不言而喻的，当然其难度之大也是可想而知的。初看起来，有了 Pauling 和 Jencks 的理论，具有酶的催化性质的抗体——催化抗体已呼之欲出，但要把理论上的预言变成现实，却往往有赖于技术上的重大突破。单克隆技术的成功使催化抗体的诞生成为水到渠成、瓜熟蒂落的事情。1986 年，Lerner 和 Schultz 分别成功地获得了催化抗体。

抗体酶是指通过一系列化学与生物方法制备的具有催化活性的抗体。这种抗体除了具有相应的免疫学性质外，还具有类似于酶催化某些反应的特性，因此也称为催化抗体。大家知道，抗体与酶都是蛋白质分子，且酶与底物的结合及抗体与抗原的结合都是高度专一性的，但这两种结合的基本区别在于酶与高能过渡态分子相结合，而抗体则与抗原（基态分子）相结合。抗体和酶都是高分子物质，在漫长的进化过程中执行着各自不同的使命，尽管它们的结构很不相同，但却具有两大共性：都是蛋白质而且都能高选择性地与靶分子结合。抗体特异性地结合抗原并帮助巨噬细胞摄入并摧毁抗原；而酶则可高选择性地结合化学反应过程中特定结构的物质，从而大大降低化学反应的活化能，高选择性、高效率地催化化学反应，使之能在温和条件下得以实现。

催化抗体制备的方法很多，通常有单克隆技术、拷贝法、天然来源分离法、基因工程、蛋白质工程和化学修饰等方法。催化抗体的单克隆技术制备法也称为诱导法，其制备过程如图 4-19 所示。它是用一个或极少数的其他原子或原子团取代过渡态的特定原子或原子团获得形状、电性、酸碱性等诸多方面与过渡态尽可能相似的稳定物质，即过渡态相似物，作为半抗原；然后半抗原与载体蛋白一起对动物进行免疫，取出免疫动物的脾细胞与骨髓瘤细胞进行杂交，将获得的杂交瘤细胞进行培养，就能源源不断地合成出单克隆抗体；经过筛选和纯化，就可得到催化抗体。催化抗体的拷贝法是用已知的酶作为抗原，免疫动物后，通过单克隆技术，制得能结合该种酶的抗体，并以该抗体再次免疫动物，并再次采用单克隆技术，经筛选与纯化，就可获得具有原来的母酶活性的催化抗体。因为有天然催化抗体的存在，所以也可以通过分离纯化技术从血清中分离得到催化抗体。利用基因工程、蛋白质工程也可制备出催化抗体，通过人工合成出能表达催化抗体的基因，然后将编码的基因转入细菌或酵母的表达系统，表达产物经筛选和纯化后就能制备出催化抗体。当然，也可以通过对抗体进行化学修饰，引入酶的催化基团，从而把抗体改造成为催化抗体，如图 4-20。

至今，已有数百种催化抗体问世。所获得的抗体酶已成功地催化了所有六类酶催化反应。目前研究较多的催化抗体所催化的化学反应主要有：酯水解反应、酰胺水解反应、环合反应、形成酰胺键的反应、Claizen 重排反应、脱羧反应、三苯基水解反应、过氧化反应、烯烃的异构化反应、氧化-还原反应、加成-消除反应等。

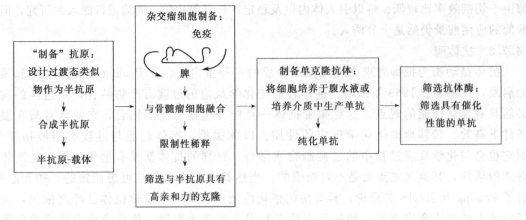

图 4-19　催化抗体的单克隆技术制备法（诱导法）

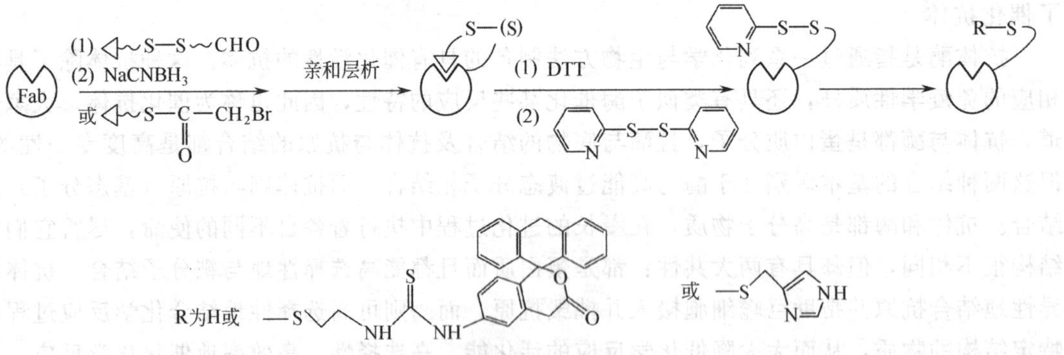

图 4-20　催化抗体的化学修饰制备法

这种兼具抗体和酶性质的崭新物质自 1986 年诞生之日起，就一直是科学界高度关注的对象。催化抗体的研究是当今科学前沿的多学科交汇点之一，吸引着合成化学家、生物学家、免疫学家等的格外关注，短短的十几年时间里，研究的范围不断拓宽，研究成果层出不穷，采用的技术日益先进。它集生物学、免疫学和化学于一身，采用单克隆、多克隆、基因工程、蛋白质工程等高新技术，突破了传统的胶束、大分子、配位化合物等模拟酶研究的框框，开创了生物催化剂研究和制备的崭新领域，使模拟酶的研究水平发生了质的飞跃，并预示着在催化化学、反应动力学、医学、制药学等诸多领域的应用前景。可以预料，随着科学和技术的不断进步，催化抗体的制备方法也将日益先进，多克隆技术、多次免疫和细胞杂交的交替使用及基因工程等都会不断地推陈出新，从而可以更方便、快捷、廉价地获得抗体酶。

思考题

1. 简述酶工程的发展过程和研究内容。

2. 简述酶的系统命名和习惯命名的要点。

3. 酶的化学本质是什么？组成蛋白质的基本单位是什么？肽链中的基本化学键是什么？

4. 请问酶可分为哪几类？各类酶催化反应的特点如何？

5. 什么是酶的一级结构和高级结构？

6. 酶作为生物催化剂有哪些特性？

7. 什么是酶的专一性？酶的专一性有几类？如何解释酶催化作用的专一性？

8. 请解释下列名词：全酶、辅基、辅酶、酶原、单体酶、寡聚酶、多酶复合体、多酶融合体。

9. 简述酶的生产方法，并请解释为什么目前工业上应用的酶绝大多数都是由微生物（而非动植物）发酵生产得到？

10. 请简单列出微生物发酵生产酶制剂的工艺过程。

11. 什么是固定化酶？固定化酶有什么优越性？常用的固定化方法有哪些？

12. 简述酶在食品、轻工、化学工业和医疗等各个领域的应用情况。

13. 什么是抗体酶？抗体酶是如何制备的？

14. 什么是核酸酶？为什么说核酸酶的发现是对酶是蛋白质的传统观念提出了挑战？

主要参考书目

1　罗贵民主编. 酶工程. 北京：化学工业出版社，2002

2　袁勤生主编. 现代酶学. 酶工程. 上海：华东理工大学出版社，2001

3　来茂德，岑沛霖主编. 生命的催化剂——酶工程. 杭州：浙江大学出版社，2002

4　梅乐和，姚善泾，林东强编著. 生化生产工艺学. 北京：科学出版社，1999

5　陈石根，周润琦编著. 酶学. 上海：复旦大学出版社，2001

6　邹国林，朱汝璠编著. 酶学. 武汉：武汉大学出版社，1997

7　Wolfgang G. Enzymes in Industry：Production and Applications. VCH，1990

8　Liese A，Seelbach K，Wandrey C. Industrial Biotransformations. Wiley-VCH，2000

9　张今，曹淑桂，罗贵民，张学忠，李正强等编著，分子酶学工程导论，北京：科学出版社，2003.

第5章 微生物工程

在生物科学和技术的发展历程中，微生物始终扮演着举足轻重的角色。特别是现代生物技术的每一项重大突破，都留下了微生物的足迹。同时，现代生物技术的进步，受益最丰的也是与微生物相关的应用领域。在现代生物技术从实验室走向工业应用的历史进程中，很多重大成果的首要应用对象就是微生物工程。

什么是微生物工程呢？简单地说，微生物工程就是研究利用微生物的新陈代谢作用生产一定的产品或达到其他社会目的的工程科学。微生物学、分子生物学和工程学的发展为高效率地利用微生物的新陈代谢作用提供了理论基础，微生物工程就是这些学科的交叉学科。

利用微生物发酵技术生产微生物代谢产物一直是微生物工程的主要研究内容之一，随着现代生物技术的发展，特别是基因重组技术的长足进步，发酵工程的研究内容还在进一步丰富，这也是"发酵工程"长期被当作"微生物工程"的代名词的原因。虽然发酵工程至今仍然还是微生物工程的最主要的分支学科，但微生物在环境保护、资源和能源利用、农业等其他领域的应用也越来越受到重视，微生物工程的内容正日益丰富。此外，微生物工程的研究成果也为动植物细胞和组织培养工程的兴起提供了基本的原理、方法和丰富的经验。图 5-1显示了微生物工程的理论基础与应用领域。

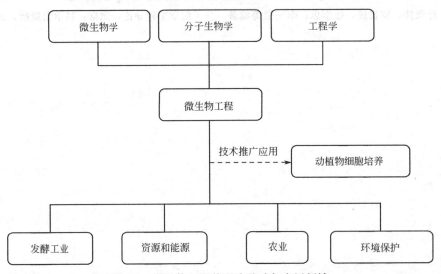

图 5-1　微生物工程的理论基础与应用领域

本章将以发酵工程作为主要内容，同时也对微生物在资源和能源领域的应用作简单介绍，而微生物在环境保护领域的应用则另设章节阐述。

研究发酵工程的目的就是以尽可能低的成本大规模培养细胞，并高效率地利用它们的代谢活动生产出尽可能多的产品。无论是在生物遗传的物质基础被揭示之前的传统发酵工业时期，还是在生物技术突飞猛进的今天，发酵工程的研究都是生物工程的最主要的研究内容之一，是生物技术从实验室走向工业化生产的必由之路。

按细胞生长是否需要氧气，发酵过程可以分为两类：好氧和厌氧发酵。好氧发酵过程以氧作为电子受体。典型的如动植物细胞培养，利用微生物发酵生产抗生素、有机酸、氨基酸、酶制剂、单细胞蛋白等都需要向反应器中通入无菌空气，有时甚至纯氧以满足微生物生长和代谢对氧的需求。由于氧在水中的溶解度很低，只有约 0.001%，往往需要采用搅拌等措施强化氧的传质。厌氧发酵则是指厌氧微生物在缺乏氧气的情况下将糖类分解为酒精或其他小分子有机物的过程，一般以有机物作为电子受体。酒精发酵和细菌的乳酸发酵、丙酮/丁醇发酵及沼气生产是典型厌氧发酵，利用酵母发酵生产乙醇也属于厌氧发酵，但啤酒酵母属于兼性微生物，在有氧的条件下也能生长。

5.1 微生物工程的发展史

人类利用微生物的历史非常悠久。我们的先人很早就知道一些采摘的野果存放一段时间后会有酒味。在学会了种植和畜牧，进入定居的农业社会后不久，人类就开始利用剩余的谷物酿酒，大约在 9000 年前就已经开始了原始的啤酒生产。公元前 6000 年左右，在黑海与里海间的外高加索地区，就已经开始种植葡萄和酿制葡萄酒。在公元前 2400 年左右，在埃及第五王朝的墓葬壁画上，就有烤制面包和酿酒的大幅浮雕（见图 5-2）。

图 5-2　古埃及酿酒的壁画

图 5-3　龙山文化遗址
出土的陶制酒器

图 5-4　宝鸡北首岭出土的仰韶
文化时期的水鸟啄鱼蒜头壶

根据我国的《黄帝内经素向》和《汤液醪醴论》的文字记载可知，我国利用微生物酿酒起源于公元前 2200～2600 年，已经有 4000 多年的历史。从考古挖掘出来的用于盛酒、煮酒和斟酒的青铜器皿等判断，其历史至少可以追溯到 4000 多年前的"龙山文化时期"（图 5-3），甚至是 5000～6000 年前的"仰韶文化时期"（图 5-4）。我国的酱油酿造开始于周朝，距今已有 3000 年的历史。在汉武帝时代开始有了葡萄酒，至今也已有 2000 多年的历史。而发酵后经过蒸馏生产的白酒，大概始于宋代。

早期的发酵源自于对自然发酵的模拟。当时的人们并不知道除了动植物外还存在着一个微生物世界，只是根据从生活、生产实践中得到的简单经验，以师徒相承的方式将技术延续下来。这种"知其然而不知其所以然"的情况一直延续了数千年。17 世纪下半叶，随着显微镜的发明，人们才逐渐认识到微生物的存在。到 19 世纪中叶，法国著名生物学家巴斯德通过实验发现，原来酒精发酵是由活的酵母引起的，其他的发酵过程也是各种微生物作用的结果，从而揭示了微生物和发酵之间的关系，这样人们对发酵的认识就发生了质的飞跃。

随着人们对发酵过程原理的认识逐步加深，以及微生物纯种培养技术的发明，从19世纪末~20世纪30年代，相继出现了乳酸、乙醇、丙酮/丁醇、甘油、面包酵母等工业化生产的发酵产品，特别是丙酮/丁醇发酵和甘油发酵的出现，标志着人类开始有目的地利用人工筛选的微生物生产新的工业产品。但这些产品的生产方法都比较简单，从反应器看，与传统的酿造技术没有太大的差别。真正使微生物培养具备显著的工业特征的是20世纪40年代的抗生素革命，它标志着发酵工程作为一门独立的工程学科的诞生，具有划时代的意义。国外有评论者认为，被称为"驯养微生物"的抗生素革命给人类健康带来的好处，远远超过了当时人们最夸张的想象，它在人类历史上的重要性可以与人类学会驯养家畜相媲美。抗生素革命的这段充满着发现、发明和创造的历史，成了从科学向工业转化的经典故事。

近30年来，随着人类在基因水平上改造微生物的技术——基因工程、代谢工程、组合生物合成等技术的突飞猛进，发酵工业的应用领域迅速扩展，发酵工程的研究内容也日益丰富。微生物"驯养业"更加如火如荼、异彩纷呈，其产品也远远超出了抗生素的范围，五花八门的发酵工业产品令人眼花缭乱。

5.1.1 显微镜与微生物的发现

显微镜的发明是人类认识微生物，并最终将发酵与微生物联系起来的基础。与很多其他伟大发明一样，显微镜的发明也有偶然性。

1590年的一天，荷兰密得堡一位磨镜片工人的两个孩子在玩耍时，偶然好奇地将两个老花眼镜片装在一个铜管的两头，发现用它能看清很细小的物品。就是这个偶然的发现，导致了世界上最早的放大倍数仅数倍的原始复式显微镜的诞生。随后，越来越多的人开始对这种神奇的仪器发生兴趣。

到17世纪中叶，一些显微镜爱好者已经能够制造将物体放大数十倍到数百倍的光学显微镜，既可以利用它观察物体的微观结构，也可以借助它来发现一些肉眼看不见的东西。1664年英国人罗伯特·胡克（Robert Hooke，1635—1703）用自己设计的显微镜观察植物叶子和皮革表面上生长的霉菌，并描绘了霉菌菌丝和孢子的形态。图5-5和图5-6分别是罗伯特·胡克制造的显微镜和他观察到的生长在皮革表面的一种蓝色霉菌。

图5-5　胡克用的显微镜

图5-6　胡克用显微镜观察并画下了生长在皮革表面的一种蓝色霉菌

不久，荷兰的业余显微镜制造者列文虎克（Anton van Leeuwenhoek，1632—1723）利用自己制造的显微镜首先发现了肉眼不可见的微生物，并描绘了它们的细节，为人类打开了认识微观世界生命活动的大门。

列文虎克是一个业余显微镜爱好者，当时在故乡德夫特的市政厅当门卫。一天，列文虎克从一个从不刷牙的老头的牙缝里取下一点残屑来观察，他惊奇地发现，那里面竟然有无数形状各异的微小生命体。他说："这个老头嘴里的'小动物'要比整个荷兰王国的居民多得多……"他还继续不断地对雨水、河水、井水、污水等进行观察，竟都在里面找到了成千上万的"小动物"。

从 1673 年开始，他不断给英国皇家学会写信，报告他的观察记录。从列文虎克写给英国皇家学会的 200 多封附有图画的信里，人们可以断定他是全世界第一个观察到球形、杆状和螺旋形细菌以及原生动物的人，他还第一次描绘了细菌的运动。皇家学会专门组织了一个 12 人的考察团到荷兰验证他的报告。考察团成员们用列文虎克制作的显微镜观察了水中的微生物，证实了列文虎克关于"小动物"的描述不是无稽之谈。但考察团试图了解显微镜制作技术的愿望却落空了，列文虎克对此守口如瓶。直到 1677 年，罗伯特·胡克制作出一台同样精密的显微镜，才使科学家们对列文虎克的观察坚信无疑。1680 年，列文虎克一举成名。这个荷兰德夫特市政厅的老门卫，被当时欧洲乃至世界科技界颇具权威的英国皇家学会吸收为正式会员，英国女王也亲笔给他写了贺信。从列文虎克当时记录下的观察结果（图 5-7）中我们已经可以区

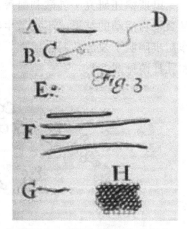

图 5-7　1684 年出版的列文虎克描绘的细菌形态图

分出球菌（E）、各种不同长度的杆菌（A、B、F）、螺旋菌（G）和成堆的球菌（H）。图 5-7 中从 C 到 D 的虚线描绘的是他在显微镜下看到的细菌运动轨迹。

5.1.2　微生物与发酵

虽然在 17 世纪末科学家已经确切地知道了微生物的存在，但将微生物与发酵联系起来却是 150 多年以后的事了。

最早确定发酵与微生物关系的是著名的微生物学家巴斯德（Louis Pasteur，1822—1895）。巴斯德早期从事化学研究。在研究酒石酸（一种在发酵生产葡萄酒的沉淀中大量存在的有机物）的晶体时，发现了旋光异构现象，并因此成为立体化学的先驱。对巴斯德来说，这个发现还有更深入的意义。他提出，这些不对称的分子往往与生物过程有关。

1854 年 9 月，巴斯德被委任为里尔大学理学院院长和化学教授。里尔是个有很多酒精厂和其他企业的工业城市。1856 年夏，一个酒精厂主来找他，请求他帮助解决在用甜菜根制造酒精时碰到的难题——在生产酒精的过程中产物经常却变成了乳酸。

当时，科学界普遍的观点是，发酵生产葡萄酒、啤酒和醋的过程，是糖通过化学反应裂解的结果，这种裂解反应是由糖本身不稳定的振动引起的。虽然当时在发酵用的酒缸里已经发现了酵母，并且也已经知道酵母是活的生物，但大部分人认为，它们是发酵的产物或者只是为发酵的进行提供了某些有用成分。由于当时化学的知识正深入人心，"发酵是纯粹的化学裂解"被当作科学定律。少数几个较早提出发酵的原因是酵母的科学家，反而被其他人取笑，他们认为把发酵归结为生物过程是科学的退步。然而，"化学裂解"定律却不能帮助酿造业解决问题，他们正因为生产不稳定而遭受重大的经济损失。

巴斯德带着显微镜去了酒精厂，他很快就发现：正常产生酒精时，发酵液里的酵母菌生长旺盛，而发酵不正常（产酸）时，则出现了杆菌；同时，通过化学分析发现，除酒精外，发酵过程还产生了戊醇和其他复杂的有机化合物，这是化学裂解理论所无法解释的；此外，

他还观察到某些化合物具有旋光性，巴斯德根据自己在立体化学方面研究的经验，认为这些化合物只有活的生物体才能产生。根据这些线索，他断定是活的酵母细胞使糖发酵变为酒精。酵母以甜菜根汁中的糖类为食，在不断繁殖的同时，通过厌氧发酵将糖类转化为酒精和二氧化碳。而当甜菜汁中长了杆菌时，就会跟酵母竞争糖分，并且产生酸性产物，从而抑制酵母生长并使发酵液变酸。

巴斯德还研究了乳酸和醋等其他发酵过程。通过这些研究，他用丰富的证据证明了发酵是微生物活动的结果，不同微生物可引起不同类型的发酵，从而揭示了发酵的奥秘。他的工作初步阐明了发酵的基本原理，奠定了工业微生物学的基础。巴斯德描述的显微镜下的酵母和乳杆菌见图 5-8。

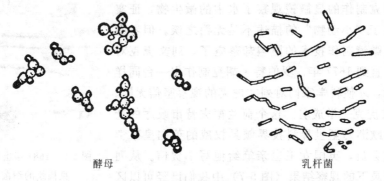

酵母　　　　　　　　　　　　　　　　乳杆菌

图 5-8　巴斯德描述的显微镜下的酵母和乳杆菌

在后来的研究中，巴斯德还发现使葡萄酒在储藏过程中变酸的罪魁祸首也是杆菌。那么，如何消灭这些杆菌又不破坏葡萄酒的风味呢？他把封闭的酒瓶泡入水中加热到不同的温度，经过反复多次的试验，终于找到了一个简便有效的方法：只要把酒放在 60 ℃左右的环境里，保持 30 min，就既可杀死杆菌，又保持酒的风味。这就是著名的"巴氏消毒法"，至今仍在食品工业广泛使用。巴斯德发明的消毒法拯救了法国的酿酒业，也奠定了他在微生物学研究中的历史地位。

5.1.3 微生物纯种培养技术

在自然环境中，一种微生物常常和其他微生物互相混杂在一起生活。在一小块泥土、一滴污水、一个人的口腔或肠道中，我们可以找到成百上千种不同的微生物。正是因为这个原因，当19世纪巴斯德和其他微生物学家开始研究微生物时，花了许多时间才明白：不同微生物的发酵或引起的疾病是不同的。所以，要研究某种疾病或某种发酵过程，必须把混杂在一起生活的微生物按种类分开，并分别进行培养，即纯种培养。

为了培养纯的某种微生物，首先就必须先将特定的微生物从它的自然生存环境中分离出来，然后转移到事先经过灭菌的纯净的培养基上进行培养。在操作过程中，还必须严格防止别的微生物混入，这称做无菌操作。把各种微生物彼此分开并培养纯种微生物的技术，在微生物学上叫做分离和纯种培养技术。我们今天的所有基础和应用微生物学研究，都离不开培养基、无菌操作、分离和纯种培养技术。

英国医生李斯特（Joseph Lister，1827—1912）是第一个成功地分离出纯种细菌的科学家。他发明了一种可以吸取万分之几毫升牛奶的微量注射器。1878 年，他为了研究使牛奶变酸的微生物，先把牛奶稀释了 100 万倍，然后用微量注射器吸取微量牛奶，移入事先经过灭菌的培养基中。在保温箱里培养几天后，培养基变浑浊了。在显微镜下一看，都是像项链一样的成串球菌，即乳酸链球菌。这种方法经过 100 多年的改进，现在仍然是一种分离纯种微生物的常用方法，称为梯度稀释法。液体培养基虽然可以用来分离微生物，但是操作比较繁琐，结果却不够直观，不容易鉴定是否是纯种培养。

德国医生和微生物学家科赫（Robert Koch，1843—1910）发明了固体培养基。他注意到明胶加热熔化、冷却后凝固的特点，便将明胶和液体培养基混合在一起熔化后倒在玻璃板上铺成一个平面，在低温下凝固就形成固体培养基。用一根烧过的白金针（白金烧过后很快便冷却）挑上一点含微生物的待分离样品在明胶表面划线，然后用玻璃罩盖住玻璃片以防空气中的杂菌污染，并放入保温箱培养。几十小时后，明胶表面有划痕的地方便会长出许多肉眼可以看见的斑点，每一个斑点，基本上是由一个微生物细胞通过许多次分裂繁殖而形成的一群微生物，这称为菌落。采用科赫的划线分离方法，很容易就能把一个个单独的菌落挑出来，得到纯种微生物。

但是人们很快发现，明胶在 20 ℃以上便很容易变软，不容易划线，温度再高一些，便开始熔化，更难划线了。而且，细菌会利用明胶中的蛋白质而破坏固体培养基，本来可以分开生长的菌落也会挤在一起。这个困难后来被科赫的一个助手克服了，他的妻子建议用做果酱的琼脂试试，结果令人满意。琼脂是一种从海藻里提取出来的胶状物质，在近 100 ℃时熔化、冷却到 45 ℃左右才凝固，而且绝大部分微生物都不能分解琼脂，非常适用于微生物的固体培养基。科赫的另一位助手又设计出了便于利用固体培养基进行微生物分离的培养皿。从 19 世纪 80 年代起，这些分离微生物的特殊用具，成了微生物学实验室必备的物品。

随着微生物学研究方法的建立和完善，特别是纯种培养技术的建立，传统的酿造工业，例如啤酒工业、葡萄酒工业、面包酵母的生产、食醋工业等都逐步地由传统工艺转变为纯种发酵。此外一些简单的工业发酵过程，如各种溶剂发酵、有机酸发酵等也进入工业化生产。

5.1.4 丙酮/丁醇发酵和甘油发酵

1911 年，Fernbach 首先分离到一株能利用马铃薯淀粉为原料，发酵生产丙酮和丁醇的细菌，并申请了英国专利。第二年，这项技术在工厂中的试生产取得了成功。1914 年，Weizmann 又分离到一种利用谷类淀粉直接发酵大量产生丙酮和丁醇的厌氧细菌，称为丙酮丁醇梭状芽孢杆菌。这项技术经过改良后，很快投入了工业化生产，成了第一个人工筛选的工业微生物。1914 年 8 月，适值第一次世界大战爆发，用于制造无烟火药（cordite）的丙酮供不应求，许多国家都建立了发酵法生产丙酮的工厂。

在战争期间，出于制造军火的目的，将丙酮作为主要的产品。事实上，细菌在发酵产生丙酮的同时，还产生了两倍于丙酮产量的正丁醇，由于当时尚未发现正丁醇的工业用途，只能将其储藏起来。战后，正丁醇的利用成为丙酮/丁醇发酵工业能否生存的关键，关于丁醇及其衍生物用途的研究风起云涌，并成功地开发了由丁醇生产乙酸丁酯的工艺。乙酸丁酯作为一种优良的溶剂，其用途非常广泛。这使丁醇成了丙酮/丁醇发酵工业的主要产品。在第二次世界大战期间，由于日本占领了东南亚，切断了盟军的橡胶供应，丁醇又成了合成橡胶的主要原料。

同一时期，在德国，Neuberg 等也出于生产炸药的需要而开发出了利用微生物发酵生产甘油的技术。甘油发酵和丙酮/丁醇发酵都是典型的厌氧发酵，无论是发酵工艺还是设备都比较简单，不涉及太复杂的工程问题。

5.1.5 青霉素的发现与青霉素发酵的工业化

在 20 世纪，科学家和工程师们发明和制造了数以千计的各种药物，大大提高了人们生活质量、延长了人类的平均寿命。随着科技的进步，这些药物不断地更新换代，然而有一种药物至今仍是抗感染的首选药物。它就是第一种工业化生产的抗生素——青霉素。

有不少人认为弗莱明发现青霉素纯属运气。实际上，青霉素不是纯粹靠运气能够发现的，重要的是弗莱明的研究工作基础和敏锐的观察分析问题能力。这正应了巴斯德的一句名言："在观察的领域中，机遇只偏爱那种有准备的头脑"。

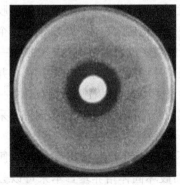

图 5-9　点青霉（中间）产生的
青霉素杀灭了周围的细菌

弗莱明（Alexander Fleming，1881—1955）多年来一直在寻找抗菌药物。1928 年的一天，弗莱明在研究葡萄球菌时，注意到一个受杂菌污染的培养皿。这个培养皿的特殊之处是受到青霉污染的培养基附近未见葡萄球菌生长，只有远离青霉的地方，葡萄球菌才能正常生长。基于多年寻找抗菌药物和研究溶菌酶的经验，弗莱明断定是青霉分泌的某种物质杀死了葡萄球菌。这种青霉后来被一个微生物分类学家确定为点青霉。图 5-9 显示了点青霉（中间）周围的抑菌圈。

弗莱明把这种青霉接种到液体培养基上。过了几天，培养基的表面长了一层绿色的菌丝。一周后，他滤去菌丝，检查发酵液对细菌的作用，发现这种发酵液对葡萄球菌具有很强的杀伤力，即使把它稀释 500～800 倍，仍能完全阻止葡萄球菌的生长。弗莱明断定，青霉产生了某种具有强烈杀菌作用的物质，并分泌到培养基中。他设法从培养基中分离出这种杀菌物质，并命名为青霉素。弗莱明发现，青霉素对导致化脓、肺炎和脑膜炎等疾病的各种球菌，以及诸如白喉杆菌、炭疽杆菌等一些其他类型的病菌非常有效；还证实了青霉素对人的白细胞无害。他把青霉素注射到老鼠身上，也没有发现有什么副作用。而当时使用的一些化学合成药物在杀灭细菌的同时往往对高等动物的细胞造成伤害。

弗莱明仔细地保存了点青酶菌种，发表了一篇学术论文，但令人遗憾的是他的研究工作没有得到当时科学界的重视。

10 年后，牛津大学的病理学教授弗洛里（Howard Walter Florey，1898—1968）和他的同事钱恩（Ernst Boris Chain，1906—1979）对弗莱明的研究发生了兴趣。他们重复了而且证实了弗莱明的伟大发现，经过几个月的努力获得了少量青霉素，首先在实验动物身上进行了试验。他们先为 8 只白鼠注射了致命的链球菌，然后在其中的一半白鼠身上注射了青霉素，另一半作为对照。结果没有接受青霉素的一半在第二天全死了，而接受了青霉素的一半全部恢复了健康！

为了证明青霉素对人同样有效，弗洛里和钱恩找到了一位得了败血症、生命垂危的 48 岁警察志愿者，在他身上进行了世界上首次青霉素的治疗试验。奇迹出现了！几天后，病人不仅没有死亡，而且病情有了明显好转。遗憾的是，由于实验室里制备的少量青霉素很快用完了，正在恢复健康的病人的病情又开始恶化，最后还是去世了。这次失败对弗洛里和钱恩的打击很大，但他们还是坚持试验。幸运的是，接下来的几次治疗都获得了成功，不但使弗洛里和钱恩信心大增，而且青霉素作为一种很有价值的药物也逐渐被多数科学家接受。

第二次世界大战的爆发使他们无法在英国继续进行青霉素的研究工作。1941 年夏，弗洛里转移到了美国继续他对青霉素的研究，并得到了美国战时生产局的大力支持。很多大制药公司、研究所和大学从化学合成、固体发酵和液体深层发酵三个方向参加到了对青霉素的研究和开发工作，最后证明只有液体深层发酵才能实现工业规模生产青霉素。

1939 年，青霉素的发酵水平还只有 0.001 g·L^{-1}，显然无法实现工业化生产。应该说，青霉素的工业化生产是微生物学家、生物化学家和工程科学家多学科通力合作研究的典范，并在合作过程中诞生了一门新的交叉学科——生物化学工程。

微生物学家开展了大规模的菌种筛选工作，发现了许多新的抗生素生产菌和新的抗生素，其中一位女科学家从一只发霉的香瓜上分离出一株产黄青霉，它的青霉素产量比点青霉提高了 200 倍；他们发明了诱变育种方法，通过各种物理和化学诱变剂处理后，使产黄青霉的青霉素产量又提高了 5 倍；他们改进了培养基成分，进一步提高了青霉素产量。

生物化学家对青霉素发酵工业化的贡献是他们深入研究了青霉素的代谢途径和它的抗菌机理。在代谢机理的研究成果启发下，人们发现，加入青霉素合成的前体可以大大提高青霉素的产量。

青霉素发酵的工业化必须有工程科学家的参与。在发酵的放大过程中，他们遇到了前所未有的困难。产黄青霉是一种好氧的微生物，发酵过程中需要消耗大量经过灭菌的氧气，氧在水溶液中的低溶解度就成了发酵中的瓶颈。增加搅拌虽然可以提高氧传递速率，但是又会对丝状真菌的生理和生长产生影响，从而降低了青霉素的产量。发酵过程中避免杂菌的污染、发酵时产生热量的移去及青霉素的大规模分离提纯方法等也都出现在难以解决问题的清单上。这些问题都是过去以厌氧发酵为主的发酵工业所不曾遇到过的。在化学工程师、机械工程师和控制工程师等的共同努力下，这些难题一个又一个地得到了解决，为青霉素的工业化扫清了道路。到第二次世界大战结束时，每年生产的青霉素已经能够满足 10 万个病人的治疗需要。弗莱明、弗洛里和钱恩因为他们在青霉素研究和开发方面的巨大贡献，被授予 1945 年度的"诺贝尔生理学或医学奖"。此后，对于青霉素发酵的研究和改进从未停止过，今天，青霉素的发酵水平已经超过了 $50\ g \cdot L^{-1}$。

青霉素的成功，激发了微生物学和医学历史上规模最大的科学探索活动。当时普遍的观点是，既然从自然界发现了一种抗生素，那么一定可以发现更多的抗生素。在接下来的几十年中，抗生素的探索和研究如火如荼，史称"抗生素革命"。只不过，后来从霉菌中只发现了很少几种抗生素，而大部分已经发现的抗生素都是由一类称为放线菌的细菌产生的。有调查表明，在 20 世纪中人类的平均寿命延长了将近一倍，这主要应归功于抗生素。

5.1.6 微生物工程的发展

青霉素发酵的工业化使人们逐渐掌握了从自然环境中筛选有用微生物的技术、微生物诱变育种技术、好氧发酵技术和发酵产物的分离提纯技术。这些技术的突破迎来了微生物工程的春天，各种新颖抗生素、氨基酸、酶制剂、有机酸等纷纷在 20 世纪 50 年代以后投入了工业化生产，为制药工业、食品工业、化学工业及日化工业带来了形形色色的新产品，极大地满足了经济发展和人们生活的需要。许多新的发酵工业产品正在不断面世，也有一些曾经辉煌的发酵产品则在与石油化工的竞争中退出了历史舞台，如丙酮/丁醇发酵已经在世界范围内消失。

20 世纪 70 年代基因工程诞生后，发酵工程的应用领域迅速拓宽，发酵工程内容也日益丰富。对重组微生物（或称工程菌）培养过程中的一些共性基本规律的研究受到关注，例如，培养过程中质粒的复制与表达的规律，各种典型的诱导表达体系的动力学，工程菌高密度培养的限制性因素和抑制因素，质粒稳定性等。同时，为解决大规模培养中出现的问题，提出了一些有特色的发酵方式，如控制比生长速率的流加发酵、分段发酵、在发酵的同时在线去除抑制性产物或副产物等。

另外，由于对动植物细胞生理和遗传研究的深入，动植物细胞离体培养技术也取得了长足进步，其中的许多关键技术都来自于传统的微生物发酵。动植物细胞培养对反应器的特殊要求为发酵工程提供了新的应用领域。

20世纪末以来，在开展人类基因组计划的同时，国际上在微生物基因组工程领域也取得了重大突破。目前，已经完成了数百种病毒和数十种微生物的基因组测序，包括各种病原微生物和大肠杆菌、枯草芽孢杆菌、酿酒酵母等一些具有重要工业用途的微生物。这样，随着微生物基因组研究成果逐步转入开发应用，人类今后对微生物的研究、控制、开发和利用将会更加便利和有效，发酵过程的原理将更加清晰，发酵的应用领域也会随之扩大，发酵工程的前途将更加广阔。

5.2 常见的工业微生物

微生物是地球上最古老的生命体。它们的个体虽然微小，但由于其群体数量惊人地庞大，因而具有极强的代谢能力。事实上，微生物之所以成为生物产业的主要生产者，它们的众多优势均来自于其个体微小的特征。

物体的表面积与体积之比称为比表面积。个体越小，则比表面积越大，也就是说单位体积物体与环境的接触面积越大。例如，大肠杆菌宽 $1\ \mu m$、长 $2\ \mu m$ 左右，同样质量的大肠杆菌比表面积是人的 30 万倍左右！这样大的比表面积使得微生物与外部环境之间进行物质和能量交换的能力非常强，微生物的其他许多特征均与此有关。

比表面积大非常有利于微生物通过它们的身体表面吸收营养和排泄废物，这就使它们的代谢能力特别强。例如，大肠杆菌每小时就能消耗达自身质量 2000 倍的糖，也就是说，与人体等重的大肠杆菌在 1 h 内消耗的糖量要多于一个人一生消耗的粮食。这样强的代谢能力也使微生物具有惊人的繁殖速率。大肠杆菌在合适的环境下，约 20 min 就可分裂一次。这样，一个大肠杆菌在经过一昼夜 72 次分裂后就可形成 4.7×10^{21} 个后代，质量可达数千吨，照此速率继续分裂一昼夜，它们的后代聚集在一起可以有地球那么大！当然，由于种种条件的限制，通常这种高分裂速率只能维持数小时，单位体积内的微生物数量也有一定的限制，在液体培养时，一般每毫升培养液中不超过 10^9 个，最多达到 10^{10} 个。当微生物数量接近这个限制量时，由于微生物相互竞争养分和氧气等因素，使得这一数量很难再增加。

由于微生物个体小、繁殖快、数量多，使微生物具有分布广、种类多、容易变异、适应能力强等特点。数量众多的微小单细胞或多细胞微生物很容易被生物或非生物因素（如水流、风、地质运动等）从一处带到另一处，而且微生物可以自发地或被合适的物质诱发产生变异。由于其生长迅速，个别在特定环境中具有生长优势的突变株很容易迅速繁殖，形成适合该环境的新型微生物类群。因此，在地球上的几乎所有天然环境中均可以发现微生物的踪迹。

微生物代谢能力强、生长繁殖快的特点使其非常适合于工业和其他领域。由于地球上微生物的种类繁多、性能各异，针对特定的用途，通过大范围的筛选，我们经常可以从环境中找到具有所需代谢途径的微生物。

鉴于篇幅所限，本节将只对工业上比较常见的细菌、放线菌、酵母和霉菌的一些基本特征作简单的介绍。

5.2.1 细菌

细菌是单细胞原核生物，个体极小，没有成型的细胞核，一般以典型的"一分为二"的裂殖方式繁殖。细菌是地球上最古老的生物，它们的种类繁多，而且分布极为广泛，从地球上万米的高空到海洋的万米深处到处都有细菌的踪迹。细菌根据外形可以分为球菌、杆菌和螺旋菌三个大类。

　　球菌按其细胞排列方式又可进一步分为单球菌、双球菌、四联球菌、八叠球菌、葡萄球菌和链球菌等（见图 5-10）。

　　杆菌有长杆菌、短杆菌、棒杆菌（见图 5-11）等之分。另外，有的杆状菌体能连在一起，称为链杆菌。还有的杆菌，菌体上能长出侧枝，称为分枝杆菌。

　　螺旋菌中有些只有一个不到一圈的弯曲，有点像弓或逗号的形状，称为弧菌，如霍乱弧菌（见图 5-12），又称逗号弧菌。而其他弯曲超过一圈的呈螺旋状的称为螺旋菌（图 5-13）。

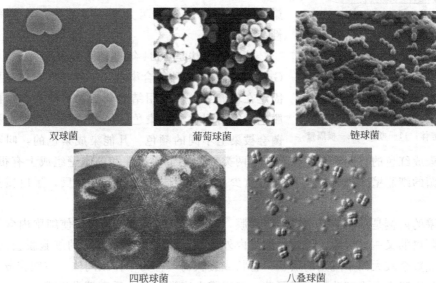

双球菌　　　　　　葡萄球菌　　　　　　链球菌

四联球菌　　　　　　八叠球菌

图 5-10　几种球菌的形状

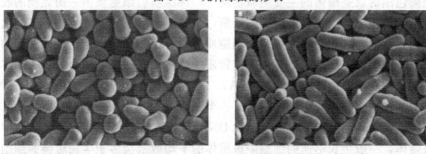

图 5-11　两种棒杆菌的形状

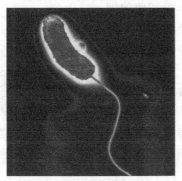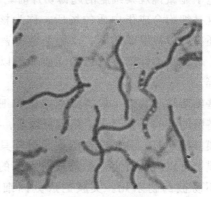

图 5-12　霍乱弧菌　　　　　　图 5-13　螺旋菌

上述这三个类群细菌中，工业上常用的是球菌和杆菌，特别是杆菌在发酵工业上非常重要，螺旋菌则主要是一些致病菌。

各种细菌的形态虽然有较大的差异，但它们的基本结构却是比较接近的。细菌的典型结构如图 5-14 所示。细菌的最外层是结实的细胞壁，起到固定细胞形状和保护细胞免受外界伤害的作用。不同种类细菌的细胞壁有不同的化学组成。根据细胞壁组成的差异，可以用革兰染色方法将细菌分为两大类，即革兰阳性菌和革兰阴性菌。

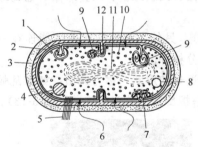

图 5-14　细菌细胞的结构

1—细胞质膜；2—细胞壁；3—荚膜；
4—异染颗粒；5—线毛；6—鞭毛；
7—色素体；8—脂质颗粒；9—中体；
10—核糖体；11—拟核；12—横隔壁

革兰染色法是 1884 年丹麦科学家革兰姆（Christian Gram）创造的一种复合染色法。这种方法首先要将细菌固定在玻璃片上，先用结晶紫液加碘液染色，再用酒精脱色，然后用番红液染色。经过这样的处理，不同的细菌会被染上不同的颜色。凡能染成紫色的，叫革兰阳性菌；凡被染成红色的，叫革兰阴性菌。这两类细菌在生活习性和细胞壁组成上有很大差别，革兰阳性菌的细胞壁中肽聚糖多而蛋白质少，而革兰阴性菌中正好相反，蛋白质多而肽聚糖少。

细胞壁的内侧是细胞膜（也称细胞质膜、原生质膜或质膜），它是使细胞内含物与其所处环境相隔离的又一道屏障，控制着细胞内外的物质交换。许多细菌的细胞膜会向内陷进，形成一个或数个较大而不规则的层状、管状或囊状物，称为中体或间体。在细胞分裂时，细胞中部的细胞膜会向内凹陷形成横隔壁。细胞膜由脂类、蛋白质和糖类组成。

被细胞膜包围的就是细菌的主要生命物质——细胞质。细胞质由一团黏稠的胶状物质组成，内含各种酶系，是生物化学反应的场所，也是储藏代谢产物的"仓库"，化学成分主要是水、蛋白质、核酸和脂类等。细菌的细胞质内有一个核区。但是这种"核"与真核生物的细胞核不同，没有核膜包围，只是由遗传物质折叠缠绕而成，因而称为核质体、拟核或原核，其化学组成主要是脱氧核糖核酸（DNA）。

核质体的功能是保存和传递遗传信息。一个核质体由一条很长的环状的线形 DNA 分子折叠缠绕而成，通常称为细菌染色体，这种 DNA 分子能够自我复制。通常细菌中可以有一个或几个核质体，一般生长迅速的细胞中核质体的平均数量会多于生长缓慢的细胞。

用电子显微镜观察细胞的超薄切片时，可观察到细胞质内有一些直径约 20 nm、深色的颗粒，这是细胞合成蛋白质的场所，称为核糖体。不少细菌的细胞质中还有可以被甲苯胺蓝、次甲基蓝等蓝色染料染成红色的异染颗粒、可被脂溶性染料着色的脂质颗粒以及含某些细胞色素的色素体等。

有些细菌除了具有一般的细胞结构和细胞质内含物外，还具有一些特殊的结构，如荚膜、芽孢、鞭毛、线毛等。

荚膜（图 5-15）是某些细菌细胞壁外具有的一层果冻般的黏液状的膜，可以阻抗有害化学物质对细菌的侵害。因此，有荚膜的细菌不易被药物杀死。荚膜的成分因细菌而异，其中水约占 90%，其余一般多为多糖类、多肽类或多糖蛋白质复合体。

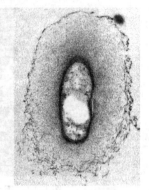

图 5-15　荚膜

某些细菌在其生命活动中的某个阶段，可以从营养细胞内形成一个圆形或卵圆形的内生孢子，称为芽孢（图5-16）。芽孢是细菌的休眠体，含水量低，壁厚而致密，对热、干燥和化学物质伤害的抵抗能力很强。芽孢能够脱离细胞独立存在，在干燥的环境里能存活10年之久，当条件适宜时，再发芽长成新的菌体。但是芽孢只是细菌生存方式的一种，而不是繁殖后代的方式，因为一个菌体只能产生一个芽孢。细菌繁殖后代是由细胞分裂的方式进行的。

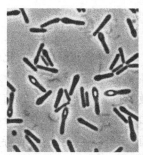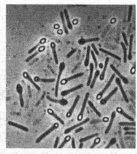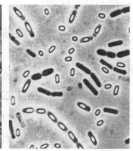

图5-16　在细胞不同部位形成的芽孢

　　有些杆菌和弧菌还能长出细长的丝状物，称为鞭毛（图5-17），主要成分是蛋白质。鞭毛是细菌的运动器官，鞭毛的旋转可以推进细菌迅速运动。球菌通常没有鞭毛，杆菌中有的有，有的没有，有的则在生长过程中的某一阶段才有。弧菌和螺旋菌一般都有鞭毛。

　　此外，一些细菌的外表面还长有一种比鞭毛更细、更短的毛状物，称为线毛（图5-18），数量很多。线毛又称伞毛、菌毛或纤毛。与鞭毛相似，线毛也由蛋白组成，但是线毛不具有运动功能。某些不具鞭毛的细菌生有线毛，有的细菌则两者兼有。不同的线毛具有不同的功能，其中性线毛（也称F-线毛）在细菌接合时负责转移DNA。

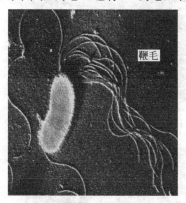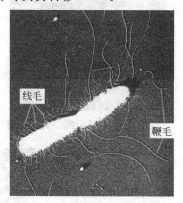

图5-17　鞭毛　　　　　　　　　　　　　图5-18　线毛

　　除了染色体DNA外，很多细菌细胞内还存在染色体外的遗传物质，称为质粒。质粒也是环状DNA分子，能自我复制，分子量比细菌染色体小得多。每个菌体内可有一个或几个、甚至很多个质粒。通常，质粒携带着某些细菌染色体上所没有的基因，使细菌被赋予某些对生存并非必需的特殊功能。每个质粒可以有50～100个具有独立结构和功能的遗传单位——基因。两个质粒上的基因可以通过自然或人为的方式发生基因重组，质粒基因与染色体基因间也可发生重组。

　　细菌家族的成员，如果固定在一个地方生长繁殖，就形成了用肉眼能看见的小群体，叫菌落。不同种类细菌形成的菌落形态各有特点。细菌菌落的形状、大小、厚薄和颜色等是鉴

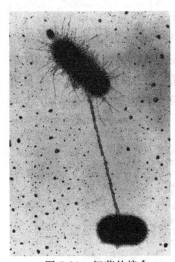

图 5-19 细菌的接合

别各种菌种的重要依据之一。

细菌一般通过细胞一分为二的分裂方式繁殖，称为裂殖。这是一种无性生殖。特殊情况下，有些细菌也能以较低的频率进行有自身特色的有性生殖——接合（图 5-19）。

5.2.2 放线菌

放线菌是最主要的抗生素产生菌，在工业上具有重要地位。目前已经发现的约 6000 种抗生素中，有 4000 多种是由放线菌产生的。

放线菌也是原核生物，细胞构造和细胞壁的化学组成都与细菌类似，因其菌落呈放射状而得名。图 5-20 显示了天蓝色链霉菌的菌落与菌丝的显微形态。实际上，放线菌是细菌家族中的一个独立的大家庭，如果按革兰染色法进行分类，属于革兰阳性细菌。不过，放线菌又有许多真菌家族的特点，例如菌体呈纤细的丝状，而且有分枝，所以从生物进化的角度看，它是介于细菌与真菌之间的过渡类型。放线菌有许多交织在一起的纤细菌体，叫菌丝。在固体营养物质上生长时，部分菌丝生长在培养基内负责吸收营养，因而称为营养菌丝或基内菌丝。营养菌丝发育后向空中延伸则形成气生菌丝。放线菌长到一定阶段便开始繁殖，它们先在气生菌丝的顶端长出孢子丝（图 5-21），等到成熟之后，就形成各种各样形态各异的孢子。孢子可以随风飘散，遇到适宜的环境，就会在那里"安家落户"，开始吸收水分和营养，萌生成新的放线菌。

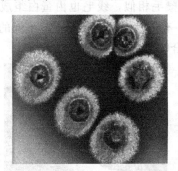
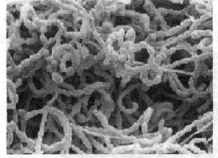

图 5-20　天蓝色链霉菌的菌落与菌丝的显微形态

孢子囊

分生孢子梗

图 5-21　放线菌的不同形状的孢子丝

放线菌一般生长在有机质丰富的微碱性土壤中，泥土所特有的"泥腥味"就是由放线菌产生的。它们中绝大多数是腐生菌，在自然界物质循环中功勋卓著。还有一类叫弗兰克氏菌的放线菌，生长在许多非豆科植物的根瘤里，能固定大气中的氮并转化为植物能利用的氮肥。除了生产抗生素外，放线菌在工业上还有许多其他贡献。例如利用放线菌还可以生产维生素 B_{12}、β-胡萝卜素等维生素，蛋白酶、溶菌酶等酶类，用于生产高果糖浆的葡萄糖异构酶就是放线菌产生的。另外放线菌在石油工业和污水处理等方面也可发挥一技之长。当然，也有少数寄生性的放线菌会引起人和动植物病害，还有些放线菌会使食物变质，或者对棉毛织品和纸张造成破坏。

5.2.3 酵母

图 5-22 显示了酵母细胞的显微结构。酵母菌是一类最简单的真核微生物（真菌），它的细胞中有结构完整的细胞核。从生物进化的过程来看，真菌的诞生要比细菌晚 10 亿年左右，所以它是微生物王国中最年轻的家族。真菌和细菌、放线菌最根本的区别，是真菌已经有了真正的细胞核。因此人们把真菌的细胞叫做真核细胞。

酵母细胞除了与细菌细胞一样具有细胞壁、细胞膜、细胞质等最基本的微生物细胞结构和核糖体等细胞器外，还具有一些真核细胞特有的结构和细胞器，如完整的细胞核、线粒体、内质网、高尔基体等。大部分酵母细胞中还含有一个或多个液泡。此外，有的菌体表面还有出芽痕、诞生痕。

酵母菌的染色体被多孔的核膜包裹着，形成完整的细胞核。在细胞不进行分裂时，细胞核内可被碱性染料较淡地着色的物质称为染色质。在细胞分裂过程中，染色质收缩形成能被染成深色的染色体。同种酵母细胞的染色体数目是稳定的，而不同种的酵母细胞染色体数目可能不同。除细胞核中的染色

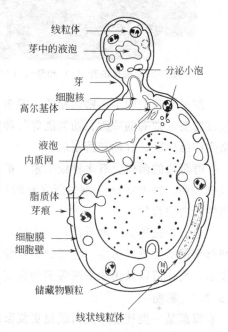

图 5-22 酵母细胞的显微结构

体外，酵母菌的线粒体中也含有 DNA。另外，酵母细胞中还有一种环状的称为"2 μm 质粒"的染色体外遗传物质，它的确切作用还不太清楚，但在酵母细胞的基因工程中已经有所应用。

线粒体是真核细胞进行有氧呼吸时产生能量的主要场所。内质网一般被认为是细胞中其他化学反应的场所和细胞内分子的运输通道。高尔基体则与细胞的分泌物形成有关。

绝大多数酵母菌都是单细胞，但是体积比细菌要大得多，一般呈球形、卵形或柠檬形。出芽生殖（见图 5-23）是酵母菌中常见的生殖方式之一。有些酵母细胞也能以与细菌类似的裂殖方式来产生后代。这两种生殖方式都是无性繁殖。很多酵母还能通过产生子囊孢子的形式进行有性繁殖。当环境条件适宜而生长繁殖迅速时，热带假丝酵母、解脂假丝酵母和产朊假丝酵母等出芽形成的子细胞尚未与母细胞分开，又长了新芽，形成成串的细胞，看起来像丝状，称为假菌丝，因此这类酵母称为假丝酵母（见图5-24）。

酵母菌在自然界中分布很广，尤其喜欢在偏酸性且含糖较多的环境中生长，例如，在水果、蔬菜、花蜜的表面和在果园土壤中最为常见。

酵母的菌落形态与细菌相似，但较大较厚，颜色比较单调，大多呈乳白色，少数红色，个别黑色，表面湿润、黏稠，容易被挑起。一般而言，不产假菌丝的酵母菌，其菌落更为隆

起，边缘十分圆整；而会产大量假菌丝的酵母菌的菌落比较平坦，表面和边缘比较粗糙。酵母菌落的另一个特色是它们往往会散发出诱人的酒香。

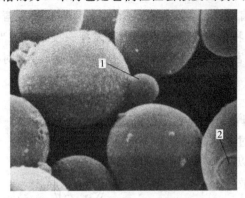

图 5-23　酵母的芽（1）和芽痕（2）

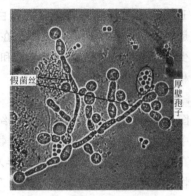

图 5-24　假丝酵母的假菌丝

　　酵母与我们的生活密切相关，很多人几乎天天都享受着酵母菌的劳动成果。每天吃的面包或馒头，常喝的啤酒、葡萄酒等各种酒类饮料，都是由酵母菌参与制造的。酵母还可以用来生产维生素、甘油和酶制剂。

　　酵母菌的菌体含有多种维生素、矿物质和核酸等。它的菌体中含量最高的是蛋白质。有数据表明，每 100 kg 干酵母所含有的蛋白质，相当于 500 kg 大米、217 kg 大豆或 250 kg 猪肉的蛋白质含量。

　　也有少数种类的酵母菌是有害的，如鲁氏酵母、蜂蜜酵母等能使蜂蜜、果酱变质，汉逊酵母常使酒类饮料污染，也是酒精发酵工业的有害真菌。白假丝酵母可引起皮肤、黏膜、呼吸道、消化道以及泌尿系统等多种疾病。

5.2.4　霉菌

　　霉菌是一类比酵母更高级也更复杂的小型丝状真菌。霉菌在工业上应用比较广泛，常见的有根霉、毛霉、曲霉、青霉、红曲霉、头孢霉和木霉等。

　　霉菌（见图 5-25）在培养基上形成绒毛状、网状或絮状的菌丝体。菌丝的直径一般为 3～10 μm，比细菌和放线菌的细胞粗几倍到几十倍。与放线菌一样，霉菌在固体营养物质上生长时，形成两种生理功能不同的菌丝——营养菌丝（基内菌丝）和气生菌丝。在一定的生长阶段，部分气生菌丝分化成繁殖菌丝。根霉、毛霉的菌丝是由一个细胞延伸而成的，而

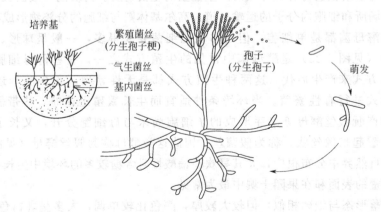

图 5-25　霉菌的基内菌丝、气生菌丝和繁殖菌丝

青霉、曲霉的菌丝则被分隔成许多细胞。

霉菌繁殖能力很强，而且繁殖方式也是多种多样的。虽然霉菌菌丝体上任一片段在适宜条件下都能发展成新个体，但在自然界中，霉菌主要依靠产生形形色色的无性或有性孢子进行繁殖。

霉菌的无性孢子（见图 5-26）直接由生殖菌丝分化而形成，常见的有节孢子、厚垣孢子、孢囊孢子和分生孢子。有些霉菌的菌丝生长到一定阶段时出现横隔膜，然后从隔膜处断裂而形成的孢子，称为节孢子，如白地霉产生的节孢子。有些霉菌在菌丝中间或顶端发生局部的细胞质浓缩和细胞壁加厚，最后形成一些厚壁的休眠孢子，称为厚垣孢子，如毛霉属中的总状毛霉。也有些霉菌由菌丝顶端细胞膨大，并在膨大部分下方形成隔膜与菌丝隔开而形成孢子囊，孢子囊内的细胞形成孢囊孢子。孢囊孢子有两种类型，一种为生鞭毛、能游动的叫游动孢子，如鞭毛菌亚门中的绵霉属；另一种是不生鞭毛、不能游动的叫静孢子，如接合菌亚门中的根霉属。还有些霉菌在生殖菌丝顶端或已分化的分生孢子梗上形成的孢子，称为分生孢子，分生孢子有单生、成链或成簇等排列方式，子囊菌和半知菌亚门的霉菌产生这一类无性孢子。

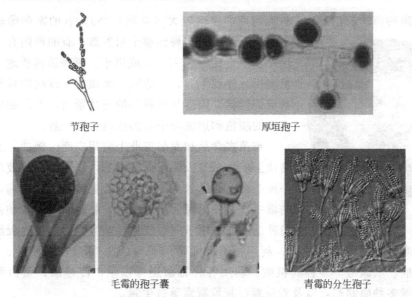

节孢子　　　　　　　　厚垣孢子

毛霉的孢子囊　　　　　　　青霉的分生孢子

图 5-26　霉菌的无性孢子

有性孢子是指经过两性细胞结合而形成的孢子（见图 5-27）。霉菌有性孢子的产生不及无性孢子那么频繁和丰富，它们常常只在一些特殊的条件下产生。常见的有卵孢子、接合孢子、子囊孢子和担孢子，分别由鞭毛菌亚门、接合菌亚门、子囊菌亚门和担子菌亚门的霉菌产生。卵孢子是由菌丝分化成形状不同的雄器和藏卵器，雄器与藏卵器结合后所形成的有性孢子。接合孢子由菌丝分化成两个形状相同、但性别不同的配子囊结合而形成的有性孢子。有些霉菌的菌丝分化成产囊器和雄器，两者结合形成子囊，在子囊内形成子囊孢子。有些霉菌的菌丝经过特殊的分化和有性结合形成担子，在担子上形成担孢子。

霉菌孢子的形态色泽各异，但都具有小、轻、干、多，以及休眠期长和对恶劣环境的耐受力强等特点，每个个体所产生的孢子数有时竟达几亿甚至更多。这些特点有助于霉菌在自然界中随处散播和繁殖。对人类来说，孢子的这些特点有利于接种、扩大培养、菌种选育、保藏和鉴定等工作，但是也易于造成污染、霉变和易于传播动植物的霉菌病害。

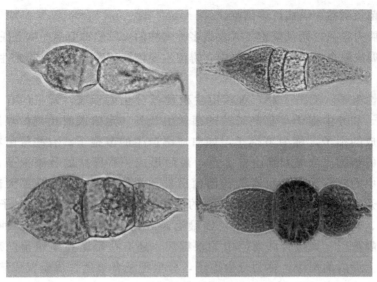

图 5-27　霉菌的接合孢子囊的形成

由于霉菌的菌丝较粗而长，因而霉菌的菌落较大（见图 5-28）。有的霉菌菌丝蔓延没有局限性，菌落可扩展到整个培养皿；有的种则有一定的局限性，菌落直径为 1～2 cm 或更小。霉菌菌落质地一般比放线菌疏松，外观干燥，不透明，呈现或紧或松的蛛网状、绒毛状或棉絮状；菌落与培养基的连接紧密，不易挑取；菌落正反面的颜色和边缘与中心的颜色常不一致。

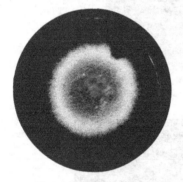

图 5-28　点青霉的菌落

霉菌在食品和发酵工业上应用广泛。例如，腐乳是在豆腐块上接种了鲁氏毛霉而制成的，制造四川豆豉用的则是另一种毛霉——总状毛霉。根霉能把淀粉转化为糖，米曲霉等曲霉一直是我国民间用以酿酒、制醋曲、制酱和酱油的主要菌种。红曲霉用于制取红曲，至今仍为优良的天然食品着色剂，如红色腐乳。在发酵工业上，利用根霉和曲霉可以生产 L-乳酸、柠檬酸、葡萄糖酸、富马酸、曲酸、衣康酸等多种有机酸。利用各种霉菌还可以生产淀粉酶、蛋白酶、纤维素酶、果胶酶等多种酶制剂，以及青霉素、灰黄霉素等抗生素。

霉菌在农业、林业中也有重要应用。霉菌中的蝗菌能治蝗虫，武氏虫草菌能消灭松毛虫。白僵菌更是杀虫的能手，能扑灭玉米螟、茶毒蛾、松毛虫、棉花红蜘蛛、黄地老虎和苹果食心虫等3000 多种害虫。但是，有些情况下，这些灭虫霉菌也会产生一系列环境和生态问题，如白僵菌会使家蚕患"白僵病"，对养蚕业有严重危害，而且还会对人畜和某些作物造成不同程度的伤害。

与其他微生物一样，也有不少霉菌是有害的。有些霉菌会引起衣服、食物和物品的霉烂，使人和动植物得病。比如，小麦赤霉、水稻恶苗赤霉会引起小麦、水稻病害，毛霉引起养鳖场最怕的白斑病，黑根霉使甘薯得软腐病，青霉使柑橘得青霉病等。霉菌还会使食品变质。

5.3　微生物育种技术

在自然界中，经过长期的进化而形成的野生微生物往往具有严密的代谢调控机制，这些调控机制使它们能够恰到好处地合成满足自身生长、繁殖所需的代谢产物。换句话说，自然界中的微生物往往是很节俭的，这种节俭的品质使其在恶劣的生存竞争中能够取得一定的优势。但是，这种节俭的特性却往往阻碍了野生微生物的工业应用。这是因为，在工业生产上，我们需要微生物能够超量地生产我们所需的特定产物。所以，工业应用的生产菌株一般都是经过遗传改造的。这种以提高微生物菌株生产性能为目标，人为改造微生物菌株的遗传性状的过程称为微生物育种。通过微生物育种不仅能够提高目标产物产量，也可以改进菌株的其他与生产相关的性能，如缩短生产周期、降低营养要求、提高对氧的吸收能力、合成新的产品等。

微生物育种技术多种多样，除了常规的诱变育种外，随着现代生物技术的发展，基因工程、代谢工程、组合生物合成等新型微生物育种技术的重要性正在日益加强。

5.3.1　诱变育种

诱变育种是最常见的微生物育种技术，在发酵工业的发展过程中做出了重大的贡献，而且至今仍被广泛使用。

诱变育种的基本原理是利用一些物理或化学的因素处理微生物细胞，使其遗传性状发生随机的突变，得到大量性状各异的突变株，然后再从众多突变株中以一定的方法筛选出生产性能改善的个体。用于处理微生物以使其发生突变的物理或化学因素称为诱变剂。

微生物在自然状态下也会以极低的频率发生突变，因而在微生物传代的过程中，从大量的子代菌株里偶然也能筛选得到生产性能改善的高产菌株，这个过程称为自然选育。但是微生物自然发生突变的概率极低，为了提高突变的发生频率，一般需要采用合适的诱变剂诱发微生物产生突变。常用的诱变剂可以分为物理诱变剂和化学诱变剂两大类（表5-1）。

表 5-1　常用的诱变剂

分　类		常见的诱变剂	主要作用机理
物理诱变剂	紫外辐射	紫外线、紫外激光	DNA 吸收紫外线的能量后，引起分子结构的变化，其中嘧啶二聚体的产生对 DNA 的变化起主要作用
	电离辐射	X 射线、γ 射线、快中子	光子或中子与原子发生碰撞，使原子产生次级电子。后者一般具有高能量，可产生电离作用，导致 DNA 结构变化，或者使水或有机物产生自由基，自由基再与 DNA 分子反应使其结构发生变化
化学诱变剂	碱基类似物	5-溴（氟）尿嘧啶、5-氨基尿嘧啶、2-氨基嘌呤、8-氮鸟嘌呤	在 DNA 复制时，掺入新合成的 DNA 分子中，由于这些碱基类似物可以与不止一种的碱基配对，在 DNA 再次复制时容易使相应的碱基发生突变
	羟化剂	羟胺	使胞嘧啶碱基羟化成为 N-4-羟基胞嘧啶，后者只能与腺嘌呤配对
	脱氨剂	亚硝酸	使 A、G、C 脱氨基；或引起 DNA 两条链的交联
	烷化剂	亚硝基胍、甲基磺酸乙酯、硫酸二乙酯、乙烯亚胺	烷基化 DNA 上的碱基或磷酸基团，导致复制时碱基错配；烷化嘌呤碱基后活化了 β-糖苷键，使嘌呤碱基脱落，复制时相应位置可能插入任意碱基
	诱发移码突变的诱变剂	吖啶类化合物、ICR 类化合物	插入两个相邻碱基之间，使双螺旋伸展或部分解开，造成 DNA 复制时增加或缺失数个碱基

紫外线是最常用的，也是最安全的诱变剂之一，其波长范围为 136～300nm。DNA 的最大吸收峰的波长在 265 nm 左右，刚好位于紫外线的波长范围内。DNA 吸收紫外线的能量后，其分子中的某些电子将被提升到较高的能量水平，从而引起分子激发而发生化学结构的改变。其中对突变比较重要的是嘧啶二聚体的形成。除紫外线外，烷化剂中的亚硝基胍（全称为 1-甲基-3-硝基-1-亚硝基胍，常见的英文缩写为 NTG 或 MNTG）和甲基磺酸乙酯、快中子和放射性元素 [60]Co 产生的 γ 射线也都比较常用。诱变育种时，诱变剂的种类、剂量

和处理方法的选择主要依赖于实践经验。

需要特别强调的是，可以引起微生物的 DNA 发生突变的诱变剂往往也能造成人和动物的 DNA 发生变异，因此，这些物质均是危险品，容易引发癌症等重大疾病，使用时必须注意安全。

经过诱变处理后，变异细胞一般只占存活细胞的百分之几甚至更低。而且由于诱变剂诱发的突变是随机的，诱变后得到的突变株中既有生产性能提高的菌株（正突变株），也有更多的生产性能基本不变或者下降的菌株。因此，如何从众多的性能各异的菌株中分离和筛选出我们需要的目标菌株就显得异常重要。

由于诱变造成的变异位点位于 DNA 的一条链上，而一个 DNA 分子有两条链，多核微生物体内还会有多个相同功能的 DNA 分子，因此，在诱变处理后，通常需要先对微生物进行短时间的培养，使其能分裂数代，以保证每个细胞中基本上只含一种类型的 DNA。

筛选突变株的工作量十分巨大，一般常分初筛和复筛两步。诱变和筛选过程往往需多次反复。图 5-29 是一个常见的筛选方案。在筛选突变株时，如果能将生理形状或生产形状转化为可见的形式，如菌株在固体培养基上生长时形成的透明圈、变色圈、生长圈、抑制圈等，则可以减轻初筛的工作量，提高效率。对于一些经验丰富的研究人员，菌落的形态的变化也可以成为筛选菌株的参考因素。

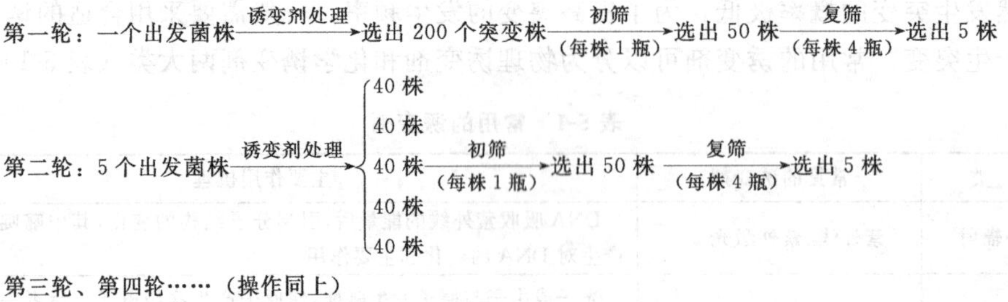

第一轮：一个出发菌株 ——诱变剂处理→ 选出 200 个突变株 ——初筛（每株 1 瓶）→ 选出 50 株 ——复筛（每株 4 瓶）→ 选出 5 株

第二轮：5 个出发菌株 ——诱变剂处理→ {40 株 / 40 株 / 40 株 / 40 株 / 40 株} ——初筛（每株 1 瓶）→ 选出 50 株 ——复筛（每株 4 瓶）→ 选出 5 株

第三轮、第四轮……（操作同上）

图 5-29　一个常见的高产突变株筛选方案

在很多情况下，每轮诱变和筛选的具体目标和筛选方法并不完全相同。当微生物细胞内产物合成的代谢途径比较清楚时，可以根据与产物密切相关的代谢途径对产物合成的影响设计诱变育种的具体方案。下面以 L-赖氨酸生产菌种选育为例说明。

L-赖氨酸合成途径参考图 5-30。为使示意图更简明，图中对一些比较复杂的中间代谢途径作了省略。实际上，从天冬氨酸到天冬氨酸半醛有两步酶催化反应，其中第一步反应的酶为天冬氨酸激酶；从天冬氨酸半醛和丙酮酸到赖氨酸有 7 步酶催化反应，其中第一步反应的酶为 2,3-二氢吡啶二羧酸合成酶。

对该赖氨酸产生菌而言，单独或同时加入 L-赖氨酸和 L-苏氨酸都会抑制天冬氨酸激酶，参与 L-赖氨酸合成的 2,3-二氢吡啶二羧酸合成酶又会受到 L-亮氨酸的阻遏，这种代谢调节作用称为"代谢连锁"。育种工作的第一步是在含 SAEC（硫代赖氨酸，为赖氨酸的结构类似物）的培养基上筛选出 SAEC 抗性的突变株，使菌株中的天冬氨酸激酶对 L-赖氨酸和 L-苏氨酸不敏感，L-赖氨酸生产能力达到 $18\ g\cdot L^{-1}$。为进一步提高产量，接下来可以有多种选择：其一，在 SAEC 抗性的调节突变菌株基础上进一步筛选出 L-亮氨酸缺陷型突变株，解除 L-亮氨酸对 2,3-二氢吡啶二羧酸合成酶的阻遏，这样的突变株的 L-赖氨酸生产能力进一步提高到 $41\ g\cdot L^{-1}$；其二，丙酮酸是丙氨酸、亮氨酸等多种氨基酸的共同前体，而赖氨酸的合成也需要消耗大量的丙酮酸，若能阻断由丙酮酸合成丙氨酸的途径，就可以使更多的

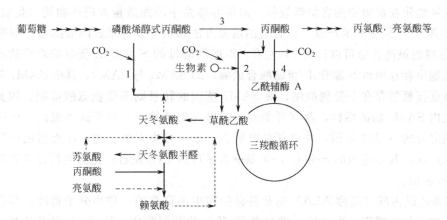

图 5-30   在细菌中从葡萄糖到赖氨酸的生物合成途经和调节机理
----▶ 阻遏，------▶ 反馈抑制，○---▶ 活化
1—PEP 羧化酶；2—丙酮酸羧化酶；3—丙酮酸激酶；4—丙酮酸脱氢酶

丙酮酸流向赖氨酸合成途径，而由于丙氨酸可以用化学合成的方法比较廉价地得到，微生物生长所需的丙氨酸则可以外加，为此在 SAEC 抗性突变菌株基础上再进一步筛选 L-丙氨酸营养缺陷型菌株，也可使 L-赖氨酸产量提高到 39 g·L^{-1}；另外，由于 γ-甲基-L-丙氨酸（MA）和 α-氯代己内酰胺（CCL）分别是 L-丙氨酸和 L-亮氨酸的结构类似物，而且乳酸发酵棒杆菌对这两种物质均高度敏感，根据这一机理选育的一株对 SAEC、γ-甲基-L-丙氨酸和 α-氯代己内酰胺具有多重抗性的 L-丙氨酸营养缺陷型菌株，则 L-赖氨酸产量提高到了 60 g·L^{-1}（图 5-31）。

图 5-31   赖氨酸生产菌的诱变育种示例

5.3.2 代谢工程育种

代谢工程，又称代谢途径工程或途径工程，是基于代谢流分析和基因重组技术改善菌株遗传性状的一种先进的工程技术。代谢工程可以在对细胞的整个代谢网络的代谢流进行定性、定量分析的基础上，找出制约目标产物积累的关键酶催化反应，并利用基因重组技术直接对代谢途径中的关键酶进行修饰。相对于诱变育种来说，这种方法具有方向性强、目标明确、效率高、技术手段先进、过程可控性和重现性好等优点。其主要缺点则是对相应微生物的代谢和遗传机理知识以及基因操作工具的依赖性太强。20 世纪 90年代以来，国外对代谢工程的研究方兴未艾。随着对微生物基因组研究的深入，相信在今后的数十年中，代谢工程育种的重要性将日益加强，代谢工程改造的微生物在工业上的应用也会获得更大的成功。

由于代谢流分析和代谢工程涉及的专业知识较多，作为导论课程，这里将不作深入的展开，而仅举几个简单的例子加以说明。

S-腺苷-L-蛋氨酸（简称 SAM）是所有生物的细胞内都存在的一种具有多种重要生理功能的活性小分子物质，在医药和保健食品领域具有广泛的应用，因而引起了产业界的兴趣。

但是，这种物质在细胞中的含量却较低。向培养体系中添加适量的前体物质（蛋氨酸），可以提高 S-腺苷-L-蛋氨酸的产量。以合适的培养方法和培养条件培养酿酒酵母，细胞中 S-腺苷-L-蛋氨酸的最高含量可以达到 1% 左右。对酿酒酵母的 S-腺苷-L-蛋氨酸合成途径的研究表明，细胞中存在两种 S-腺苷-L-蛋氨酸合成酶，即 SAM1 与 SAM2，其中 SAM1 基因的转录在高浓度蛋氨酸存在下受到抑制，而 SAM2 基因的转录则不受蛋氨酸抑制。因此，若能提高细胞内 SAM2 酶的活性，就有可能进一步提高生产效率。按照这种思路，研究人员克隆了酿酒酵母的 SAM2 基因，并将其在巴斯德毕赤酵母中大量表达，在重组菌中筛选得到了一株高产株，其细胞内的 S-腺苷-L-蛋氨酸含量可达 13% 左右，比野生的巴斯德毕赤酵母提高了 30 多倍。

5-氨基乙酰丙酸（简称 ALA）也是各种生物中都存在的一种小分子物质，是合成四吡咯类化合物（如叶绿素，血红素，维生素 B_{12} 等）的共同前体。目前，5-氨基乙酰丙酸作为光动力学抗肿瘤药物已经得到应用，而更令人感兴趣的则是其作为光动力学生物农药的难以估量的潜在应用前景。由于所有的野生微生物的 5-氨基乙酰丙酸产量都不高，即便是产量较高的球形红细菌也只有 $1 \sim 10 \ \text{mg} \cdot \text{L}^{-1}$ 左右，这显然不能满足生产需要。日本科学家利用反复的诱变育种使球形红细菌在黑暗环境中的 ALA 的产量从出发菌株的 $1.3 \ \text{mg} \cdot \text{L}^{-1}$ 提高到 $0.6 \ \text{g} \cdot \text{L}^{-1}$，再经过培养条件优化使 ALA 最高产量达到 $7.9 \ \text{g} \cdot \text{L}^{-1}$，达到了工业应用的水平。但是，这个产量提高的过程却消耗了大量的人力和物力，而且花费了近 10 年的时间。而采用代谢工程的育种方法，研究周期却可以大大缩短。例如，韩国研究人员在大肠杆菌中表达了大豆慢生根瘤菌的 ALA 合成酶基因 hemA，解决了 ALA 合成途径中的主要限速因素，使 ALA 产量达到 $3.2 \ \text{g} \cdot \text{L}^{-1}$，这一研究的周期估计只需一二年，而且其产量也还有进一步提高的潜力。从这个例子我们可以看出，利用代谢工程技术可以提高育种的效率，只是由于代谢工程的理论和操作方法都还不像诱变育种那样成熟，因此其成功的工业应用实例也还相对较少。

5.3.3　DNA 重排与基因组重排育种

DNA 重排（DNA shuffling）技术是 20 世纪 90 年代后期发展起来的一种体外定向进化技术。DNA 重排的基本原理是首先将同源基因（单一基因或基因家族）切成随机 DNA 片段，然后进行 PCR 重聚。那些带有同源性但核苷酸序列有差异的随机 DNA 片段，在每一轮 PCR 循环中互为引物和模板，经多次 PCR 循环后能迅速产生大量的重组 DNA，创造出新基因。

DNA 重排的大致过程如图 5-32 所示，首先利用 PCR 或酶切方法获得目的基因片段，然后用化学或物理方法将其随机切成一定长度的小片段；这些小片段再通过重聚 PCR（无引物 PCR）延伸为具有全长的基因片段；最后将重排后的基因片段插入到载体中，并转移到宿主细胞中表达。在重聚 PCR 过程中，当来自一种拷贝的小片段与另一种拷贝的小片段相互为引物时，即可发生模板的移位，这样可使亲本基因群中的突变发生多种组合，导致各种各样的变异体。这些变异的 DNA 分别转移入宿主细胞后，就会形成许多具有不同性状的重组菌株，从中可以筛选出符合目标的阳性突变重组子。

DNA 重排的操作范围可以从一个基因到一组同源基因、一个操纵子或更大的 DNA 分子。它既可以应用于蛋白质分子的定向进化，以创造性能更加优越的催化剂或其他蛋白质；也可以应用于代谢途径的改造。下面以改造砷酸盐脱毒途径为例来说明 DNA 重排如何改造生物的代谢途径。首先从金黄色葡萄球菌的 pI258 质粒中得到一个长度为 2.7 kb 的操纵子，

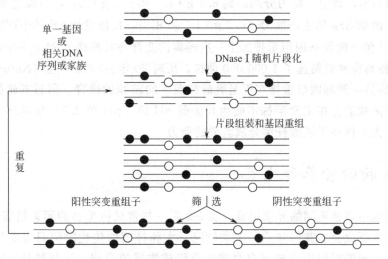

单一基因
或
相关DNA
序列或家族

DNase I 随机片段化

片段组装和基因重组

重复

阳性突变重组子　　　　筛　选　　　　阴性突变重组子

图 5-32　DNA 重排技术示意

● 阳性突变表型；○ 阴性突变表型

它含 3 个与砷酸盐脱毒相关的基因,将其与 pUC19 质粒相连接得到一个 5.5 kb 的质粒 pGJ103,并转入大肠杆菌培养;接着,为了进一步提高抗性,从培养物中提取质粒并用 DNase I 消化成较小的片段后,以无引物 PCR 法进行重聚;然后用 BamH I 消化 PCR 产物,纯化得到 5.5 kb 的片段,电转化法转入大肠杆菌;在含不同浓度砷酸盐的固体培养基上培养,筛选出约 1500~4000 个耐较高浓度砷酸盐的菌落,混合后培养并提取质粒重复以上步骤。经过 3 轮的重排后,在逐渐增加砷酸盐浓度的生长条件下获得一个最好的突变株。该突变株的砷酸盐耐受能力提高达 40 倍之多,砷酸盐的还原速率也增加了 12 倍。它可以在砷酸盐浓度高达 500 mmol·L^{-1}(接近砷酸盐溶解度的极限)条件下生长。而且经过 3 轮的重排和筛选,操纵子被整合到染色体内,导致稳定的砷酸盐抗性表型的出现。而一个没有进行重排的控制质粒,同样经过 3 轮筛选,砷酸盐的抗性却没有任何提高,同时该质粒也没有整合到染色体内。从这个例子我们对 DNA 重排的效率可见一斑。

在 DNA 重排的基础上,21 世纪初又出现了基因组重排技术。基因组重排技术可以用来改造细菌的基因组,实现表型的改良。经典杂交育种在每一代只有两个亲本进行重组,而重排技术则具有多亲本杂交的优势。对细菌群体进行重复的基因组重排可以有效构建新菌株的组合文库。如果将它应用到带表型筛选的细菌群体中,就会产生很多表型有显著改良的新菌株。2002 年美国科学家在著名的《Nature》杂志上发表了一篇题目为 "Genome shuffling leads to rapid phenotypic improvement in bacteria" 的论文。在该论文中他们首次提出了基因组重排(genome shuffling)的概念,并运用基因组重排技术提高了弗氏链霉菌(*Streptomyces fradiae*)合成泰乐菌素(tylosin)的能力。他们首先对自然分离得到的泰乐菌素产生菌 SF$_1$ 进行一次经典诱变育种,从 22 000 个菌株中筛选得到 11 个产量有所提高的菌株作为递归原生质体融合(基因组重排)的亲本,进行循环原生质体融合。循环原生质体融合(recursive protoplast fusion)是这样进行的:将各种亲本去除细胞壁制成原生质体,将这些原生质体混合,并让它们随机地发生融合,接着再生细胞壁,然后重复去壁-融合-再生的操作两次。最后从 1000 株随机选择的菌株中筛选出 7 株产量最高的(其产量均明显高于 11 株融合所用的亲本),进行第二轮循环原生质体融合。经两循环递归原生质体融合,得到高产重

排菌株 GS_1 和 GS_2，其生产能力分别达到 $8.1 g \cdot L^{-1}$ 和 $6.2 g \cdot L^{-1}$，与经过 20 轮经典育种所得到的高产菌株 SF_{21} 的生产能力（$6.2 g \cdot L^{-1}$）相当，比出发株 SF_1 的生产能力（$1.0 g \cdot L^{-1}$）提高了 9 倍。两轮基因组重排加上一次经典诱变育种共筛选了 24 000 个菌株，历时一年，而 20 轮经典育种共筛选了 1 000 000 菌株，历时 20 年。2002 年在《Nature Biotechnology》上发表的另一例基因组重排实例是乳酸杆菌耐酸菌株的选育。通过五轮循环原生质体融合得到的新菌株适合在出发菌株不能生长的低 pH 值（pH 值 3.5）培养环境中生长和分泌乳酸，因而大大提高了乳酸杆菌合成乳酸的能力。

5.4 微生物的营养和生长

微生物细胞由多种不同的元素组成。表 5-2 是一些常见微生物的元素组成。表 5-3 为大肠杆菌细胞的主要成分。我们知道，正常情况下大肠杆菌的传代时间只需要约 20 min。一个细胞要在这么短的时间内完成其自身的所有组成物质的合成，这显然是一项非常复杂的任务。

表 5-2　一些常见微生物的元素组成（干重）/%

元素＼微生物	C	O	N	H	P	S	K	Na	Ca	Mg	Cl	Fe	其他
大肠杆菌	50	20	14	8	3	1	1	1	0.5	0.5	0.5	0.2	0.3
产气气杆菌	48.7	21.1	13.9	7.3	灰分 8.9								
酵母	44.7	31.2	8.5	6.3	1.08	0.6							
酵母	47.0	31.0	7.5	6.5	灰分 8.0								

表 5-3　大肠杆菌细胞中的主要成分

细胞中主要成分	占细胞比例(干重)/%	相对分子质量	每一细胞中分子数
DNA	5	2 000 000 000	1
RNA	10	1 000 000	15 000
蛋白质	70	60 000	1 700 000
脂肪	10	1 000	15 000 000
多糖	5	200 000	39 000

从表 5-2 中可以看到，微生物细胞中碳、氧、氮、氢四种元素含量最高，它们占细胞干重（去除水分后的质量）的 90% 以上。与微生物的元素组成相对应，微生物生长、繁殖所需的营养元素也要这么多，都需要从环境中摄取。细胞对各种营养元素的需求量差别也很大。其中需求量最大的是碳、氧、氮、氢四种元素。此外，磷、硫、钾、钙、镁、铁也是主要的营养元素。除了这 10 种主要营养元素外，微生物还需要微量的其他元素，例如锌离子和锰离子是所有微生物都需要的，有些微生物还需要钠、氯、钼、铯、钴、铜、钨、镍等元素，但多数微生物对这几种元素的需要量都极少。当然也有例外，如某些嗜盐微生物中钠离子和氯离子的含量很高。

一般将为微生物提供碳元素的营养物质称为碳源，而将为微生物提供氮元素的营养物质称为氮源。它们和水一样都是所有的微生物培养基中必不可少的组成部分。在很多情况下，一些复合碳源和氮源还同时为微生物的生长提供其他一些营养元素。

有些微生物可以吸收二氧化碳或者碳酸根离子作为碳源，这些碳源称为无机碳源，可以利用无机碳源的微生物称为无机营养型微生物。另外有些微生物必须以有机物作为碳源，称为有机碳源，这些微生物相应地被称为有机营养型。发酵工业中常见的多为有机营养型微生物，最常用的有机碳源有葡萄糖、蔗糖和一些含糖的廉价生物质，如乳清、糖蜜及淀粉质原料等。

除了固氮微生物能将空气中的氮气固定下来作为氮源外，其他微生物中的氮元素则来自于微生物吸收的铵离子和各种含氮有机物。有些微生物能利用尿素、硝酸根及亚硝酸根离子，但一般都是先被微生物转化成铵离子后再加以利用。发酵工业上常用的无机氮源主要有氨、硫酸铵、碳酸铵、尿素、硝酸盐等。而充当有机氮源的则有黄豆饼粉、花生饼粉、鱼粉、酵母粉等富含蛋白质的原料，以及这些原料的水解物或部分水解物。另外，玉米浆也可以用作有机氮源，它还能为微生物提供丰富的维生素。

微生物可以从水和各种有机物中得到所需要的氧元素。无机营养型微生物还可以从二氧化碳或者碳酸根离子中得到氧元素。对于需要氧气的好氧微生物，氧气中的氧元素先通过好氧呼吸转化为水，然后再被微生物利用。

氢元素主要来自水和各种有机物，有些微生物也能吸收和利用氢气。其他的主要元素或微量元素则大多来自无机盐。因此无机盐也是微生物培养基的重要组成部分。

微生物的生长和繁殖除了需要不断补充各种元素外，为了将这些元素吸收利用，还需要消耗大量的能量。有些微生物可以像植物一样吸收太阳光中的光能作为能量来源，这些微生物称为光能营养型微生物。大多数微生物只能依靠各种化学反应获得能量，因而称为化能营养型微生物。在微生物体内，这些能量主要储存在一种叫三磷酸腺苷（简称ATP）的高能化合物中。

根据微生物的营养需求，将微生物所需的各种营养成分调制成合适的液体或固液混合物，即培养基，以供微生物生长之用。有些微生物能够在非常简单的培养基中生长，例如真养产碱菌等以二氧化碳作为碳源就能生长，米根霉能够在只含葡萄糖和无机盐的培养基中生长并将葡萄糖转化为L-乳酸。而另一些微生物则需要比较复杂的营养成分，除了需要各种有机物作为碳源和氮源外，甚至还需要一些生长因子，如某些维生素、氨基酸、嘌呤和嘧啶类化合物等。常见的与微生物代谢有关的维生素有硫胺素（维生素B_1）、核黄素（维生素B_2）、烟酸（又称尼克酸、维生素B_3、维生素PP）、泛酸（维生素B_5）、吡哆醇（维生素B_6的一种形式）、钴胺素（又称氰钴胺素、维生素B_{12}）、对氨基苯甲酸（也是维生素B家族的一员）、生物素（又称维生素H、辅酶R）、叶酸（又称维生素B_c、维生素M）、维生素K、硫辛酸、氯化血红素等。

有不少微生物会向它们的生活环境中分泌水解酶类，如淀粉酶、蛋白酶等，这些酶可以分别将淀粉、蛋白质等大分子物质水解成为可以被微生物吸收的葡萄糖、氨基酸等小分子。因此，发酵工业生产中常常大量利用淀粉、鱼粉、豆饼粉等粗原料作为培养基成分，以降低生产成本。

微生物细胞从环境中吸收营养物质后，经细胞的新陈代谢作用合成新的细胞成分，并向环境释放代谢产物。某些细胞组分和代谢产物就成了我们需要的目标产物。因此，在培养基设计时，既要满足细胞生长的需要，又要能够促进目标产物的积累和分泌，同时还需要考虑是否有利于产物的分离。当然，对工业发酵而言，培养基的成本是一个必须考虑的重要问题。因此，培养基设计在微生物工程中占有十分重要的地位。

5.5 发酵工业的生产流程

发酵工业就是利用微生物的新陈代谢能力，在工业培养装置中培养微生物以生产特定产品的过程。发酵工业中，从原料到产品的生产过程非常复杂，包含了一系列相对独立的工序。一般来说，发酵工业的生产过程主要包括以下环节：①原料预处理；②培养基配制；③发酵设备和培养基的灭菌；④无菌空气的制备；⑤菌种的制备和扩大培养；⑥发酵（微生物培养）；⑦发酵产品的分离和纯化。这些环节又分别涉及一系列相关的设备和操作程序，它们共同组成了工业发酵过程，如图 5-33 所示。

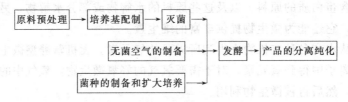

图 5-33　工业发酵过程简图

5.5.1　原料预处理

发酵工业上经常选用玉米、薯干、谷物等相对廉价的农产品作为微生物的"粗粮"，为了提高这些原料的利用率，以及方便对这些原料进一步加工，通常需要将这些原料粉碎。常用的粉碎设备有锤式粉碎机、辊式粉碎机等。

对于很多不能直接利用淀粉或者直接利用淀粉效率不高的微生物，发酵前还需要将淀粉质原料水解为葡萄糖。老的水解工艺采用酸作为催化剂，效率低、葡萄糖的质量也比较差。现在都已经应用酶法水解，先用淀粉酶将淀粉部分水解为糊精，再用糖化酶将糊精水解成葡萄糖。

除碳源外，微生物的生长还需要氮源、磷、硫及许多金属元素。这些原料有些也需要经过适当的预处理，如用作氮源的大豆饼粉、鱼粉等有时也需要预先水解为微生物能够利用的多肽或氨基酸。

5.5.2　发酵培养基的配制和灭菌

工业上应用的发酵培养基大多数是液体培养基。液体培养基的配制是根据不同微生物的营养要求，将适量的各种原料溶解在水中，或者与水充分混合制成悬浮液。对于工业上广泛采用的间歇发酵过程，培养基的配制过程通常就在发酵罐中进行。这样，培养基配制完成后，可以就地灭菌，冷却后接种预先培养的种子后就可以进行微生物的培养，而不必增加额外的设备。

由于环境的 pH 值对很多微生物的生长和目标产物的合成都有非常重要的影响，在配制培养基时，通常还需要根据微生物对环境的 pH 值的要求，用酸或碱将培养基的 pH 值调到合适的范围。

工业发酵一般是单一微生物的纯种培养，因此必须预先将培养基中的微生物消灭。最常用的培养基灭菌方法是采用高压水蒸气直接对培养基进行加热，从而杀死其中的微生物，称为蒸汽灭菌或湿热灭菌。一般需将培养基加热到 121 ℃并保持这一温度 20～30 min 以杀死其中的微生物，然后冷却，这样的灭菌方法称为间歇灭菌或实罐灭菌，可使培养基、发酵罐及相关的管道都能同时得到灭菌。需要注意的是对于对温度敏感的营养物质及在高温下能发生反应的物质，应采用其他灭菌方法或单独灭菌后再混合的方法。例如，葡萄糖与蛋白质在高温下会发生棕色反应，使两者的营养都受到破坏，因此有些情况下葡萄糖就需要单独灭菌。

5.5.3 无菌空气制备

好氧微生物的生长和产物生成过程都需要氧气。一般都采用空气作为氧气的来源。自然界的空气中含有很多各种各样的微生物，因此在将空气通入发酵罐之前，必须除去空气中的微生物以保证发酵过程不受杂菌污染，使好氧发酵能正常进行。这样制备的不含微生物的空气称为无菌空气。在温暖湿润的季节，有些设备条件较差的工厂容易出现发酵过程染菌的情况，原因就是这种天气条件下空气中的微生物比较多，给空气除菌系统造成太大的压力，一旦空气除菌不彻底，杂菌就会随空气被带入发酵罐中，造成巨大的经济损失。

工业上空气除菌的过程比较复杂，为了保证生产过程的稳定，往往需要高空采风、经空气压缩机加压后采用加热灭菌和过滤等各种手段灭菌。离地面越高的地方空气中的微生物越少，从高空采集空气可以大大降低空气除菌系统的负荷。加热灭菌和过滤两种方法则可以相互取长补短，尽可能地保证通入发酵罐中的是无菌的洁净空气。

5.5.4 微生物种子的制备

每次发酵前，都需要准备一定数量的优质纯种微生物，即制备种子。种子必须是生命力旺盛、无杂菌的纯种培养物。种子的量也要适度，根据微生物的不同，通常接种体积要达到发酵罐体积的 1%～10%，少数情况甚至更高。种子通常在小型的发酵罐中培养，由于其目的是培养种子，为有别于最后以生产产物为目的的大发酵罐，一般称为种子罐。

许多工业发酵罐规模庞大，单个发酵罐体积达到几十甚至几百立方米。为了保证合适的接种量，种子培养需要一个逐级扩大的过程，包括从斜面接种到摇瓶，再从摇瓶接入种子罐，通过若干级种子罐培养后再接种到发酵罐（图 5-34）。一般根据种子罐从小到大的顺序将最小的称为一级种子罐，次小的称为二级种子罐，依次类推。

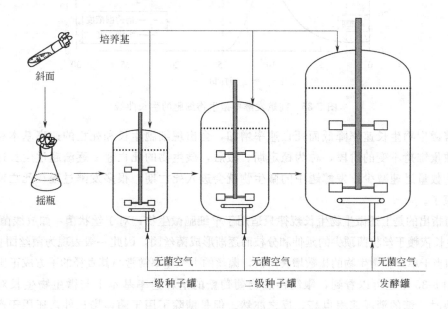

图 5-34 三级发酵扩大培养过程

5.5.5 发酵过程的操作方式

根据发酵过程的操作方式不同，可以将工业发酵分为三种模式，即间歇发酵、连续发酵和流加发酵。

最常见的工业发酵操作方式是间歇发酵，也称分批发酵或批式发酵。这是一种最简单的操作方式。将发酵罐和培养基灭菌后，向发酵罐中接入种子，开始发酵过程。在发酵过程中，除气体进出外，一般不与外界发生其他物质交换。在某些情况下，根据发酵体系的要求，须对发酵过程的 pH 值进行控制。发酵结束后，整批放罐。这种操作方式的优点是操作简单、不容易染菌、投资低，主要缺点是生产能力和效率低、劳动强度大，而且每批发酵的结果都不完全一样，对后续的产物分离将造成一定的困难。

在间歇发酵中，微生物细胞的生长曲线如图 5-35 所示。一般，当微生物从种子罐接种到发酵罐后，为了适应新的环境需要一段缓冲期，称为迟滞期，为接下来的快速生长做好必要的准备工作。在适应了新的环境后，微生物数量开始成倍增长。如果以微生物浓度的自然对数对时间作图，可以发现这段时期两者呈线形关系，所以这个时期称为指数生长期或对数生长期。当微生物对数生长期维持一段时间后，由于某些养料消耗殆尽，微生物生长代谢过程中产生了抑制微生物生长的代谢产物，以及因微生物密度已经很高造成氧供应不足等原因，生长速度开始减慢，而同时有一部分微生物逐渐死亡，这就是降速生长期。

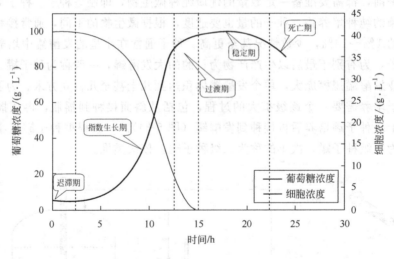

图 5-35 间歇发酵中微生物细胞的生长曲线

随着微生物生长速率降低而死亡速率增加，会出现细胞生长和死亡的速率基本相同、微生物的数量维持不变的阶段，称为稳定期。最后，微生物的死亡速率逐渐超过生长速率，总的微生物数量迅速减少，发酵罐中的微生物就会进入死亡期。很多发酵过程在死亡期到来之前就结束了。

值得指出的是上述微生物生长规律只适用于单细胞微生物，对于丝状菌，如放线菌和霉菌，它们的生长依赖于丝状菌顶尖的延伸和分枝而逐渐形成菌丝团，因此一般表现为菌丝团直径的增加，在相当于单细胞微生物的指数增长阶段，丝状的生长速率常常与其直径的平方成正比。

从图 5-35 中还可以看到，限制性底物葡萄糖的消耗速率基本上与微生物生长对应，生长速率快时，糖的消耗速率也高，反之亦然。但是糖除了用于菌体增长外，还用于产生能量及直接用于代谢产物的合成。

连续发酵是指在发酵过程中向生物反应器连续地提供新鲜培养基（进料）并排出发酵液（出料）的操作方式。通常在稳定操作时，进料和出料的流量基本相等，因而反应器内发酵液体积和组成（菌体、糖及代谢产物等）保持恒定。连续发酵的 pH 值和溶氧需要受到严格控制。连续发酵的进料流量与发酵液体积之比称为稀释率 D，这是一个很重要的操作指标，当 D 大于细胞的最大比生长速率时，就会发生细胞流失，使发酵无法继续进行。

连续发酵的优点是可以长期连续运行，生产能力可以达到间歇发酵的数倍。若能将微生物细胞固定化后用于连续发酵，其生产能力还可以更高。但连续发酵对操作控制的要求比较高，投资一般要高于间歇发酵。连续发酵中两个比较难以解决的问题是：长期连续操作时杂菌污染的控制和微生物菌种的变异。由于工业发酵所采用的菌种都经过长期诱变育种或基因工程改造，在多次传代过程中难免发生基因突变，而且突变后及污染的微生物都可能比高产菌株的生长速率快，因而它们往往成为生物反应器中的优势菌，使目标产物产量大幅度下降。正是由于上述原因，连续发酵主要用于实验室进行发酵动力学研究，在工业发酵中的应用不多见，只适用于菌种的遗传性质比较稳定的发酵，如酒精发酵等。

流加发酵是介于间歇发酵与连续发酵之间的一种操作方式。它同时具备间歇发酵和连续发酵的部分优点，是一种在工业上比较常用的操作方式。流加发酵的特点是在流加阶段按一定的规律向发酵罐中连续地补加营养物和/或前体，由于发酵罐不向外排放产物，罐中的发酵液体积将不断增加，直到规定体积后放罐。流加发酵适合于细胞高密度培养，文献报道的最高细胞培养密度已经超过每升发酵液含 200 g 干细胞。流加发酵也广泛用于次级代谢产物生产，如抗生素发酵，因为流加发酵能够大大延长细胞处于稳定期的时间，增加抗生素积累。根据发酵体系和目标产物的不同，流加发酵的具体操作策略也有所差别。下面将举一些典型的工业化流加发酵的实例。

在面包酵母的间歇培养过程中，会产生大量酒精。酒精积累消耗了相当一部分糖，而且对酵母生长有抑制作用，使面包酵母的间歇培养很难达到较高的细胞浓度。为什么会这样呢？原来，当环境中可以供酵母利用的糖类超过了酵母的好氧呼吸能力时，酵母细胞就会把多余的糖通过厌氧发酵转化为酒精。为了避免生成酒精，就必须根据酵母的好氧呼吸能力适时适量地向酵母提供糖类。采用流加发酵就能够做到既能保证发酵罐中葡萄糖浓度维持在很低水平，防止生成酒精，又能为酵母生长提供充分的营养，最终达到高细胞密度，提高了酵母细胞产率，降低了能耗。

图 5-36 是一种典型的面包酵母生产过程工艺。接种初期，生产罐中的每升发酵液大约含 0.5 克酵母细胞（以干重计）。而发酵结束时，细胞浓度可增加到每升发酵液含 $50\sim60$ g 干细胞。根据对酵母细胞生长规律的认识，总的好氧呼吸能力与细胞浓度成正比，工业上都采用指数流加的方式。指数流加方式非常适用于以细胞本身或胞内产物为目标产物的发酵过程，如聚羟基烷酸、以包涵体形式存在的基因工程产物等。达到更高的细胞浓度也是可能的，但为了满足氧的供应，往往需要使用纯氧代替空气。

流加操作的另一个重要应用领域是抗生素发酵。抗生素一般都属于微生物的次级代谢产物，在细胞指数生长的后期才开始积累。因而，抗生素发酵中流加操作的目的不是高细胞密度，而是尽可能地延长细胞处于稳定期的时间，增加产物积累。以青霉素的生产为例，许多公司采用一种称为"重复流加操作的方法"的工艺生产青霉素。这种方法分两个阶段：第一阶段采用间歇操作培养以达到一定的菌丝浓度，这期间青霉素产量很少；然后，在间歇操作

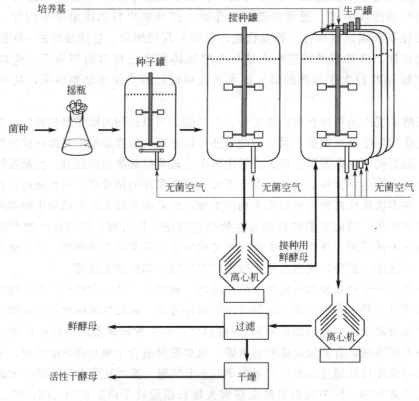

培养基　　　　　　　　　接种罐　　　　　　生产罐

种子罐

摇瓶

菌种 →

无菌空气　　　　　　无菌空气　　　　　　无菌空气

接种用
鲜酵母

离心机

鲜酵母 ←　过滤　← 　离心机

活性干酵母 ←　干燥

图 5-36　面包酵母生产工艺简图

的指数生长末期，开始向反应器中流加碳源和氮源，其速率以满足抗生素生产所需为宜。在流加期间，发酵液体积不断增加。流加到一定时候，将反应器中的发酵液放出 10%～25%，然后再重复流加操作。这样，每次放出的发酵液都含高浓度的青霉素，对后续的分离工序极为有利。

5.5.6　发酵产品及其分离提纯工艺

发酵工业的产品十分丰富，包括完整的细胞、有机酸、氨基酸、溶剂、抗生素、酶制剂、药用蛋白质等。形形色色的发酵产物一般可分为两大类：能量代谢或初级代谢产物及次级代谢产物。前一类产物与碳源分解代谢产生能量的过程有关，如醇类、有机酸及大部分氨基酸等；第二类产物往往与细胞的生长没有直接的关系，有些甚至是细胞排出的废物，如抗生素等。发酵产物根据其是留在细胞内还是分泌到细胞外可分为胞内及胞外产品。产物的合成规律及存在形式对发酵工艺和产物的分离提取工艺都有很大的影响。

发酵产物往往具有如下特点：产物浓度低、组成复杂；许多具有生物活性的产物对温度、pH 值、离子强度及剪切力等敏感；对最终产物的纯度和安全性要求高，特别是用于医药及食品的产品。因此，发酵产物的分离提纯在生物工程中具有十分重要的地位，分离提纯的投资和操作费用都占有相当大的比重，一般都超过 50%。

本书由于篇幅限制，不具体介绍生物产品分离和提纯的方法，只对常用的工艺作一简单介绍。图 5-37 显示了发酵产物分离提纯的一般工艺。主要有：细胞破碎（只用于释放胞内产物）、固液分离去除细胞或细胞碎片、产物的初步分离和浓缩、产物的提纯和精制、产物的最终加工和包装。

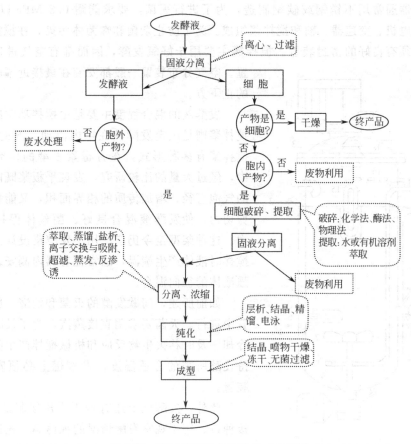

图 5-37　发酵产品的分离纯化工艺简图

5.6　生物反应器和反应动力学

生物反应器是指用以进行生物催化反应的反应器。按照生物催化剂的不同，生物反应器可以分为细胞反应器和酶反应器。这里要讨论的是发酵工业中用于细胞培养的反应器，也就是各种各样的发酵罐。与其他催化剂不同，细胞作为生物催化剂的最大特点是细胞能够不断生长，处于不同生长阶段的细胞具有不同的性质和功能。因此在生物反应器设计和反应动力学研究中都必须考虑这一特点。

工业上常用的发酵罐体积一般在数十立方米到数百立方米，最大的目前有将近 2 000 m³。一般来说，反应器的容积越大，生产单位数量产品所需的平均人力和能源消耗就越少，相应地生产效率也就越高。

发酵工业用的生物反应器应该满足如下基本要求：反应器内混合均匀、流体剪切力适宜；为了给细胞生长和目标产物合成提供最佳的环境条件，需要能够对发酵罐中的 pH 值、温度、溶氧、氧化还原势、搅拌桨转速及液位等参数进行测量和控制；必须防止杂菌污染发酵液，维持纯种培养；能够适应市场变化的需要，适合于多种发酵产品的生产；尽可能提高机械化和自动化水平，减轻劳动强度。

5.6.1　搅拌罐

搅拌罐是发酵工业最常用的反应器形式。其最基本的特征是一个带搅拌装置的反应容器。反应容器通常用不锈钢或碳钢制造，为了进行灭菌，要求能耐 0.3 MPa 以上的内压。搅拌装置由电机、变速器、轴和搅拌桨组成。为了防止杂菌和噬菌体污染，在搅拌轴穿过容器的部位必须有良好的密封装置。搅拌罐主要用于好氧发酵，因而都有空气进口和分布装置。空气分布装置一般都安装在最接近罐底的搅拌桨的正下方。

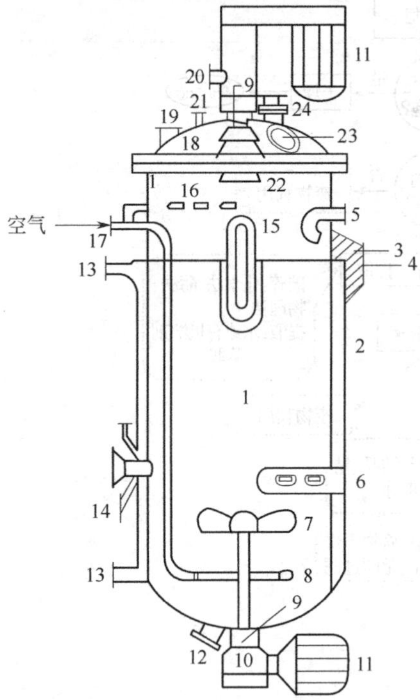

发酵液的混合程度主要是由搅拌功率决定的。而搅拌桨则是决定发酵液在罐内流动状况的主要部件。搅拌桨有多种形式，在青霉素发酵的研究开发过程中，经过大量的比较研究，发现平板桨既能维持较小的气泡直径、增加传质的相界面积，又能提供适当的剪切力，使发酵液混合良好、菌丝体保持较高的活力。这种桨型至今仍广泛用于发酵罐设计。为了防止搅拌时液体产生旋涡，通常在容器内侧安装挡板，增强液体的径向混合。

如前所述，间歇发酵的灭菌和发酵一般在同一装置中进行。灭菌要求用直接蒸汽，为了及时将发酵液冷却、及时移去生物反应和机械搅拌产生的热量、维持发酵所需的合适温度，发酵罐上必须安装热交换装置。

此外，发酵罐上还有若干进出物料的进出料口、接种口、用于观察发酵情况的视镜等。先进的发酵罐还必须配备性能优越的传感器和控制系统，如 pH 值、温度、溶氧、氧化还原势及液位等，有些发酵罐还安装了出口气体成分分析仪。典型的搅拌发酵罐如图 5-38 所示。

图 5-38　典型的搅拌式发酵罐

1—反应容器；2—夹套；3—绝热层；
4—绝热层外罩；5—接种口；6—传感器接口；
7—搅拌器；8—气体分布器；9—机械密封；
10—减速箱；11—马达；12—出料阀；
13—夹套接口；14—取样阀；15—视镜；
16—酸、碱、消泡剂进口；17—空气进口；
18—上封头；19—补料口；20—出气阀；
21—仪表端口；22—消泡器；23—顶部视镜；
24—安全阀

5.6.2　鼓泡塔

鼓泡塔如图 5-39 所示，主体是一个容器，通常呈圆柱形，高度和直径之比一般为 4～6。在容器底部通过多孔管、多孔盘、烧结玻璃、烧结金属或微孔喷雾器向发酵液鼓泡。为了加强混合，还可以在容器内安装一系列水平的多孔板、垂直的隔板等。鼓泡塔的优点是不需机械传动设备、动力消耗小、不易染菌；缺点是不能提供足够高的剪切力，传质效率低，对于丝状菌，有时会形成很大的菌丝团，影响代谢和产物合成，因此在发酵工业中很少使用鼓泡塔发酵罐。

5.6.3　气升式反应器

如图 5-40 所示的气升式反应器是在鼓泡塔的基础上发展起来的。与鼓泡塔的差别在于，气升式反应器的容器被一个隔板或导流管分割成相通的两个区域，其中只有一个区域通气。通气的区域称为上行区，不通气的区域称为下行区。由于上行区的气泡向上流动，带动着液体从下往上运动，并在顶部与气体分离后再沿下行区往下，如此循环往复。有时上行区和下行区可以分别是一个容器，两者通过底部和顶部的管道相连，这样的气升式反应器称为外循环的气升式反应器。与搅拌罐相比，气升式反应器具有节省能量、剪切力小的优点。气升式反应器的混合和传质效率要好于鼓泡塔，特别适合于对剪切力敏感的微生物细胞和动植物细胞培养过程，在工业上已经得到了应用，如单细胞蛋白生产等。

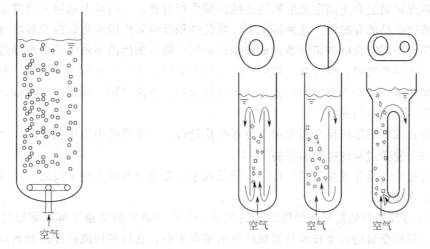

图 5-39　鼓泡塔　　　　　　　　　　　图 5-40　气升式反应器

5.6.4　流化床反应器和填充床反应器

由于细胞培养需要消耗大量的原料，而且需要一定的时间。出于节省成本和提高设备利用率的角度考虑，可以将细胞固定在某些固体物质的表面或内部，或者通过一定的方式让细胞聚集成小团，以方便这些催化剂的重复利用，这样的过程称为细胞的固定化。得到的固定在固体表面或内部的细胞称为固定化细胞。固定化细胞通常呈颗粒状。

对于固定化细胞，除了可以采用普通的搅拌罐外，还可以采用流化床反应器（图 5-41）或填充床反应器（图 5-42）。

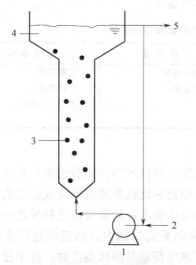

图 5-41　流化床反应器

1—泵；2—进料；3—固定化细胞；

4—静止区；5—出料

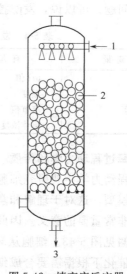

图 5-42　填充床反应器

1—进料；

2—固定化细胞；3—出料

流化床反应器通过流体的流动将颗粒状固定化细胞悬浮在流体中。对厌氧发酵体系，可通过发酵液的循环流动来实现流化，需要循环泵。对好氧发酵体系，一般多通过空气的上升带动固定化颗粒流化，因而不需要循环泵，这时发酵体系中实际存在着固体（固定化颗粒）、液体（发酵液）和气体（空气）三相，因而特称为三相流化床。

填充床则适合于固定化细胞的连续发酵生产过程。一般从上端输入培养基，下端流出含较高浓度产品的发酵液。这种情况下，单位体积反应器内固定化颗粒的装填量比流化床大得多。但由于固定化细胞长期静止地堆积在一起，随着细胞的不断生长，容易造成营养供应不良。对于好氧发酵，也可以有限度地向填充床通气，这时一般称为滴滤床。但由于固定化细胞装填过密以及必须避免产生流化，通气量受到严格的限制。因此，对多数好氧发酵，这类反应器不是很好的选择。

流化床和固定床反应器常用于废水生化处理，工业发酵中应用很少。

5.6.5 发酵过程的检测和控制

过程控制是保证发酵过程稳定，降低成本，提高效益的主要手段之一。过程控制的两个基本要素如下。

① 过程参数的测量与操作变量的调节。准确的参数测量是了解和掌握过程当前状态的基础，操作变量的调节技术是实现控制的基本手段，这些都构成过程控制的硬件。

② 过程的模型化与控制策略。通过模型可以将不同的过程参数动态地关联起来，了解这些参数反映的过程变化情况。根据控制目标和实际状况的差别，可以采用合适的策略调整某些可以控制的参数。这些是过程控制的软件。

过程参数的测量是了解发酵过程的窗口。可测量的参数可分为环境参数和操作变量两大类，见表5-4。目前，环境参数方面，pH值、温度、溶氧值、出口CO_2浓度的在线测量技术已经成熟，有些已经普遍应用于工业发酵，有些正在逐渐推广；菌体浓度和部分底物或产物（如葡萄糖、乳酸等）的在线测量技术也已经基本成熟，有望在短期内应用。操作变量方面，搅拌转速、通气量、冷却水流量、罐压、酸碱泵流速、流加速率等的测定和控制也已经不存在技术问题。可以说，发酵控制的硬件已经基本具备了。

表5-4　发酵过程中可测量的环境参数和操作变量

操 作 变 量	环 境 参 数	操 作 变 量	环 境 参 数
搅拌速度	pH 值	酸碱泵流速	底物浓度
通气量	温度	流加速率	产物浓度
冷却水流量	溶氧值		出口 CO_2 浓度
罐压	菌体浓度		

5.6.6 发酵过程动力学和传质

发酵过程动力学主要研究细胞生长、营养物质消耗和目标产物合成的速率，建立相应的动力学数学模型。这对于理解和掌握发酵过程机理、控制和优化发酵过程及发酵工艺和设备的设计都有非常重要的意义。因此，发酵过程动力学是生物工程的重要研究领域之一。细胞的生长和代谢见图5-43。细胞从环境中吸收各种营养物质到细胞内，然后经过诸多代谢途径，在酶的催化下根据需要合成细胞物质，同时向环境中释放各种代谢产物。这个过程十分复杂并受到良好的调节和控制。这种复杂性表现为如下几点。

（1）生物反应是一个多相体系

气相：好氧发酵需要通入空气，即使厌氧发酵也会代谢产生二氧化碳、氢气、甲烷等气态产物。

液相：水及溶于水的各种营养物质及细胞的代谢产物；萃取发酵及用于氧载体加入的有

机溶剂等，有时营养物质也可能是不溶于水的有机物，形成第二个液相。

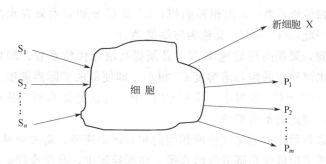

图 5-43　微生物细胞的生长和代谢过程

固相：细胞本身是微小的固相，有时还会加入不溶于水的固体底物、固定化载体等。

（2）生物反应是一个多组分体系

细胞生长的营养物质是多种多样的；细胞代谢的产物是多种多样的；即使在纯种培养时细胞本身也存在着多样性。

（3）生物反应是典型的多尺度问题

微观尺度（分子水平）：酶催化（基元）反应动力学。

亚微观水平（细胞水平）：细胞个体生长动力学。

介观尺度（微混合水平）：理想全混反应器动力学。

宏观尺度（反应器水平）：真实反应器动力学。

（4）生物反应是一个动态问题

间歇发酵和流加发酵都是动态过程，细胞的数量、大小及性质都会随着时间进程发生变化，发酵液中营养物和细胞代谢产物的浓度、发酵液的 pH 值及黏度等都是时间的函数。

即使是连续发酵过程，由于微生物细胞很容易发生基因突变等因素的影响，也很难保持长时间的稳态操作。发酵过程的非稳态特征为过程的动力学研究带来了很大的困难。

细胞是由成千上万种组分构成的活的有机体，需要多种营养成分以满足细胞生长和维持其正常活力，产物的合成也不是一两步反应所能完成的，需要经过复杂的代谢途径。因此，若要全面描述发酵过程动力学几乎是不可能的。工程科学家的长处就是能够抓住主要矛盾，将复杂的问题进行适当的简化，建立起合适的数学模型。常用的简化假设如下。

① 与生物反应器的尺寸相比，细胞的个体非常小，可以认为是一个组分。

② 细胞的数量非常大，因此可以不考虑细胞个体性质（年龄、大小等）的差异。

③ 在细胞需要的许多营养物质中，只有一两种营养物质（一般是碳源、氮源或溶氧）是限制细胞生长的物质，其他营养物质都大大过量，不会影响细胞的生长。

④ 在产物合成的诸多代谢途径中，只有一条代谢途径的代谢速率是控制产物合成的关键途径；同样，在该途径的诸多酶催化反应中，只有一个或若干个反应是速率限制反应。

根据以上假设，就可以方便地写出发酵过程的动力学模型。实践证明，这种简化的数学模型是能够描述发酵过程动力学的，也能用于过程的优化和控制。

发酵过程是一个多相共存的体系，多相系统就存在着相际的物质和能量传递。有时传质速率会成为发酵过程的速率限制步骤。目前发酵过程传质的主要研究对象是好氧过程的氧传递问题。前已述及，氧在水溶液中的溶解度很小，而微生物消耗氧气的速率却很高，因此强化氧传递是许多好氧发酵取得成功的关键。氧传递速率公式可以表示为：

$$N = k_{L}a(C^{*} - C)$$

式中，k_{L} 为液相传质系数；a 为相界面积；C^{*} 及 C 分别表示氧在水溶液中的饱和溶解度和实际溶解度，因此，$(C^{*} - C)$ 又称为传质推动力。

从上式可以看到，要提高传质速率 N，必须提高液相传质系数、增加相界面积及传质推动力。由于氧在水溶液中的饱和溶解度 C^{*} 很小，即使氧的实际溶解度为零（这在好氧发酵中是不允许的），$(C^{*} - C)$ 也很小；增加 C^{*} 的惟一方法是提高氧分压或采用纯氧，但将大大增加生产成本，因此是不可取的。

提高液相传质系数就必须增加气液两相间的相对运动速率。增加相界面积除了增加空气供应量外，另一个重要措施就是降低气泡直径。在搅拌罐中，改变搅拌桨桨型、增加搅拌桨直径、提高搅拌转速及增加挡板数等都可以减少气泡直径、提高相界面积。但是这些措施都会增加流体剪应力，对于那些剪应力敏感的微生物，高剪应力将影响微生物的生长和产物生成。这一矛盾的合理平衡对发酵罐的设计和操作有非常重要的意义，也是发酵过程放大中最重要、最困难的问题。

5.7 微生物发酵产品

几千年来，人类就一直在经验地利用微生物生产面包、馒头、酒、醋、奶酪、腌菜等传统发酵和酿造食品。尽管到了 18 世纪、19 世纪，某些产品如啤酒等已经较大规模地生产，但它们的生产方式还是更接近于手工作坊。即便是今天，尽管一些产业早已完成了工业化改造，但由于习惯的原因，一般还是将它们归入食品和酿造工业，而不将它们统计到发酵工业。

今天的发酵工业已经发展成强大的工业体系，由于发酵工业的主要原料都是可再生的农副产品，完全符合绿色化学和可持续发展的原则，发酵产品已经应用于资源、能源、农业、人类健康及环境等各个领域，并将不断发展。

发酵产品可以分为：大宗及精细化学产品；有机酸、氨基酸及其他食品添加剂；酶制剂；医药及检测试剂；农用及兽用生物产品等。

利用微生物发酵生产的产品种类繁多，要完整地统计发酵工业的经济效益是比较困难的。仅仅是根据一些产量比较大的产品的市场数据估计，20 世纪末，初级代谢物的市场在 100 亿美元左右，主要是一些氨基酸、有机酸、维生素、酶制剂等工业原料和食品添加剂；次级代谢物的市场在 400 亿美元以上，主要是抗生素和其他各种药物；而基因工程药物虽然只有不到 20 年的历史，它们的市场却也已经达到 150 亿美元左右。虽然相当一部分基因工程药物来自重组哺乳动物细胞和昆虫细胞培养技术，但其中至少有 30 亿美元以上是利用重组微生物生产的。下面简单介绍一下各类发酵工业产品。

5.7.1 大宗及精细化学产品

产量最大的发酵工业产品是乙醇。我国的乙醇产量达到了约 200 万吨，世界总产量约 1500～2000 万吨。乙醇是重要的基础化工原料，在有机合成中应用十分广泛，用于酯、醛、醚等的制备及有机溶剂。近年来，由于对环境污染的控制越来越严格，乙醇代替或部分代替汽油作为汽车燃料得到了很大的发展，燃料酒精的生产在我国及世界许多国家都引起了重视。在汽油中加入部分酒精不仅可以改善能源结构，还可以提高汽油的辛烷值、减轻环境污染，可谓一举两得。

乙醇既可以从石油化工获得，也可以由酿酒酵母或运动发酵细菌从葡萄糖、淀粉或纤维素水解物、糖蜜等发酵产生。当以葡萄糖为碳源发酵法生产酒精时，理论及实际质量得率分别为 0.51 及 0.46~0.50。在石油化工尚未崛起之前，酒精都是发酵法生产的，然后石油化工逐渐代替发酵成了酒精的主要来源，20 世纪 70 年代的石油危机促使人们重新回到了发酵法。目前的趋势是发酵法已经基本取代石油化工成为生产酒精的主要方法。

巴西由于缺乏石油资源，很早就开始汽油醇（gashol）项目的研究。他们利用广袤的土地资源和优良的气候条件，通过大规模种植糖料作物获得大量的糖蜜，再以糖蜜为原料发酵生产乙醇。巴西全国都推广应用汽油醇作为车用燃料，酒精的添加量可高达 40%。自 20 世纪 70 年代发生石油危机以来，西方国家对燃料酒精的生产也倾注了极大的热情，特别是美国，为了减少对进口石油的依赖及为本国过剩的粮食找到出路，也建立了大规模的酒精发酵工业，用于汽油醇的生产。

近年来我国为了解决农民增加收入及利用过剩的存粮，在河南、吉林等粮食主产区也建设了大规模的燃料酒精工厂。目前，河南省、黑龙江省车用乙醇汽油的推广试点工作已全面启动，并将在全国重点城市推广使用，使乙醇汽油在数年内占到全国车用汽油市场 25%~30%的份额。这对于减少我国对进口原油的依赖、提高农民收入有重要的战略意义。

木质纤维素的水解产物也是葡萄糖，木质纤维素资源数量巨大，可以不断地得到再生。随着木质纤维素预处理技术和纤维素酶生产技术的进步，从将来的发展趋势看，从纤维素、半纤维素等廉价的可再生资源水解物发酵生产燃料乙醇应该引起重视。

除了乙醇外，乳酸也具有作为大宗化工产品的前景。过去，乳酸一般用于食品工业的酸味剂，产量一直不高。科学家们发现，一个乳酸分子中的羟基能与另一个乳酸分子的羧基发生缩合反应形成可以生物降解的高分子材料，从而引起了人们的重视。聚乳酸在新型生物工程材料及可降解包装材料等领域具有巨大的应用前景。在世界各地，包括我国在内，一批规模达到几万吨至几十万吨的发酵法生产乳酸的工厂已经投产或正在建设。以葡萄糖为原料，乳酸发酵的理论及实际质量率分别达到 100%及 90%以上，几乎是乙醇发酵的一倍。

此外，发酵法生产 1,3-丙二醇、生物制氢等技术也已取得重要进展，有望实现大规模工业化生产。

发酵法生产精细化学品的工业化生产例子也很多，如黄原胶不但能用于食品工业，而且还用于钻井和石油开采；发酵法生产的甘油可用于日用化学工业；长链二元酸在香料工业中有重要的用途；衣康酸也是一种重要的化工原料，主要用于化纤、树脂、橡胶、涂料、造纸、医药、农药、轻工等领域。

5.7.2 有机酸、氨基酸及其他食品添加剂

5.7.2.1 有机酸

柠檬和酸奶都是酸的，但酸味又不同，这是因为它们分别含有一种特殊的酸味物质。柠檬中含有柠檬酸，酸奶中含乳酸。这些酸都是有机物，因此称为有机酸。

除了乳酸外，其他有机酸在食品工业中的应用十分广泛，近年来有机酸发酵工业的发展速度也非常快，其中规模最大的是柠檬酸发酵，以葡萄糖为原料发酵生产柠檬酸的实际质量产率可达到 1.0 以上。20 世纪末世界柠檬酸年产量已经超过 100 万吨，单是我国丰原生化一家企业的年产量就超过了 20 万吨。柠檬酸的另一重要用途是作为无磷洗衣粉的添加剂。

葡萄糖酸可以用作饮料和食品的酸味剂，葡萄糖酸钙常用于补钙剂，葡萄糖酸-δ-内酯可以作为豆腐凝固剂，内酯豆腐在日本、中国都有生产和销售，它是由葡萄糖经微生物催化氧化生产的。苹果酸、酒石酸、琥珀酸等都可以通过微生物发酵或转化生产。

5.7.2.2 氨基酸

蛋白质是人类和其他所有生物的重要组成成分。蛋白质是由 20 种 L-氨基酸（除甘氨酸外）通过肽键连接成的生物大分子。这 20 种氨基酸中，大部分人体自己就能制造，但还有 8 种氨基酸必须依赖于从外界吸收，主要是从食物中摄取。这 8 种氨基酸是：赖氨酸、蛋氨酸、色氨酸、苏氨酸、缬氨酸、苯丙氨酸、亮氨酸和异亮氨酸，一般把它们称为人体的必需氨基酸，离开了它们人就无法生存。食物中或多或少都含有这 8 种氨基酸。但由于食物中的各种氨基酸的比例有时会与人体所需的氨基酸组成不同，这就会降低食物中氨基酸的利用率。这时，适当补充某些食物中含量少的氨基酸就会有利于提高人体的健康水平。同样必需氨基酸对动物的生长也非常重要，在动物饲料中添加合适比例的必需氨基酸可以提高饲料的利用率，促进动物生长。

表 5-5 列出了各种主要氨基酸的年产量及生产方法。氨基酸广泛应用于医药、食品、饲料等领域。除蛋氨酸主要依靠化学合成生产外，其他氨基酸都可以采用发酵法或酶法合成，其中两种年产量超过 10 万吨的氨基酸都是利用微生物发酵法生产的。

表 5-5　各种氨基酸的年产量及生产方法

氨　基　酸	年生产规模/t	主要工业生产方法	主要用途
L-谷氨酸	800 000	发酵	调味品
L-赖氨酸	350 000	发酵	饲料添加剂
DL-蛋氨酸	350 000	化学合成	饲料添加剂
L-天冬氨酸	10 000	酶催化	制造天冬甜精的原料
L-苯丙氨酸	10 000	发酵	制造天冬甜精的原料
L-苏氨酸	15 000	发酵	饲料添加剂
甘氨酸	10 000	化学合成	食品添加剂、甜味剂
L-半胱氨酸	3 000	胱氨酸还原	食品添加剂、药物
L-精氨酸	1 000	发酵、提取	药物
L-亮氨酸	500	发酵、提取	药物
L-缬氨酸	500	发酵、提取	杀虫剂、药物
L-色氨酸	300	发酵、生物转化	药物
L-异亮氨酸	300	发酵、提取	药物

在 20 世纪 50 年代以前，氨基酸都是采用蛋白质水解方法生产的，如谷氨酸钠（味精）就是从黄豆蛋白水解得到的，当时的价格非常昂贵。日本科学家发现，谷氨酸棒杆菌或黄色短杆菌能够积累谷氨酸，从而诞生了氨基酸发酵工业，使味精成了大众化的调味品。现在高产菌株发酵液的谷氨酸产量已经能够达到约 15%。

现在，几乎所有发酵法生产各种氨基酸的微生物都是由谷氨酸棒杆菌或黄色短杆菌经过诱变育种获得的。正常状况下，微生物体内的代谢活动存在着严密的调控机制，使得微生物能适量地生产刚好够它们自身需要的氨基酸。为了能够在工业过程中让微生物过量地生产特定的某种氨基酸，就必须对微生物进行人为的改造，打破它们正常的代谢调控机制。人们对细胞内代谢调节和控制的很多认识就是从氨基酸发酵菌的选育时获得的。

另一种非常重要的氨基酸产品是 L-赖氨酸。赖氨酸是人体必需氨基酸之一，具有重要的生理功能，人体缺乏赖氨酸，就会发生蛋白质代谢障碍和机能障碍。我们日常的主要食物——谷类作物中 L-赖氨酸往往不足以满足需要，需要添加 L-赖氨酸才能将谷类食物转变为平衡食品，从而提高其营养价值。通常，在谷类作物食品中添加赖氨酸 0.1%～0.3% 就可使其中的蛋白质营养的利用价值由 50% 提高到 70%，因此 L-赖氨酸是非常重要的营养强化剂。现在工业上用来生产 L-赖氨酸的微生物主要是一种经过遗传改造的谷氨酸棒杆菌。

其他由微生物发酵法生产的重要氨基酸包括 L-苏氨酸、L-苯丙氨酸、L-天冬氨酸、L-异氨酸、L-色氨酸、L-亮氨酸等，年产量多的上万吨，少的数百吨。

由几种、十几种氨基酸按一定比例配比组成的氨基酸输液，主要用于危重病人的抢救和治疗多种疾病，目前全世界年用量估计在 8 亿瓶以上。

氨基酸除了用在医药、食品、饲料及化妆品等领域外，也是合成可降解高分子材料和一些药物的原料。从 L-天冬氨酸与 L-苯丙氨酸为原料通过酶或化学催化反应合成的阿斯巴甜（或称天冬甜精、天冬甜素、甜味素等），甜度为蔗糖的 180 倍左右，甜味纯正、热值低，分解产生的氨基酸能被人体吸收利用，已经广泛地用作糖精和蔗糖等甜味剂的代用品。聚天冬氨酸、聚赖氨酸等都是可生物降解的高分子材料，已经用于生物医药工程。

5.7.2.3 核酸

核苷酸是组成核糖核酸的单体。也有一些核苷酸不包括在核酸的序列中，而是在细胞中担负着其他一些重要使命。

工业化大量生产的核苷酸主要是肌苷酸和鸟苷酸，主要用作调味品。它们的鲜度是味精的数十倍，在味精中添加少量肌苷酸和鸟苷酸就可制成超鲜味精。肌苷酸和鸟苷酸可以采用从酵母中提取核酸再加以水解和转化的方法制造，也可以通过枯草杆菌发酵的方法生产肌苷和鸟苷，然后再用化学的方法在肌苷和鸟苷上分别接上一个磷酸，生成肌苷酸和鸟苷酸。肌苷酸和鸟苷酸的主要生产国是日本，年产量在 2500 t 左右，产值约为 3.5 亿美元。我国的肌苷生产规模比较大，主要用于医药。

5.7.2.4 维生素

早在 1753 年，苏格兰医生林德就在《论坏血病》一书中指出用柠檬和柑橘能够预防坏血病。生理学家圣捷尔吉成功地分离提取了维生素 C 而获得了 1928 年度的诺贝尔奖。紧接着，荷兰医生因在发现维生素 B_1 用于脚气病治疗的重要贡献而获得了 1929 年的诺贝尔奖。维生素（vitamin）的命名则是由生化学家丰克于 1911 年提出并沿用至今。

维生素是一类人体本身不能合成，但对人体的生长和健康十分必要的有机化合物的总称，包括脂溶性维生素 A、维生素 D、维生素 E、维生素 K 及水溶性维生素 C 和维生素 B_1、维生素 B_2、维生素 B_6、维生素 B_{12} 等。由于维生素必须从食物中摄取，在天然食品中含量很少，分布又不均匀，常会引起各种维生素缺乏症。在科学技术已经十分发达的今天，除了从食品中摄取维生素外，还可以服用各种维生素制剂以补充维生素不足，这些维生素中很多是采用微生物发酵方法制造的。

利用微生物发酵生产的维生素或维生素的前体主要有维生素 B_{12}、维生素 B_2 以及维生素 A 的前体 β-胡萝卜素。维生素 C 则是微生物发酵和化学合成结合的产物。

维生素 B_{12} 又称钴胺素，能促进红细胞的发育和成熟，是治疗恶性贫血的药物，还有促进儿童发育、增进食欲、增强体力、增进记忆力与平衡感等作用。它还是重要的饲料添加剂。维生素 B_{12} 主要来源于动物性食品和微生物，一般不存在于植物性食品中。维生素 B_{12} 虽然也可以用化学合成的方法生产，但难度较大。现在工业上主要是利用谢氏丙酸杆菌、脱氮假单胞菌等微生物的发酵过程生产。维生素 B_{12} 价格比较昂贵，虽然国际市场上年销量只有 3 t 左右，销售额却超过 7000 万美元。

维生素 B_2 又名核黄素，缺乏维生素 B_2 会导致一系列的皮肤和表皮疾病，如口角炎、口腔溃疡、皮炎、皲裂、舌头红肿等，这时候就需要服用维生素 B_2。工业上主要利用阿氏假囊酵母等酵母菌发酵生产。全世界的产量在 2000 t 以上。

天然的 β-胡萝卜素是良好的食品着色剂，还可以用作抗氧化剂和药品。人体摄入 β-胡萝卜素后，在肠道内可以将其转化为维生素 A，因此 β-胡萝卜素又被称为维生素 A 原。天然 β-胡萝卜素可以从富含 β-胡萝卜素的生物中提取，或者通过大规模养殖富含 β-胡萝卜素的杜氏盐藻来生产，也可以利用三孢布拉霉（一种毛霉）、黏红酵母、分枝杆菌等微生物发酵生产。

麦角固醇经紫外线照射后，形成维生素 D₂，因而称为维生素 D 原。维生素 D 能促进小肠黏膜对钙、磷的吸收，促进骨骼生长，防治小儿佝偻病。作为饲料添加剂能显著地提高家禽的产蛋率和孵化率。工业上麦角固醇可以利用一些酵母、霉菌发酵生产，也可以从发酵工业中产生的废菌丝中提取。

维生素 C 也就是抗坏血酸，最早是用"莱氏法"生产的，这种方法需要经过五道工序。先利用醋杆菌将 D-山梨醇发酵为 L-山梨糖，再经过三步化学反应生成 2-酮基-L-古龙酸，最后一步是将 2-酮基-L-古龙酸转化为维生素 C。这种方法操作繁琐，而且容易造成较大的环境污染。20 世纪 70 年代，中国科研人员发明了"用二步发酵法生产维生素 C 中间体——2-酮基-L-古龙酸的方法"，改进了老的生产工艺，降低了生产成本。二步发酵是指先利用醋杆菌将 D-山梨醇发酵为 L-山梨糖，然后再利用假单胞菌将 L-山梨糖发酵为 2-酮基-L-古龙酸，用一步发酵代替了三步化学反应。这项技术对提高中国维生素 C 工业生产水平产生了重要的影响，使我国一跃成为维生素 C 生产大国。该项发明获 1980 年国家发明奖二等奖。1985 年该项技术作为当时中国最大的一宗技术出口项目转让给瑞士 Roche 公司。二步发酵技术至今仍是维生素 C 生产的主导技术。国际市场上维生素 C 的年销售量在 6 万吨左右。

5.7.3 酶制剂

很多工业酶制剂都是利用微生物发酵生产的，其中产量最大的是水解酶类。例如，利用枯草杆菌能生产淀粉酶和碱性蛋白酶，利用黑曲霉等霉菌可以生产糖化酶，利用绿色木霉可以生产纤维素酶，其他如果胶酶、壳聚糖酶、乳糖酶等都可以通过微生物发酵获得。水解酶都是胞外酶，表达水平较高，分离提取也较容易，因此生产成本低廉。目前已经广泛用于食品、纺织、洗涤剂等工业部门。

其他酶类大部分都在细胞内积累，需要先将细胞破壁后才能释放出来，随后进行分离和提取。有时也可以将含酶的微生物细胞直接作为生物催化剂用于生物转化，如多种细菌和放线菌都能产葡萄糖异构酶，就可以直接将产酶的细胞固定化用于高果糖浆生产；又如在许多激素类药物的生产中，常需特殊的氧化还原酶催化甾类化合物的转化，一般都采用整细胞作为催化剂。

产酶的高产微生物菌种都需要进行遗传育种才能获得。近年来，为了提高微生物的产酶能力，已经广泛采用基因重组技术，并取得了重要进展，许多工业化应用的高产酶菌株都是基因工程菌。同时，在基因重组技术的上也有了重大突破，DNA 重排、基因组重排等新技术的应用大大缩短了筛选高产菌株所需的时间，减少了工作量，并能有目的地对酶的结构和功能进行改造。

由于酶的应用领域扩大，原有的酶制剂生产水平不断提高，新的酶制剂正在不断地出现，使工业酶制剂已经形成了一个巨大的市场。据不完全统计，目前的世界市场估计已经超过 20 亿美元，而应用这些酶制剂生产的产品的市场价值要大得多。例如，仅仅是利用酶催化反应生产的高果糖浆、阿斯巴甜、丙烯酰胺这三个产品的市场价值就要超过

40 亿美元；以青霉素和头孢霉素 C 为原料经酶催化获得的 6-APA 和 7-ACA 已经成为生产各种半合成抗生素的主要原料，也已经形成了很大的市场规模。

酶制剂在轻工、食品及纺织工业等领域的应用如图 5-44 所示。事实上，酶的应用已经远远超过了这些领域，在医药、检测、有机合成、农业及环境等领域到处都能够看到酶的身影。

5.7.4　医药及检测试剂

微生物次级代谢物对我们的健康和营养起着十分重要的作用。包括各种抗生素和其他药物、杀虫剂、动植物生长因子等在内的微生物次级代谢物对人类的生活和生产起着举足轻重的影响，这些产品对世界经济也十分重要。

尽管次级代谢物并不是微生物的基本生理活动所必需的，但在自然条件下，它们对微生物的作用还是非常重要的，这些作用包括：作为性激素、作为与其他微生物或高等生物进行生存竞争

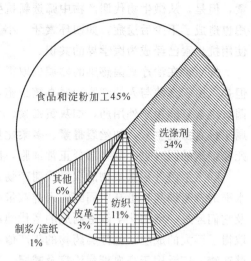

图 5-44　酶制剂各种用途的用量分布

的武器、参与和帮助微生物与其他微生物或高等生物的共生、作为离子载体参与物质运输、传递分化信号等。

最著名的微生物次级代谢物就是抗生素，几乎所有的人在一生中都或多或少地用过抗生素，它们已经成了人类与细菌感染引起的疾病作斗争的有力武器。这是一类包括多种结构和性质的具有生物活性的化合物，常见的主要抗生素类型有氨基糖苷类、β-内酰胺类、四环素类、大环内酯类及多肽类等。除青霉素外，大部分常见的抗生素都是利用放线菌生产的。它们共同的特点是能抑制某些微生物的生长甚至杀死这些微生物。已经发现的由微生物产生的天然抗生素已经有 8000 种左右。而将这些抗生素经过一定的化学改造制成的半合成抗生素更是达数万种之多。当然其中大部分天然抗生素和半合成抗生素并没有应用到医疗上。目前已经商业化生产的抗生素还不到 200 种。20 世纪末，世界抗生素市场的年产值大约在 280 亿美元左右。其中头孢和半合成头孢类抗生素的产值最大，达到 120 亿美元左右。青霉素类的抗生素产值也较大，达到 44 亿美元左右。其他产值较大的还有红霉素类（约 35 亿美元）、四环素类（约 14 亿美元）、糖肽类的万古霉素和替考拉宁（共约 10 亿美元）等。一些主要抗生素品种及其产值见表 5-6。

表 5-6　各类抗生素和相关药品的产值

抗　生　素	年产值/百万美元	抗　生　素	年产值/百万美元
抗生素	28000	降血脂药	
头孢类	11000	他汀类	8400
青霉素类	4400	免疫抑制药	
红霉素类	3500	环孢素 A	1500
四环素类	1000	植物生长促进剂	
万古霉素与替考拉宁	1000	赤霉素类	120
驱虫药		生物杀虫剂	
阿维菌素类	1000	苏云金杆菌毒素	125

抗生素主要的应用领域之一是治疗细菌感染。从青霉素开始，抗生素在这一领域取得了

巨大的成功。但抗生素的大量使用也带来了一个后遗症，就是耐药性细菌的不断出现。由于细菌产生了耐药性，原来有效的抗生素就不再有效，这样就迫使人们去研究开发新的抗生素，但是，从微生物代谢产物中筛选新抗生素已经越来越困难。另外，有些抗生素的不当使用也造成了不少后遗症，如四环素牙、小儿使用链霉素引起的耳聋等。因此，科学、合理地使用抗生素已经成为医学界的共识。

抗生素在治疗真菌感染的领域也取得了许多进展，获得了许多不同分子结构的抗生素。但是，由于真菌与人的细胞同属真核细胞，在结构和组成上有许多类似之处，使大多数抗真菌抗生素只能用于外用药，如灰黄霉素、大观霉素、纳他霉素等。用于癌症治疗的抗生素也属于抗真菌抗生素，如丝裂霉素、多柔比星、博来霉素等。这些抗癌药物常用于化疗，在杀死癌细胞的同时也会危害部分正常细胞，因此有比较严重的副反应。

除了杀菌外，微生物的次级代谢产物还具有其他重要的生物活性。例如，随着人类生活水准的普遍提高，患高胆固醇的人群数量日益庞大。微生物来源的洛伐他汀、普伐他汀、以及它们经过一定的化学改造制成的辛伐他汀和氟伐他汀等半合成他汀类产品在降胆固醇领域取得了巨大的成功，他汀类药物的年产值目前已经高达 100 亿美元。阿卡波糖也是微生物发酵产物，广泛用于高血糖症治疗及减肥。

另外，由于近年来在器官移植手术已经比较成熟，用于抗器官移植排斥反应的免疫抑制剂需求量也很大。目前临床应用最多的是环孢素 A，其年产值为 15 亿美元左右。

微生物（包括基因工程菌）发酵生产的许多酶和抗体能用于分析检测，以利于各种疾病的诊断。

5.7.5 农用和兽用生物制品

微生物代谢产物的另一重要用途是农业和畜牧业，包括微生物肥料、杀菌剂、杀虫剂、除草剂及生长调节剂等。

大量使用化肥提高了农业生产成本，破坏了土壤结构，而且已经成为水质污染的重要面源。而微生物肥料则是绿色的无公害肥料。微生物肥料就是利用特定微生物增加土壤肥力的微生物制品。利用微生物将农作物秸秆及城市垃圾分解的同时自身大量增殖，就形成了有机堆肥，不但能增加土壤的肥力，还能改善土壤的结构；利用大量培养的根瘤菌等具有固氮能力的微生物并施用到农田，可以大大降低氮肥的施用量；还有一些微生物则能将土壤中难溶于水的无机磷化合物及含钾矿石分解为易被植物吸收的形式以增加土壤肥力。

随着人类越来越重视食品安全、越来越提倡有机（绿色）食品，在农牧业中过去大量使用的化学合成农药已经逐渐退出历史舞台，如六六六、DDT、1605、1059、甲胺磷等对生态有严重影响及对人类有剧毒的农药都已禁止使用，一批生物农药或兽药则因其低毒或无毒而且容易生物降解等显著优点正在崛起。

第一个实际应用的生物杀虫剂是苏云金杆菌（Bt）。科学家们发现，这种微生物的芽孢中有一种称为伴孢晶体的蛋白质，它能将鳞翅目等害虫杀死。这种毒蛋白对人体无害，在环境中能被完全降解，因此是一种绿色农药。自 1911 年在德国的苏云金这个地方发现苏云金杆菌以来，现在已经广泛用于棉铃虫、螟虫等的生物防治。真菌中的白僵菌可用于防治松毛虫、玉米螟等，绿僵菌则用于防治金龟子。有些微生物还能用于防治杂草生长，如我国的"鲁保一号"真菌可杀死大豆地中的杂草菟丝子，但对大豆和人畜无害；粉苞柄锈菌对防治小麦地里的灯芯粉苞苣有效等。

一些微生物的次级代谢产物已经广泛用于农牧渔业。如兽用为主的驱虫药盐霉素、莫能菌素、拉沙里菌素（拉沙洛西）、泰乐菌素、马杜（拉）霉素、阿维菌素等对畜牧业起着非常重要的作用；井冈霉素、多杀菌素、米多霉素及阿维菌素等用于农业中的杀菌、杀虫及防治病毒感染；赤霉素等用于植物生长的调节；还有许多抗生素用做饲料添加剂等。这些产品的市场也相当庞大，光是用阿维链霉菌生产阿维菌素和它的后续半合成产品的年产值就高达10亿美元。值得指出的是，许多国家对农牧渔业中抗生素的应用也已经作出了严格的规定，以避免它们通过食物链进入人体引起不良影响。

酶在农牧业中的应用也已经引起人们的注意。例如，纤维素酶能帮助食草类动物消化，提高饲料转化率；植酸酶能将饲料中的植酸水解，水解得到的磷酸能被动物利用，促进动物生长，因此已经用于饲料添加剂等。

5.7.6 由微生物发酵生产的多糖和聚羟基链烷酸

多糖是由许多单糖按一定的规律聚合而成的大分子物质。常见的淀粉、纤维素、半纤维素、壳聚糖等都是多糖。除了这几种自然界最常见的多糖外，利用微生物发酵还能生产出许多具有特殊功能的多糖。

微生物发酵生产的多糖主要有黄原胶（xanthan）、右旋糖酐（dextran）、结冷胶（gellan）、小核菌葡聚糖（scleroglucan）、短梗霉多糖（pollulan）和热凝多糖（curdlan）等。它们的应用领域非常广阔（见表5-7）。其中，黄原胶主要用于食品工业和原油开采，年产量达到3万吨，年产值约4亿美元。

表 5-7　各类微生物多糖及其用途

微生物多糖	产 生 菌	用 途
黄原胶(xanthan)	*Xanthomonas campestris*	石油开采、食品工业
右旋糖酐(dextran)	*Leuconostoc mesenteroides*，*Streptococcus species*	医药工业、食品工业、实验材料
结冷胶(gellan)	*Pseudomonas elodea*	食品工业、医药工业、日用品
小核菌葡聚糖(scleroglucan)	*Sclerotium rolfsii*，*Sclerotium glucanicum*	石油开采、乳胶漆和油墨制造、种子
短梗霉多糖(pollulan)	*Aureobasidium pullulans*	可降解保鲜膜
热凝多糖(curdlan)	*Alcaligenes faecalis* var. *myxogenes*	食品工业

聚羟基链烷酸（PHA）是一类由许多含羟基的直链烷酸聚合而成的线形生物大分子（图5-45）。常见的单体是3-羟基酸（也即图5-45中$X=1$），细菌产生的PHA的单体碳链长度在3～14之间。不同的细菌和碳源，所产生的PHA的单体组成也不同（见表5-8）。

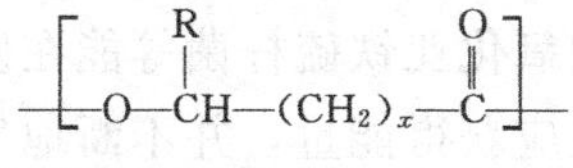

$$\left[O-\underset{\underset{R}{|}}{CH}-(CH_2)_x-\underset{\underset{O}{\|}}{C} \right]$$

图 5-45　聚羟基链烷酸（PHA）的结构单元通式

与传统的由化学工业制造的聚合物相比，PHA具有一个非常突出的优点——良好的生物降解性能。在自然界中，PHA可以被微生物降解，而且产生的降解产物不会污染环境。这为解决白色污染问题带来了新的希望。20世纪80年代，英国的ICI公司率先开发出PHA的商业化产品，其商品名为"BIOPOL"。但是，由于成本比由石化原料合成的聚合物高，又缺乏强有力的政策支持，未能大规模推广。看来在这个问题上，廉价的石油再次成为生物工程发展的绊脚石。近年来，我国在PHA的研究和开发已经取得了重要进展，PHA在细胞内的含量已经达到占细胞干重的90％以上，通过基因工程改造和采用流加发酵工艺，发酵液中细胞干重达到了200 g·L^{-1}以上。PHA在生物医药工程中的应用研究也已经取得成功。

表 5-8　不同的细菌、不同的碳源产生的 PHA 的组成

细　菌	碳　源	PHA 的组成										其他单元
		3-羟基酸单元										
		C₃	C₄	C₅	C₆	C₇	C₈	C₉	C₁₀	C₁₁	C₁₂	
Ralstonia eutropha	葡萄糖		●									
Ralstonia eutropha	葡萄糖＋丙酸		●	○								
Ralstonia eutropha	葡萄糖＋4-羟基丁酸		●									○ (4HB)
Comamonas acidovorans	葡萄糖＋4-羟基丁酸		○									● (4HB)
Alcaligenes latus	蔗糖＋3-羟基丙酸	○	●									
Pseudomonas aleovorans	癸酸				○		●		○			
Pseudomonas aleovorans	壬酸				○	○	●	●	○	○		
Pseudomonas aeruginosa	葡萄糖酸						○	○	●		○	
Rhodococcus ruber	葡萄糖		○									

● 主要的结构单元；○ 相对较少的结构单元；4HB：4-羟基丁酸。

5.8　资源和能源领域中的微生物工程

随着微生物学和现代生物技术的不断进步，微生物在发酵工业之外的应用正日益广泛。特别是在资源和能源的开发利用方面，微生物技术因其环境友好、效率高、成本低等特点，具有其他技术不可比拟的优势。目前，微生物在资源开发、转化和能源生产等诸多领域的成功实践正引起各国政府和科技界的高度重视。本节将介绍微生物工程在资源和能源领域的一些具体应用。

5.8.1　微生物冶金

微生物冶金是利用微生物的催化作用将矿物中的金属氧化，以离子的形式溶解到浸出液中加以回收的过程。由于冶金过程是在水溶液中进行的，因而属于湿法冶金，又称为微生物湿法冶金。微生物冶金既可以应用于铜、镍、锌等硫化矿的提取，也可用于金、铀等其他金属的提取。

以采铜为例，对一些铜含量特别低的矿床，由于开采成本太高，可以采用就地浸出法。先利用强烈的地下爆破将地下矿层中的矿石炸碎，然后，将人工培养的细菌注入碎矿石层。这些细菌进入矿层后，其中的一部分细菌如氧化硫杆菌、聚硫杆菌等把矿石中的硫或硫化物氧化生成硫酸，而另一部分细菌如氧化亚铁硫杆菌等能在硫酸存在下把硫酸亚铁氧化成为硫酸铁。而细菌本身也借助于这些反应获得能量，并不断地生长繁殖。氧化产生的硫酸铁又可以进一步将黄铁矿和辉铜矿分别氧化为硫酸亚铁和硫酸铜，同时自身被还原成硫酸亚铁。通过这样的方式，矿石中的铜离子就被浸出成为可溶于水的硫酸铜。另外，有研究表明，这些细菌往往还会分泌出一些有机物质，其中的部分有机物对金属离子具有螯合作用，通过这种作用也可以让部分铜离子溶解到水中来。由于不需要把矿石从地下运出来，这种方法称为就地浸出法。至于要把硫酸铜转变为铜，只需加入铁粉，就可以把铜置换出来。当然，也可以采取电解等其他方法提取铜。

对于含铜量稍高一些的贫矿，则可以考虑先把矿石开采出来，然后在合适的场地上按一定的方式堆起来，再从上面喷淋含特定微生物的浸出液。这种方法虽然增加了开采成本，但有利于提高微生物的生长速率和铜的浸出速率，也便于控制浸出溶液中硫酸铜的浓度和收集

浸出液。对于一些大型的矿山和冶炼厂，还可以采用带搅拌的反应器（或反应槽）进行湿法冶金，虽然成本高一些，但反应速率也会大大提高。

除了铜矿外，微生物湿法冶金已经在从贫矿中提取铀和金上得到了工业应用。对其他很多金属如镍、锌、锰以及一些复合矿的湿法冶金技术也正在从试验室研究向工业应用迈进。

地球上的金属矿藏很多，除了一些金属含量较高的富矿外，还存在大量的贫矿。随着富矿资源的不断减少，贫矿资源的利用已经摆上议事日程，特别是对我国这样资源比较贫乏的国家，贫矿的利用显得尤其重要。微生物冶金的优势在于反应条件温和、环境友好、能耗低、流程短，而且能够用于贫矿的利用。

中国大概是世界上最早利用细菌作用进行湿法冶金的国家，宋朝初年胆水浸铜法已大规模用于生产。北宋张潜著的《浸铜要略》是关于胆水浸铜法的最早的专著，内有"胆水浸铜"，"以铁投之，铜色立变"的描述，这就是我们所说的用细菌浸出铜后，再加铁屑以置换出金属铜的方法。

5.8.2 磷矿的微生物处理

中国磷资源丰富，但很多是中低品位的磷矿。若直接用酸法制肥，由于其中的碳酸盐含量过高，不仅要消耗大量的酸，而且产品质量也很难合格。而如果先进行选矿，成本又会大幅度上升。这是目前我国磷肥工业的难题之一。探索利用微生物处理低品位磷矿，生产低成本的微生物磷肥将是解决这一难题的有效方法。

能够溶解矿物中的磷的微生物很多，主要包括芽孢杆菌、假单胞菌、欧文菌、亚硝化菌、硫杆菌、链霉菌、曲霉、青霉等。微生物溶解磷的机理之一是它们在自身的代谢活动中会产生一些有机酸，如柠檬酸、草酸、醋酸、酒石酸等，这些有机酸可以与磷矿中的钙、镁、铁、铝等金属离子结合，从而促使磷矿的溶解。

所以，可以将磷矿粉和培养基混在一起，利用微生物发酵过程将磷矿粉中的不溶性磷转化为可溶性磷，然后将这些可溶性磷和发酵产生的大量微生物一起作为高效的复合磷肥使用。另外，也可以将未经过发酵的磷矿粉和少量微生物一起直接在农田中施用，让微生物在土壤中发挥解磷作用。

5.8.3 微生物与石油资源的开采和利用

石油似乎天生就与微生物有缘。石油从它的来源和形成到勘探、开采、应用乃至石油在开采、运输和应用过程中造成的污染的清除，到处都有微生物的参与。

一般认为，石油是深埋在地下的古代动植物和微生物的残体，在地层深处的压力和温度下经受漫长的演变而形成的。在石油的最初的形成过程中，很可能也有微生物的参与。而在原油中发现的一些特殊微生物的存在至少可以说明微生物参与了石油的后期演变。

石油是工业的"血液"，但它深埋在地下，给勘探带来了难度。微生物王国中的一些以石油中的烃类为食物的细菌（例如乙烷分解细菌等）可以作为石油勘探队的向导。

石油是由各种烃类有机化合物组成的。石油虽深埋地下，但总有一些烃会透过岩层缝隙跑到地层的浅处，有些微生物喜欢以烃类有机物为食。虽然跑到地表层的烃很少，但也足以让这样的微生物维持生命并繁衍后代。因此，勘探队员如果在某地区的土壤中发现大量的以烃为食的微生物，说明那里就很可能有石油，再配合其他的探测方法，就可确定油藏的分布范围了。

发现石油资源后，接下来的任务就是要把这些原油开采出来。采油工人首先会根据油层的分布进行钻井。油井钻成后，由于地层的压力部分原油从井中喷涌而出，这个过程称为一次采油。随着原油不断的涌出，地层下原油的压力就被逐步释放，到一定的时候原油就不会自动喷出来了。所以一次采油虽然省事，但只能开采出一小部分原油。

一次采油后，为了把大量的原油开采出来，通常采用注水驱油的方法，通过注水井往油层中高压注水，靠水的流动把油从地下驱出，这个过程称为二次采油。二次采油一般也只能开采出不到一半的原油，其原因是原油比水黏得多，所以水比原油流得更快，这样在高压下，注入的水到了一定的时候就会穿透原油直接冲出地面，这样就失去了驱油的能力。

在一次采油和二次采油后，为了能将更多的原油开采出来，就需要采用各种各样的其他采油技术来继续将剩下的大量石油从地下驱出，这个过程通称为三次采油。微生物采油技术就是三次采油技术中的一种。

微生物采油技术又可分为地上微生物采油技术和地下微生物采油技术。地上微生物采油技术是在地面上的工厂里利用微生物发酵生产出某些微生物多糖或者微生物表面活性剂，然后再把这些多糖和表面活性剂加到用来驱油的水中，就可以提高原油开采量。其中最常用的驱油发酵产品是黄原胶，将黄原胶溶解在水中能极大地提高水的黏度。微生物地上采油技术的优点是效果比较明显，速度快。但是由于要在工厂里发酵生产这些驱油用的生物产品，成本比较高。

地下微生物采油技术是将一些特定的微生物（如某些假单胞菌、芽孢杆菌等）和一定量的必要的营养物质（通常是廉价的蔗糖工业副产物糖蜜等）一起注入储油岩层，让微生物在岩层这个巨大的天然发酵罐中生长繁殖，利用生成的大量微生物细胞以及它们在生长过程中产生的代谢物来改变原油的性质，提高开采效率。

地下采油最有效的方法是将微生物和营养物质一起用高压泵从注水井注入储油层，让微生物在油层中迁移、生长和繁殖，并产生各种代谢物。通过微生物和它们的代谢物的作用将油从采油井驱出。这样的过程称为微生物驱油。

微生物还可以在石油加工中发挥作用。石油产品的质量与其中蜡的含量高低有很大关系。飞机如果使用含蜡量高的汽油，高空的低温会使蜡凝固起来，将飞机上的油管堵塞，造成严重事故。因此，航空石油产品就要进行脱蜡处理。利用解脂假丝酵母和热带假丝酵母等微生物可以吃掉石油中的蜡。而产生的大量酵母细胞含有丰富的蛋白质和维生素，可以作饲料用。

在石油生产和使用过程中，石油污染是极其普遍的现象。尤其是在运输过程中被大量渗漏时，常造成严重的后果。利用那些以烃类为食物的微生物可以消除这些污染物，净化环境。

5.8.4 从生物量到能源

生物量（boimass）是指单位面积或体积内生物体的质量，在资源领域，也指所有通过光合作用转化而成的有机物。生物量是地球上最丰富的资源和能源，其最突出的优点是可以再生。

生物量中最丰富的是植物纤维。植物纤维由纤维素、半纤维素、木质素这三种生物大分子组成。纤维素分子是由很多葡萄糖按一种不同于淀粉的糖苷键结合而成的线形分子，所以其分解产物与淀粉的分解产物一样，都是葡萄糖。半纤维素则是由很多木糖结合而成的大分子。木质素的组成就更加复杂一些，是由各种形式的芳香族化合物聚合而成的。

植物纤维资源丰富，以我国为例。我国的粮食年产量约为 5 亿吨，秸秆产量一般是粮食的 1～1.5 倍；加上其他农作物秸秆及木材加工工业副产品，可以利用的木质纤维素资源每年将达到约 10～15 亿吨，接近我国的全部一次性能源的年产量。只要将其中的一部分加以利用，通过生物或生物-化学方法转换成乙醇、甲基四氢呋喃等燃料添加剂，将可以为解决我国的燃料供应紧张做出重要贡献。另外，从生物量通过微生物转化获得氢气，将为可持续发展战略的实施提供新一代清洁能源。近年来，在生物柴油方面的研究和开发也取得了重要进展。显然，微生物在可再生绿色能源领域将大有用武之地。

思考题

1. 微生物工程的主要研究内容和应用领域有哪些？微生物工程与发酵工程两个概念有什么差别？

2. 为什么说微生物与现代生物技术的发展密切相关？

3. 细菌细胞的主要结构是怎样的？为什么将细菌归入原核生物？

4. 放线菌与细菌、霉菌在结构上分别有什么不同？为什么它可以看作是一种革兰阳性细菌？

5. 工业上常见的霉菌有哪些？它们的繁殖方式有什么差别？

6. 常见的微生物育种方法有哪几类？它们各有何优缺点？你认为哪一类方法更有发展前景？为什么？

7. 微生物生长、繁殖所需要的营养成分有哪些？它们分别为微生物提供哪些元素？

8. 单细胞微生物间歇发酵过程中，微生物的生长可以分为哪几个阶段？为什么会出现这些阶段？

9. 发酵有哪些操作方式？它们各有什么优缺点？

10. 适合于固定化细胞的反应器类型有哪几种？为什么？

11. 在好氧发酵中如何改善氧传递效率？

12. 微生物工程的技术和产品中，哪些对人类社会的可持续发展具有重大意义？为什么？

主要参考书目

1 岑沛霖，蔡谨编. 工业微生物学. 北京：化学工业出版社，2000

2 林建平. 小生命大奉献——微生物工程. 杭州：浙江大学出版社，2002

3 Colin Ratledge, Bjørn Kristiansen. Basic Biotechnology. Cambridge：Cambridge University Press，2001

4 无锡轻工业学院编. 微生物学. 北京：轻工业出版社，1990

5 武汉大学，复旦大学生物系微生物教研室编. 微生物学. 第二版. 北京：高等教育出版社，1987

6 俞俊棠，唐孝宣主编. 生物工艺学（上、下册）. 上海：华东化工学院出版社，1992

7 郭质良编. 溶剂发酵化学. 中国台北：台湾商务印书馆，1972

第6章 环境生物工程

6.1 环境污染及其现状

6.1.1 环境污染

环境是指"存在的土壤、水、空气，包括建筑物内的空气和其他地面或地下的自然或人工结构中的空气及其组成要素"。而污染则是"任何对环境中生存的人和其他生命有机体产生危害的物质释放到环境中的行为"。由此可以进一步定义环境污染是"由于自然或人为的活动引起某些物理、化学和生物等有毒或有害因素进入环境，使环境和它的组成要素如大气、水体、土壤等发生改变，破坏环境生态平衡，使环境系统状态与功能变差，最终影响人类及其他生物正常生存和发展的环境不协调现象"。

通过一系列的灾难性环境事故，人类逐渐提高了对环境污染问题的认识和重视程度。20世纪三四十年代英国曾多次发生严重的烟雾事件，促使英国于1948年颁布了人类历史上第一个环境法律——公共卫生法。到了20世纪五六十年代，工业发展速度加快，烟雾事件频繁发生，如著名的洛杉矶光化学污染事件等；日本由于水和空气污染发生了严重的水俣病、哮喘病、骨痛病和米糠油污染等公害事件，这些事件震惊了世界。1969年，美国率先颁布了国家环境政策条例，并于1970年建立了美国环境保护署（EPA）。在1977～1982年间，美国通过了关于清洁空气、清洁水以及有害废弃物等方面的一系列法律。

环境污染是一个超越国家的问题，需要世界各国的共同努力。在联合国的组织下，国际社会制订了一系列的协议。1957年，制订了罗马条约（Treaty of Rome），提出维护和改善环境、致力于保护公民健康、谨慎并理性地利用资源及完善处理环境问题等原则；1972年世界各国共同签署了斯德哥尔摩宣言；1987年的蒙特利尔草案会议以后，又颁布了一系列有关污染控制、水资源利用、水产业、水污染、生物多样性等方面一系列国际公约；1991年在荷兰签署的马斯特里赫特义务条约进一步补充完善了罗马条约的内容；1994年签署了海上污染条约。1997年149个国家和地区的代表在《联合国气候变化框架公约》缔约方第三次会议上通过了《京都议定书》，议定书要求38个工业化国家到2012年将温室气体排放量降低到1990年以下的水平。一系列有关环保的法令、法规及国际条约对环境污染控制起到了积极的作用。但是在人口高速增长及人们对提高生活水平的强烈愿望促使下，世界范围内环境恶化的趋势并未得到根本遏制。人类只有一个地球，保护人类赖以生存的地球环境已经成为每个人都必须付出努力的重要使命。

6.1.2 环境污染的分类

如表6-1所示，环境污染大致可按环境要素、污染产生原因、污染物性质、污染物形态以及污染分布范围等分为六种类型。

表 6-1　环境污染的类型和形式

污 染 类 型	污 染 形 式
污染物性质	生理性污染、物理性污染、化学性污染和生物性污染
污染物形态	废气污染、废水污染、固体废弃物污染、噪声污染和辐射污染
被污染的客体	大气污染、水体污染、土壤污染、食品污染等或多个客体同时被污染
污染原因	生产污染、生活污染、农业污染和交通污染
污染程度	轻度污染、中度污染、重度污染和严重污染
污染影响范围	室内污染、点源污染、面源污染、区域污染和全球污染

6.1.3　大气污染与温室效应

　　大气污染是指有害、有毒气体和悬浮物质进入大气中，其浓度超过了大气环境的容许量，致使大气质量恶化，对人类及动植物产生直接或间接危害的现象。大气污染物主要来源于人类活动、工业、农业和畜牧业、厂矿、交通运输、火山爆发和核爆炸等排出的有害有毒废气等。已知的大气污染物超过 1500 种，其中排放量大的有烟尘和粉尘、二氧化硫、一氧化碳、氮氧化合物、挥发性有机物、碳氢化合物、铅蒸气等近 200 种，对人类和环境影响也最严重。根据污染源的性质和能源结构不同，可将大气污染物分成以烟气、灰尘、硫化物、氮氧化物等排放的煤炭型，以汽车尾气排放为主要污染源的石油型，由燃烧煤炭和石油加工过程中产生的废气组成的混合型和以易挥发有机物（VOC）、氯气、酸雾、硫化氢、汞及其他金属蒸气等的特殊型等四种类型。

　　形成温室效应的气体主要指 CO_2、氟利昂、甲烷及氧化氮等多原子气体，它们对温室效应贡献的比率分别为 57％、25％、12％ 及 6％。如图 6-1 所示，由于化石燃料的大量使用，在过去的 200 年来，地球大气中的 CO_2 含量由 280×10^{-6} 上升到了 360×10^{-6}，现在大气中 CO_2 含量每年都上升约 0.5％。图 6-2 则是 Houghton 等对今后 100 年内化石燃料燃烧导致 CO_2 浓度上升所带来危害的预测：全球大气温度升高、冰山融化使海平面上升。这些污染物除了产生温室效应外，还造成了南极上空臭氧层的变化，使臭氧层空洞逐渐扩大，地球上的紫外辐射增强。此外，还在局部地区产生了严重的光化学污染和酸雨。

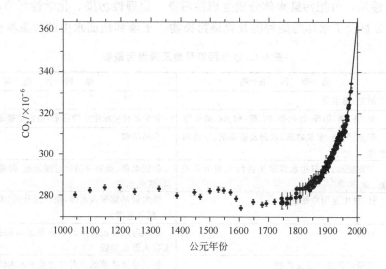

图 6-1　千年来大气中 CO_2 含量的变化情况

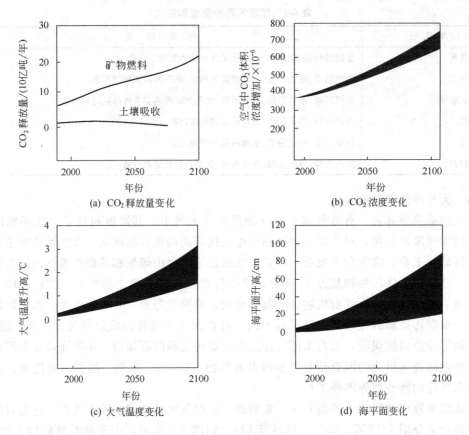

图 6-2　CO₂ 释放量上升对全球气候变化的预测

影印部分为估算值上下限

6.1.4　水体污染

　　人类在生产、生活过程中产生的有害有毒物质进入水体，当排放量超过水体的自净能力时，就会引起水质恶化，降低了水的使用价值，造成对环境、人体和其他生物的危害现象。按照污染物的性质，可把污染水体分成生理性污染、物理性污染、化学性污染和生物性污染等四类。表 6-2 显示了水体污染种类及典型污染物。土壤和地面水中的污染物也会渗透到地

表 6-2　水体污染种类及典型污染物

污染种类	典 型 污 染 物	原 因 及 危 害
悬浮固体物质	烟尘、粉尘等	
无机物	汞、铬、镉、铅等，氰化物，氮、磷，酸、碱、盐类等	重金属易被水生生物富集，由食物链途径放大进入人体
有机物	苯类、酚类、多氯联苯、农药及杀虫剂、生活污水等	不易降解
水体富营养化	工业废水、农田排水以及生活污水中所含的氮、磷、钾等	促使水草、藻类等植物过度繁殖，降低水体中溶解氧含量，恶化水质
热污染	核、电工业用冷却水	将大量热能带入水体，使水温升高、水生动植物繁殖加快、耗氧量增大
油污染	原油	采油与运输过程中的事故性泄漏和扩散、炼化厂废油水排入形成油膜
放射性污染	核爆炸裂变或衰变产物	核试验等散落的放射性物质进入水体
生物性污染	病毒、细菌、真菌、寄生虫等	病原体污染

下水引起地下水污染。据研究，地下水污染可分为四类：以生活污染为主的硝酸盐、总硬度、矿化度等超标污染型；以工业污染为主的酚、氰、铬、砷、汞、镉、铅等有毒有害的重金属超标污染型；以三氮、有机物和重金属等复杂成分超标及农药、化肥、污灌等构成的地表或地下水污染型；因海水或咸水入侵使地下水层污染型等。

图 6-3 为从古罗马到现在各种水体污染范围的变化趋势。在工业革命前，基本上没有发生 $(1\sim10)\times10^5$ km^2 范围的水体污染，但是在最近 200 年里，水体污染的面积正在扩大，水质变差已成为全球性的问题。

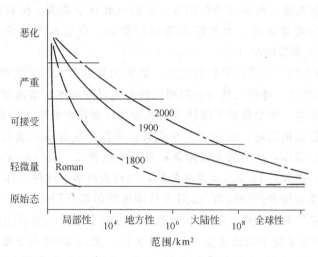

图 6-3　从古罗马到现在各种水体污染范围的变化趋势

6.1.5　土壤污染

土壤污染是指污染物在土壤中累积的浓度超过了土壤环境容量，引起土壤质量恶化的现象。土壤污染源主要来自化肥与农药的使用、污水灌溉、废渣侵蚀以及大气、水质污染的间接影响等。特别是为了防治农作物的病、虫、草害，长期滥用某些残留量较高的农药和除草剂而造成严重的土壤污染。污染土壤会使植物生理功能失调，农作物生长发育不良，还会通过食物链不断积累和浓缩，危害人体健康。例如，长期施用氮肥，会造成土壤板结，破坏土壤结构，同时会使作物积累大量硝酸盐，放出有毒的氮氧化物气体；过量施用磷肥，会引起土壤中缺铁、锌等元素，磷却被固定成非有效状态；由于农药的大量施用，还会直接破坏土壤的微生态平衡，农药在抑制病虫害同时也导致土壤生物的大量死亡，有人发现，农药污染严重的土壤中蚯蚓的死亡率可高达 90%，同时也降低了土壤微生物群落数和土壤酶活性，破坏了土壤肥力和结构。土壤污染物还可从森林、农田、草原等流入水域，污染水体。

6.1.6　环境污染的特征及危害

6.1.6.1　环境污染特征

环境污染一般具有如下特征：污染的广泛性、危害的长期性、作用的复杂性、影响的多样性和治理的困难性等特点，而且污染形式可以转换、污染物浓度能够积累。环境污染一旦形成，再进行处理的代价就很高，而且治理的周期很长，要使环境恢复原貌的难度很大。因此，应该将预先防止环境受到污染放在首要位置，要依靠法律管理环境；万一受到污染时则应及早进行科学的治理，防止污染扩大和积累。

造成环境污染的有毒有害污染物一般通过大气、水和土壤三条途径传播扩散，而且可以互相转换和积累。例如，大气中的粉尘和其他污染物随大气环流飘向远方，在运动过程中，通过粉尘沉降或降水而转化为水体和土壤污染；地面水中的污染物通过灌溉污染土壤，其中的挥发性有机物则会转化为空气污染；土壤中的污染物将通过降水或灌溉污染地表水和地下水。通过食物链及一些物理和化学作用，可以造成污染物的积累，从而对环境和人类健康造成更大的危害。

6.1.6.2 环境污染的危害

严重的环境污染称之为公害，由此诱发和引起的疾病称为公害病。由于环境污染，造成短期内大量人群发病和死亡的事件，称为公害事件。历史上著名的世界"八大公害事件"是：比利时马斯谷河烟雾、美国多诺拉烟雾、洛杉矶光化学烟雾、伦敦烟雾、九州水俣病、四日哮喘病、神通川河骨痛病、大牟田米糠油污染等。在这八大事件中，1950 年以后至 1968 年间发生的四次事件均在日本。

近 30 年来，重大的公害事件仍时有发生。如美国和加拿大的五大湖区在 20 世纪 70 年代中期建有 16 座核电站，这些电站每天向湖区排放大量冷却水，水温比湖中高 15℃，水量超过密西西比河的流量，湖中鱼类不能适应突然的温度变化，繁殖受到影响，并由此带来长期形成的特定食物链结构瓦解、湖泊生态系统失去平衡、生物量大减的后果；1976 年意大利米兰附近的农药厂爆炸，产生的大量化学物质而形成含二　英（dioxin）的云，尽管含量很低，但毒性很大，造成约 70 000 头动物死伤，据报道呼吸了这种气体的人会患皮肤疾病，可能对人们造成长期的伤害；1984 年 12 月 3 日印度博帕尔（Bhopal）一家美国联合碳化物公司的农药厂发生毒气泄漏事件，装有 45 t 液态剧毒的甲基异氰酸甲酯的储气罐阀门损坏，1 h 后浓厚的毒雾密布了整个城市上空，仅在几天内，造成 2500 人中毒死亡，3000 多人重度中毒，整个事件中约有 12.5 万人受害，有 10 万人左右双目失明和患有反应迟钝等终身残疾；1986 年，前苏联切尔诺贝里（Chernobyl）核电站爆炸，当场造成 30 余人死亡，所造成的危害至今尚未消除；1989 年 3 月埃克森公司的瓦尔迪兹（Exxon Valdez）号油轮在阿拉斯加的威廉王子海峡（Prince William Sound）触礁，造成 26.2 万桶原油泄漏，原油污染了大片海岸，杀死了动物、植物和海岸生命；2002 年 11 月，巴哈马威望号油轮在西班牙海岸沉没，泄漏燃料油 7.7 万吨，污染海岸 280 km，造成 3 万个相关行业人员的生计受到影响。这些公害事件夺走了许多人的生命、破坏了当地的生态系统，造成了严重的危害。

6.1.7 环境污染源及优先污染物

6.1.7.1 环境污染源

污染物进入环境的途径是多种多样的，有些被人们直接抛弃到环境中，有的通过冶炼、加工制造、化学品的储存与运输以及日常生活、农事操作等过程而进入环境。进入环境并引起环境污染或环境破坏的物质称为环境污染物。按污染物种类可分为废气、废水、废渣等三大类。按污染物的形态可分为气体、液体、固体废弃物、噪声、放射性和热污染等。按污染源分则归纳成生产性污染、生活性污染、交通性污染以及其他类污染等四大类。

6.1.7.2 优先污染物

优先污染物（priority pollutant）指的是在众多的污染物中筛选出的潜在危险大，需要作为优先研究与控制对象的污染物。美国是最早开展优先污染物监测的国家，在 20 世纪 70 年代，美国环境保护署就筛选出 6 大类共 129 种优先污染物，其中 114 种为有毒有机污染物。1986 年，日本环境厅公布了 189 种有毒污染物。前联邦德国于 1980 年公布了包含 120 种按毒性大小分类的水中有毒污染物名单。欧共体则将已经得到确认的大量毒性物质分别列入了"黑名单"和"灰名单"。

我国国家环境保护总局、国家经贸委、外经贸部和公安部于 1998 联合发布了《国家危险废物名录》，详细列出了 47 大类有毒、有害废物。2001 国家环境保护总局、国家经济贸易委员会和国家科学技术部又根据国家环境防治法等有关法律、法规、政策和标准，制订并联合颁布了《危险废物污染防治技术政策》。我国初选出水中优先污染物为 249 种，经专家多次研究讨论，确定水中优先控制污染物黑名单为 68 种，如表 6-3 所示。

表 6-3　我国水中优先控制污染物黑名单

序号	类　别	优　先　控　制　污　染　物
1	挥发性卤代烃类	二氯甲烷、四氯化碳、1,2-二氯乙烷、1,1-二氯乙烷
2	苯系物	苯、甲苯、乙苯、邻二甲苯、间二甲苯、对二甲苯
3	氯代苯类	氯苯、邻二氯苯、对二氯苯、六氯苯
4	多氯联苯	多氯联苯
5	酚类	苯酚、间甲酚、1,4-二氯酚、2,4,6-三氯酚、对硝基酚
6	硝基苯类	硝基苯、对硝基甲苯、2,4-二硝基甲苯、三硝基甲苯、2,4-硝基氯苯
7	苯胺类	苯胺、二硝基苯胺、对硝基苯胺、2,6-二氯硝基苯胺
8	多环芳烃类	萘、荧蒽、苯并[b]荧蒽、苯并[k]荧蒽、苯并[a]芘、茚并[$1,2,3-c,d$]芘、苯并[ghf]二萘嵌苯
9	酞酸酯类	酞酸二甲酯、酞酸二丁酯、酞酸二辛酯
10	农药	六六六、滴滴涕、敌敌畏、乐果、对硫磷、甲基对硫磷、除草醚、敌百虫
11	丙烯腈	丙烯腈
12	亚硝胺类	N-亚硝基二甲胺、N-亚硝基二正丙胺
13	氰化物	氰化物
14	重金属、类金属及其化合物	铍、镉、铬、镍、铊、铜、铅、汞、砷及它们的化合物

6.1.7.3　持久性污染物

根据对人体的危害程度，有机毒物分为可生物降解和难生物降解两大类。对有机氯、有机汞等很难生物降解或不能降解的毒物，会长期存在于环境中，这类有机毒物被称为持久性有机污染物（POPs）。POPs 是最危险的高毒污染物，有些会被脂肪组织大量吸收而放大到原始值的 70 000 倍。POPs 对人类的特殊影响包括致癌、过敏、损伤中枢及周围神经系统、通过改变激素引起内分泌失调而破坏生殖与免疫系统等，还会影响后一代的健康。目前公认为亟须解决的 12 种持久性有机毒物为：艾氏剂、氯丹、DDT、狄氏剂、二　英、异狄氏剂、呋喃、七氯、六氯化苯、灭蚁灵、多氯联苯及毒沙芬。

6.1.8　我国环境污染现状

6.1.8.1　水资源污染

我国近年来的废、污水排放总量见表 6-4，约占世界的 10％以上。而国民生产总值约占世界的 3％，即单位产值废污水排放量为世界平均水平的 3 倍。据了解，目前我国城市污水处理率只有 36％，致使 82％的江河、湖泊及 45％城市地下水遭受到不同程度的污染。全国七大水系和 47 000 多千米的河段已经受到污染，其中有 2800 km 河段鱼类基本绝迹，25 000 km 的河流水质低于渔业水质标准。长江水系约有 30 000 多个污染源，排放江中的年废水量高达 128 亿吨，污染物多达 40 余种；淮河的污染更为严重，已经造成沿淮河城市的饮用水供应困难。我国海岸和近海海域水质劣于国家一类海水水质标准的面积已占总面积的 1/3，其中劣于四类水质标准的严重污染区面积约 2.9×10^4 km²，相当于比利时的面积。渤海是无机氮和磷酸盐污染最为严重的内海，其次是上海、浙江和江苏沿海；油污染较重的地区是河北、天津、浙江和上海近岸。近年来，我国辽宁、浙江和广东沿海赤潮频繁发生。

表 6-4 近年来我国废、污水排放量/亿吨

年 度	排放总量	工业废水排放量	生活污水排放量
1996	450	300	150
1997	416	227	189
1998	395	191.1	193.9
2001	380	152	228

据环保部门对 118 个城市的地下水污染监测资料评价，污染较严重的城市有 76 个，污染较轻的城市 39 个，基本未受污染的城市只有 3 个。

6.1.8.2 大气污染

随着现代工业的发展，厂矿、交通运输等排入大气的有害有毒物质的种类越来越多，现已知大气污染物有 1500 种以上，其中排放量大，对人类和环境影响较大的约有 100 余种，主要有颗粒物、二氧化硫、氮氧化物、挥发性有机物以及温室气体等。

(1) 总悬浮颗粒物（TSP）和可吸入颗粒物（PM10）

我国城市降尘污染十分严重，降尘量平均为每日 16.2 $t \cdot km^{-2}$。大多数城市降尘量年均值高达 300 $\mu g \cdot m^{-3}$，冬季悬浮颗粒污染超过国家二级标准（200 $\mu g \cdot m^{-3}$）的城市数量达 95％以上。据报道，嘉峪关、鞍山的日均浓度分别高达 3730 $\mu g \cdot m^{-3}$ 和 3110 $\mu g \cdot m^{-3}$；华北 12 个城市大气的颗粒物平均浓度达 860 $\mu g \cdot m^{-3}$，为纽约的 20 倍、伦敦的 40 倍。事实上，中国几乎所有城市的悬浮颗粒污染都超过世界卫生组织的标准（90 $\mu g \cdot m^{-3}$），全国城市平均值为 309 $\mu g \cdot m^{-3}$，相当于世界卫生组织标准的 3 倍、纽约的 7 倍、伦敦的 14 倍。类似于 TSP，我国的可吸入颗粒物的超标也十分严重。

(2) 二氧化硫

自 1993 年以来，我国 SO_2 年排放量以 100 万吨的速度递增，目前年均排放量约为 1800 万吨，高居世界第二。全国城市大气中二氧化硫年均浓度为 79 $\mu g \cdot m^{-3}$，半数以上城市超过国家二级标准（60 $\mu g \cdot m^{-3}$），冬季采暖期更加严重。据 1997 年有关权威部门报道，我国的酸雨区正在高速蔓延，已占国土面积的 40％，约 380×10^4 km^2，受酸雨污染的城市已占统计城市的 2/3 以上，目前西南、华南已成为世界第三大酸雨区。

(3) 碳氧化合物

2000 年中国排放的二氧化碳达到 30 亿吨，有人预计，到 2020 年时中国排放的二氧化碳总量将达到 55 亿吨。我国没有发布一氧化碳排放总量的报道，有资料表明，仅是上海各类汽车每年排入大气中的一氧化碳就达 6.5 万吨，在城市运输繁忙的地方一氧化碳含量通常达 50×10^{-6}，瞬间含量甚至高达 150×10^{-6}。

(4) 挥发性有机物

我国 VOC 的年排放量约为 1800 万吨，其中 VOC 储运过程的释放量约占 10％，主要是用做溶剂的苯、甲苯、乙苯和二甲苯（BTEX）及苯酚、间甲酚等酚类物。随着机动车辆的迅速增加，VOC 的排放将会明显增高。

(5) 氮氧化物

大气中氮氧化合物主要来源于烟道气和机动车辆的行驶过程中。由于我国近几年机动车数量的急增，尾气排放标准过低，氮氧化物污染急剧上升，全国氮氧化物平均浓度约为 46

$\mu g \cdot m^{-3}$，60％以上北方城市和50％以上的南方城市的氮氧化物指数已超过二氧化硫，开始从煤烟型污染转向尾气型污染。

6.1.8.3 土壤污染

我国年产各种农药约35万吨，加工成的制剂高达（8～10）×10^5 t。含氮化肥年施用量超过了3300万吨，单位面积氮肥用量为世界平均量的2.9～3.8。氮素化肥的有效利用率一般仅为30％，农药附着在植物体上的比例也只有约18％～20％。进入环境的化肥及农药比率高达70％以上。超量施用化肥与农药还造成蔬菜的硝酸盐含量超标，如江苏、浙江的某些地区蔬菜中的硝酸盐超标率为47.6％，青菜中硝酸盐含量平均高达2334 mg·kg^{-1}，最高达到5495 mg·kg^{-1}，使这些地区癌症发病率比正常区高约7倍。

6.1.8.4 固体废弃物污染

据报道，1998年全国工业固体废弃物为8亿吨，2001年全国城市生活垃圾清运量达到1.4亿吨。我国90％以上的城市垃圾未经无害化处理就直接运往郊区自然堆放或填坑填沟，固体废弃物堆积污染水土资源的现象十分严重，成为城市环境的二次污染源。目前全国固体废弃物的堆积量已超过60亿吨，占地50 000多公顷。卫星观测数据表明，不少城市已被垃圾所包围，有的垃圾越堆越宽，造成土壤和地下水的严重污染。我国煤矿开采每年排出矿渣约1亿吨，累计存量已达16亿吨，在1500座矿渣堆中有140座在自然放出大量CH_4等气体。

我国在环境污染方面存在的严重问题已经引起有关部门的重视，许多环境方面的法规已经制订并在不断完善，执法也更加严格，用于环境保护的投资已经大幅度增长。可以预料，我国环境恶化的现象将很快得到遏制。

6.1.9 废水、大气质量指标与排放标准

6.1.9.1 水质指标

水质是指水和其中所含的杂质共同表现出来的物理学、化学和生物学的综合特性。各项水质指标则表示水中杂质的种类、成分和数量，是判断水质好坏的衡量标准。表示废水水质污染情况的重要指标有：有毒物质、有机物质、固体物质、pH值、色度、温度等。

（1）有毒和有用物质

某些水体中的污染物一方面对人体和生物有毒害作用，另一方面又都是有用的工业原料。因此，有毒和有用物质的含量是污水处理和利用中的重要水质指标。

（2）有机化合物

有机化合物成分比较复杂，通常采用生化需氧量和化学需氧量两个指标来表示水中有机物的含量。

① 生化需氧量（biochemical oxygen demand，BOD）。指在氧的存在下，微生物将有机物降解并达稳定化所消耗的氧量。一般以20℃、5天的生化需氧量作为度量污染水体中的有机物浓度，以BOD_5表示。

② 化学需氧量（chemical oxygen demand，COD）。指在一定条件下水中有机物与强氧化剂（如重铬酸钾、高锰酸钾）作用所消耗的氧量。由于许多有毒有机物不能被微生物降解，COD值一般高于BOD值，COD更客观地反映了水中有机物含量。

此外，有时也采用总需氧量TOD、总有机碳及生化甲烷势BMP等指标表示污水受污染的程度。

（3）固体物质

水中固体分为可溶性固体 DS 和不溶性悬浮固体 SS。废水中或受污染水体中，不溶性悬浮固体数量和性质随污染性质和程度而变，水样经过滤，并在 105～110 ℃ 温度下烘干后的蒸发残渣就是溶解性固体。

污染空气的固体物质一般用总悬浮颗粒物 TSP 和可吸入颗粒物两类指标表示。TSP 包括固体颗粒、气溶胶、细菌和病毒，粒径范围在 0.1～200 μm 之间，常分为降尘和飘尘两类。可吸入颗粒物指数，PM10 或 PM2.5 分别指大气中空气动力学当量直径在 10 μm 或 2.5 μm 以下的细微颗粒物，易被人和动物吸入呼吸道，尤其是 PM2.5 以下颗粒物。

6.1.9.2 废水排放与空气质量标准

为防治水污染和保障天然水体的水质，我国于 1988 年颁布了《污水综合排放标准》，并在 1996 年重新对该标准进行了修订。该标准为地面水体和城市下水道排放的污水，分别规定了执行的级别标准。污染物按它们的性质分为两类：第一类污染物指能在环境和动植物体内蓄积，对人体健康产生长远不良影响者，如汞、镉、铬、砷、铅及苯并芘等；第二类为长远影响小于前者的。各类污染物都分别列出了最高允许排放浓度。2000 年 3 月，国家还颁布了水污染防治法实施细则，加强对地表水和地下水污染的防治及水污染防治的监督管理等。

我国于 1996 年发布了环境空气质量标准，国家环保局、卫生部和建设部分别颁布了室内空气质量（评价）标准及一系列有关公共场所室内环境卫生标准等共 12 个国家标准。对于空气质量中的悬浮颗粒物浓度，目前国内正在从 TSP 浓度标准向 PM10 及 PM2.5 浓度标准过渡。对于室内空气污染，2002 年又颁布了《室内空气质量标准》，并于 2003 年 3 月 1 日起实施。

6.2 微生物在自然界物质循环中的作用

6.2.1 碳元素循环

全球的碳资源广泛分布在陆地、海洋和大气层中，大部分分布在地壳，其构成如表 6-5 所示，储存总量十分巨大。具有活性循环作用的碳量约为 246×10^{11} t，其中化石燃料占了极大部分。

表 6-5 全球碳资源构成与分布

碳资源	大气层	海 洋			陆 地			
		生物量	碳酸盐	溶解和微粒有机物	生物区	腐殖质	化石燃料	地 壳
碳量/$\times 10^{11}$ t	7.5	0.04	380	21	5.0	12	200	1.2×10^6
活性循环	是	否	否	是	是	是	是	否

碳元素循环（见图 6-4）是自然界最基本的物质循环，自然界碳元素循环以 CO_2 为中心。碳是构成生物体的主要元素，碳元素循环主要包括空气中二氧化碳通过植物和微生物的光合作用形成有机化合物，以及有机物被微生物分解成二氧化碳释放到大气中。在缺氧条件下，有机物的分解一般不完全，积累的大量有机质经地质变迁形成煤、石油等矿物燃料，这部分有机碳就从生态系统中暂时消失。当火山爆发或矿物燃料被开采后，其中的碳大部分通过燃烧转变成二氧化碳。现代工业将部分煤及石油等作为化工原料生产出各种各样的非生物

性含碳化合物，人工合成的有机化合物中有许多不能被生物降解，使碳循环变得更加复杂。各种污染物生化处理过程的主要任务就是在人工创造的环境中加速将有机物中的碳转化为二氧化碳，因此，已经成为碳循环的重要组成部分。

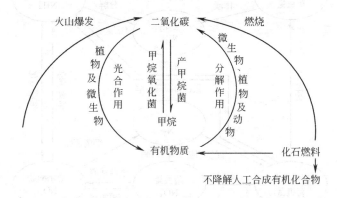

图 6-4　自然界的碳元素循环

据估计，由于人类活动增加、燃料的大量燃烧、森林砍伐、荒地大面积开垦等，加剧了碳素从陆地系统向大气转移。目前每年通过光合作用被植物、微生物和海洋生物固定的二氧化碳量要大大小于化石燃料燃烧、动植物代谢及尸体分解代谢等向大气释放的二氧化碳量。导致每年排向大气的二氧化碳年净通量达到 9.0×10^9 t，由此引起大气层中的 CO_2 浓度以每年 0.5% 的速度递增，近几年来大气中的 CO_2 含量已达到 0.036%。CO_2 浓度不断上升是造成地球上温室效应的元凶，因此，需要采取措施降低 CO_2 的排放量。

6.2.2　氮素循环

氮元素资源十分丰富，也是构成生物有机体的重要元素之一，是蛋白质的主要成分，其构成及其分布见表 6-6。大气中含氮量虽高达 78%，但植物不能直接利用。只有当固氮细菌和某些蓝细菌将空气中的氮转变为硝酸盐时，才能被高等植物利用。氮的循环过程如图 6-5 所示，在自然界里大气中氮的固定有四种主要途径：生物固氮、工业固氮、大气固氮和岩浆固氮等。

表 6-6　世界氮资源构成及其分布

氮资源	大气层	海洋			陆地			
		生物量	可溶性盐	溶解和微粒有机物	溶解氮	生物区	有机物	地壳
氮量/$\times 10^{11}$ t	39 000	0.52	6.9	3.0	200	0.25	1.1	7.7×10^3
活性循环	否	是	是	是	否	是	慢	否

表 6-7 为全球生物固氮和化学固氮的相关产率。大气中分子态氮的固定 90% 以上都是通过微生物完成的。工业用氮和氢合成氨需在高温（500 ℃）和高压（20～30 MPa）条件下进行，而生物固氮只需在常温常压下进行。生物固氮不仅具有提高农作物产量和增强土壤肥力的作用，而且对维持生态系统氮平衡有重要意义。工业上大规模生产氮肥、农业过程中大面积栽培豆科植物，将大量氮气转化为氨，加速了陆地固氮的进程，对局部区域的氮元素平衡产生较大的冲击，造成一些中间产物如 NH_3、NH_2OH、NO_3^-、NO_2^-、NO、N_2O 等的积累，使水体富营养化，水中藻类大量繁殖、溶解氧浓度大幅度下降、其他水生生物无法生

长，它们引起的环境污染已不容忽视。

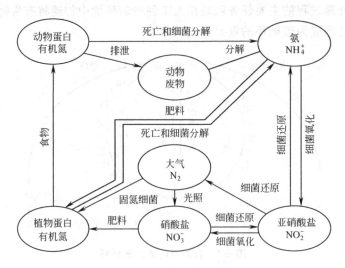

图 6-5 自然界的氮循环

表 6-7 全球生物固氮和化学固氮的相关产率

氮元素来源	陆　地	水　体	化　肥
年固氮量/×10^7 t	13.5	4.0	3.0

微生物可将固氮的产物（氨）合成氨基酸而进入蛋白质，或合成嘌呤和嘧啶而进入核酸，也能够合成细胞壁成分——N-乙酰胞壁酸而进入细菌细胞壁。通过微生物将氨合成细胞物质的生物过程称为氨的同化。

微生物也能将已经固定的氮元素通过氨化、硝化和反硝化重新转化为气态氮，完成氮元素循环。氨化是将有机态氮转化为氨的生物反应，在自然界中氨化作用是含氮有机物的矿化。在微生物作用下，蛋白质水解成氨基酸，并在细胞内经过多种途径脱除氨基生成相应的有机酸，并释放出氨。硝化过程是氨氧化生成硝酸盐的过程，主要包括两步反应：①形成亚硝酸盐；②亚硝酸盐继续氧化生成硝酸盐。

具有硝化作用的微生物主要是亚硝化细菌和硝化细菌。好氧的异养细菌和真菌，如节杆菌、芽孢杆菌、铜绿假单胞菌、姆拉克汉逊酵母、黄曲霉、青霉等，也能将 NH_4^+ 氧化为 NO_2^- 和 NO_3^-，但它们并不依靠该氧化过程作为能源，对自然界的硝化作用并不重要。

在厌氧条件下，微生物将硝酸盐还原为 HNO_2、HNO、NH_4^+、N_2 的过程称为反硝化。具有反硝化作用的微生物包括：①异养型的反硝化菌，如脱氮假单胞菌、铜绿假单胞菌、荧光假单胞菌等能在厌氧条件下利用 NO_3^- 中的氧将有机质氧化并获得能量；②自养型的反硝化菌，如脱氮硫杆菌在缺氧环境中利用 NO_3^- 中的氧将硫或硫代硫酸盐氧化成硫酸盐，从中获得能量；③兼性化能自养型，如脱氮副球菌能利用氢的氧化作用作为能源，以 O_2 或 NO_3^- 作为电子受体，使 NO_3^- 被还原成 N_2O 和 N_2，该菌可在有机底物中好氧或厌氧生长，亦可在暴露于含有 H_2、O_2 和 CO_2 的大气无机环境中自养生长。

氮元素通过固氮-同化-氨化-硝化-反硝化完成循环，当其中的一步速率无法与其他过程匹配时，就会影响氮元素循环过程，较常见的是硝化和反硝化的速率比较低，从而引发水体的富营养化。因此，在污水生物处理时应该充分认识硝化与反硝化过程的作用和意义。

6.2.3 硫元素循环

硫是地球上第十大元素，在 SO_4^{2-} 的正六价与 S^{2-} 的负二价之间循环变化，全球硫资源构成与分布见表 6-8。大部分硫存在于地壳中并由惰性的元素硫、硫化铁（FeS_2）、硫酸钙及金属硫化物沉积物组成，也与化石燃料共存。存在于大陆和海洋中的生物质和有机物中的硫具有较高的循环活性，也是生物的必需营养元素，约占干细胞质量的 1%。在细胞内合成半胱氨酸、蛋氨酸、维生素、激素和辅酶时都需要硫元素。在蛋白质中，半胱氨酸残基间的二硫键的桥联对于蛋白质的折叠及活性非常重要。

表 6-8　全球硫资源构成与分布

硫资源	大气层 SO_2/H_2S	海　洋		陆　地		
		生物量	溶解无机物 SO_4^{2-}	生　物	有机物质	地　壳
硫量/t	1.4×10^6	1.5×10^8	1.2×10^{15}	0.85×10^{10}	1.6×10^{10}	1.8×10^{16}
活性循环	是	是	慢	是	是	否

自然界中硫的循环见图 6-6。陆地和海洋中的硫主要通过火山爆发、含硫化合物燃烧、含硫矿物加工过程及生物分解等进入大气，而大气中的硫则通过降水和沉降等作用，回到海洋和陆地；陆地和海洋的动植物、藻类分别从土壤和水中吸收硫酸盐，并将其转化为生物有机硫，如蛋白中的—SH 基，在厌氧条件下，动植物死后残体的腐败作用产生硫化氢，硫化氢可被光合细菌用做供氢体，氧化为硫或硫酸盐，从而实现硫元素的循环。

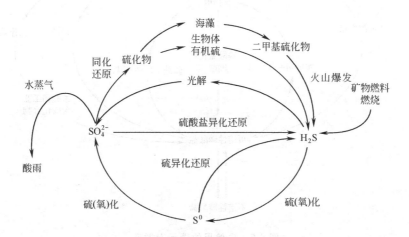

图 6-6　自然界的硫元素循环

硫元素的循环主要以无机硫的形式进行，但有机硫的循环也具有十分重要的意义。自然界中的硫和硫化氢，经微生物氧化作用形成 SO_4^{2-}，SO_4^{2-} 在缺氧环境中可被微生物还原成 H_2S，也可被植物或微生物同化还原成有机硫化物，成为自身的组成部分；动物食用植物和微生物，又将其转变成动物的有机硫化物；当动、植物和微生物的尸体及排泄物中的有机硫化物被微生物分解时，再以 H_2S 和 S 的形态返回自然界。

生物利用 SO_4^{2-} 和 H_2S，组成自身细胞物质的过程称为同化作用。大多数的微生物都能像植物一样利用硫酸盐作为硫源，把它转变为含硫巯基的蛋白质等有机物，即由正六价氧化态转变为负二价的还原态；只有少数微生物能同化 H_2S；大多数情况下元素硫和 H_2S 都须转变为硫酸盐，再固定为有机硫化合物。

硫有机物的分解作用是指利用微生物将动植物和微生物机体中含硫有机物（主要是蛋白质）分解生成硫化氢的过程。分解含硫有机物的微生物很多，那些能使含氮有机物分解的氨化微生物都能分解含硫有机物产生硫化氢。

还原态无机硫化物如 H_2S、S 或 FeS_2 等在微生物作用下进行氧化，最后生成硫酸及其盐类的过程称为硫化作用。进行硫化作用的微生物主要是硫细菌，可分为无色硫细菌和有色硫细菌两大类。在厌氧条件下微生物将硫酸盐还原为 H_2S 的过程称为反硫化作用。参与这一过程的微生物称为硫酸盐还原菌。反硫化作用具有高度特异性，主要是由脱硫弧菌属来完成，产生的 H_2S 与铁化学氧化产生的 Fe^{2+} 形成 FeS 和 $Fe(OH)_2$，这是造成铁锈蚀的主要原因。

微生物烟气脱硫、含硫有机化合物生物降解及油品生物脱硫等过程已经用于环境工程。

6.2.4 磷元素循环

自然界中的磷元素常以多种形式存在：在土壤和水体中呈可溶或不可溶性的含磷有机物、无机磷化合物状态；在矿物中大部分为不溶性磷酸盐；在生物体内则与生物大分子相结合。自然界中磷元素的循环过程如图 6-7 所示。磷元素的地质大循环，需几万年甚至更长时间才能完成。

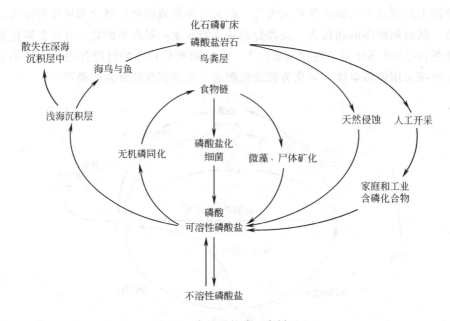

图 6-7 自然界的磷元素循环

磷元素在生物圈中只有较小一部分进入生物地球化学循环，即以植物和动物链的形式进行的陆地和水生生态系统中的两个局部小循环。植物通过根系从土壤中吸收磷酸盐，动物则以植物为食而获得磷，动植物死亡后，残体分解腐烂使磷返回土壤。在水生系统中主要靠藻类和水生植物吸收，然后通过食物链逐级放大。水生动植物的粪便和其死亡残体腐烂分解，磷再次进入循环，部分则沉积于海底。虽然人为捕捞和鸟类捕食水生生物可使某些磷元素返回陆地，但数量较少。由此可知，生态系统中磷元素的循环大部分为单方向的，使之成为一种不可更新的资源。

磷是作物生长的三要素之一。仅年来，随着农村城市化进程加快和商品经济发展，陆地土壤中的磷循环渐趋不平衡状态，大量农作物和畜牧产品运往城市，而城市垃圾和人畜排泄物未能返回农田，需靠人为施磷加以补偿。由此造成大部分磷肥随农田排水而进入水体，造成水体的磷污染。同时富磷工业废水排放和含磷洗涤剂的大量使用，也是造成目前江河水体磷污染、湖泊富营养化、海湾出现赤潮的主要原因之一。

磷是所有生物细胞必不可少的重要营养元素，它存在于一切核苷酸结构中，并参与生物体内的能量转化。然而植物不能直接利用有机磷，必须经过磷的同化，也即通过微生物或藻类将可溶性无机磷化物合成为能结合于核酸、ATP、磷脂、磷脂蛋白等分子中有机磷物质的生物过程。在磷的同化过程中，需要适量的碳和氮存在。

由于微藻和细菌死亡等原因，同化的磷又能被分解和矿化，释放出无机磷。某些细菌和真菌可以合成肌醇六磷酸酶、核苷酸酶、磷脂酶等，这些酶能将肌醇六磷酸、核酸、磷脂水解释放出磷酸。在分解有机磷化合物过程中，微生物将部分磷转化为自身的细胞物质。

在污水生化处理过程中，为了降低出水中磷含量，一般需要经过除磷处理，通过适当工艺使活性污泥的菌体中大量积累磷而达到除磷的目的。

6.3 环境保护中常见的微生物群及其相互作用

微生物本身需要不断繁殖并维持其正常活动，因而需要从环境中获得能源、碳源和其他无机元素。根据获得能源和碳源的不同，可分为不同类型（见表6-9）。参与废弃物生物降解的微生物种类和数量十分庞大，但是根据处理的方法，还是可以将它们分为好氧和厌氧微生物两大类。在好氧活性污泥方法中，一些原生动物也起着很重要的作用。

表 6-9　微生物的不同类型

类　型	能源、碳源和其他无机物元素的来源	备　注
自养型微生物	从二氧化碳获得碳源	在自然界的碳循环中扮演着重要角色,但显然与有机废弃物处理的宗旨不符,因此不能用于环境工程
异养型微生物	从有机物获得能源和碳源	有机物本身被最终降解为 CO_2,从而达到废弃物处理之目的,因此是废弃物处理过程中分布最为广泛的微生物群
无机化能异养型微生物	从无机化合物获得能源	在有些应用领域非常重要,如生物脱硫、脱氮等

6.3.1 好氧微生物群

在废弃物的好氧生物降解系统中，起主要作用的是细菌、真菌、藻类和原生动物，还可能存在一些后生动物。影响微生物群组成的主要因素是废弃物的种类和处理条件，例如，处理城市污水和化工厂污水的微生物群有显著的差别；废弃物处理的环境条件也会对微生物的种类和分布产生影响。另外，反应器形式也会影响微生物群的构成，例如，用普通的曝气池和形成生物膜的反应器处理同样的废水，由于氧传递的差别会形成不同的微生物群。

6.3.1.1 好氧的有机化能异养型微生物

属于这一类的细菌主要包括：无色杆菌属、产碱杆菌属、芽孢杆菌属、假单胞菌属、黄杆菌属及动胶杆菌属。

无色杆菌（不动杆菌属）属广泛存在于土壤和水体中，常可以从健康或生病的动物和人体分离得到，但其致病力尚未确定。典型菌株为从原油污染的海滨分离得到的 *Achromobacter sp.*，具有将原油分散并降解的能力。

产碱杆菌在自然界分布很广，在土壤、人畜的肠道、牛奶及污水中都能够找到它们的踪迹。它们不能分解糖类，能随粪便而使食物受到污染，乳品和肉类食品受到产碱杆菌污染时会产生黏性而变质。

芽孢杆菌主要生活在土壤中，但是在水体及空气中也可以分离得到。芽孢杆菌基本上是非病原菌，对人畜无害。酶制剂工业中广泛应用的枯草芽孢杆菌是这一属的典型代表。

大部分假单胞菌能够将葡萄糖氧化成葡萄糖酸和 α-酮葡萄糖酸，但是不能氧化乳糖。有些种可以分解脂肪。许多假单胞菌都具有降解芳香属化合物的能力，因此是污水处理中的主要细菌种类。在缺少氮源的条件下，假单胞菌胞内还会积累聚 β 羟基丁酸（PHB），这是一种新型的可生物降解高分子材料。假单胞菌的例子是铜绿假单胞菌。

黄杆菌通常生活在土壤、淡水及海水中，有很强的蛋白质分解能力。当环境中存在含氮化合物时，它们不能代谢碳水化合物生成有机酸。在固体培养基上生长时会产生黄色、红色或褐色等不溶于水的色素。水生黄杆菌及贪食黄杆菌等是其中的代表性菌种。

动胶杆菌形成菌胶团或活性污泥絮状体，对曝气池中活性污泥的稳定起着重要作用。

6.3.1.2 原生动物

原生动物是单细胞的微小动物，由原生质和一个或多个细胞核组成。原生动物虽然是单细胞，但从生理上看是一个独立的生物体，即使在群体中也各自独立生活。它们与多细胞动物一样，也具有代谢、运动、繁殖、感应外界刺激和适应环境等生理和生化功能。

原生动物的尺寸比微生物大得多，一般为 $30~\mu m \times 300~\mu m$。大多数原生动物的细胞膜结实而有弹性，因此能够保持它们特殊的体形，但也有一些种属的外壁只是一层很薄的原生质膜。原生动物的原生质分为两层。外层均匀而且透明，无内含物，称为外质；内层是流体状，含有各种内含物，不太透明，称为内质。原生动物含有一个或多个细胞核，细胞核的形状各异，核的大小也有很大差别。有些原生动物的两个核一个大，另一个小，大核负责细胞的运动、代谢等，小核则与细胞的生殖功能有关。

原生动物极大多数都只能生长在有氧的环境中，但对氧的要求不高，即使水中氧的饱和度只有10％也能生存，少数原生动物甚至能在无氧的环境中生存。

原生动物细胞已经分化出执行各种生命活动和生理功能的细胞器，如运动胞器、营养胞器、排泄胞器、感应胞器等。它们的生殖分为无性生殖和有性生殖两类。无性生殖即细胞的分裂，细胞核和原生质一分为二，细胞个体数呈几何级数增加。无性生殖一般发生在营养、温度、氧等供应充分，环境条件良好的场合。有性生殖并不是原生动物专门的繁殖方式，而是出于细胞核更新的需要。有性生殖往往发生在环境条件较差、细胞经过长期的无性繁殖后种群已经衰老的情况，种群通过有性生殖可以增强生命力。原生动物在一定的条件下会分泌胶质、进而形成膜将自身包裹起来，成为胞囊。胞囊的作用是当外界环境因素不利时保护原生动物，属于休眠胞囊。只要环境条件好转，原生动物就会脱囊而出，恢复其生命力。

在废物处理系统中，常见的原生动物有：肉足亚门、纤毛门和鞭毛亚门的一些种。

鞭毛类原生动物通过体表首先将有机物吸附到表面进而吸收到体内进行代谢。变形虫的伪足能够包裹有机物碎屑，再从体内分泌出消化酶系将其水解后吸收利用。这些摄食方式决定了它们只能生活在高有机物浓度的环境中，如污水处理反应器的启动阶段。启动阶段首先出现异养型游离细菌，然后将大量出现原生动物，常见的有滴虫类、波豆虫类及变形虫类等。随着启动过程的进展，细菌数目大大增加，污水中就会出现能够大量吞噬细菌的原生动物，如游动纤毛虫、肾型虫、豆型虫、漫游虫及变形虫等。当污水中的有机污染物逐渐被微生物消耗和分解后，微生物形成了活性污泥或生物膜，游离的细菌数减少，使纤毛虫等原生动物的食料受到限制而无法生存，游动型纤毛虫就会被固体附着型纤毛虫所代替，同时还会产生以有机物碎屑和生物尸体为食的匍匐型纤毛虫。种虫类原生动物的出现标志着污水已经得到很好的净化、有机污染物和游离菌的含量已经很低、活性污泥絮体已经形成而且大量增殖。

随着废水中有机污染物浓度继续降低，会出现轮虫、线虫及寡毛类动物。轮虫既能以细菌和原生动物为食，也能吞噬小块的活性污泥，因此即使在游离细菌和游动型纤毛虫被大量吞噬并完全消失的情况下也能继续生存，成为具有生长优势的原生动物种。轮虫的出现标志着活性污泥方法污水处理系统中已经形成了一个比较稳定的生态系统。线虫及寡毛类动物能够大量吞噬污泥絮体，常出现在曝气池中积累了大量活性污泥的时候，有利于降低活性污泥量，减少污泥后处理的工作量。这一阶段中又会出现以消耗捕食轮虫和线虫的真菌。

在污水生物处理的启动期，原生动物种群的演变规律是：游动型——→匍匐型——→附着型的变化及丛鞭毛虫——→纤毛虫——→根足虫——→鞭毛虫的演变过程，充分体现了生态系统中适者生存的普遍规律。在稳定期则存在捕食者和牺牲品之间的关系。正是由于微生物和原生动物之间复杂的相互作用，提高了污水处理效率、降低了活性污泥量，使好氧活性污泥法在城市污水和工业污水处理过程中得到了广泛应用。

6.3.1.3　与污泥膨胀有关的微生物

在污水的好氧处理过程中，有机污染物一部分被彻底氧化为二氧化碳和水，另一部分则被转化为微生物菌体或原生动物体。由于菌体与原生动物体也是有机物，因此离开污水生化处理装置的出水质量与出水中污泥的分离程度存在着密切的关系。如果污泥发生膨胀，就会危及污泥分离，使出水中的有机物含量增加，从而大大降低了污水处理的效果。造成污泥发生膨胀的微生物主要有：球衣菌、贝日阿托菌和芽孢杆菌等细菌。

球衣菌属细菌最适 pH 值和温度分别为 $5.8 \sim 8.1$ 和 $15 \sim 40 \, ℃$。虽然球衣菌严格好氧，但对溶氧的适应性却很强，对其他环境条件和有机物种类的适应能力也非常强。如果废水处理时溶氧浓度很低并小于某些细菌的临界值时，这些细菌就会死亡，而球衣菌则能够忍受这种低氧环境得以存活下来，当环境条件好转时又会大量繁殖。若经常发生这样的环境变化，将引起球衣菌的异常增殖，成为活性污泥中的主导菌种。当球衣菌老化时，衣鞘内的细胞链会出现松动或缺位现象。活性污泥中球衣菌比例很高时很容易发生污泥膨胀，使污泥不易沉淀，从而影响出水的质量。

白色贝日阿托菌及巨大贝日阿托菌属于混合营养或有机化能营养型，以分子氧作为最终的电子受体，细胞内可积累聚 β-羟基丁酸或异染粒。当废水中含有较高浓度的硫化物时，会促使贝日阿托菌大量繁殖，引起污泥膨胀。

芽孢杆菌属进行纯种培养时也能够引起污泥膨胀，性状与丝状菌引起的污泥膨胀十分类似。许多种芽孢杆菌能够形成荚膜，而荚膜是黏性物质的重要来源，这些黏性物质在活性污泥中大量积累是非丝状菌型污泥膨胀的重要原因。

6.3.2　厌氧微生物群

对于含高浓度有机污染物的废水，如来自发酵工业、食品工业等的废水，直接进行好氧生化处理会大大增加曝气池负荷，降低处理效率及出水质量，因此需要先经过厌氧消化使 BOD 降低后再进入曝气池。另外，曝气池产生的大量剩余污泥，处理起来很困难，也需要通过厌氧消化以减少污泥量。农作物秸秆及家畜饲养业产生的有机固体废物，可以在厌氧沼气池中通过厌氧微生物的作用产生甲烷，一方面可以充分利用资源，另一方面又减少了固体废弃物量。因此厌氧微生物群在环境保护中与好氧微生物群一样具有重要的地位。

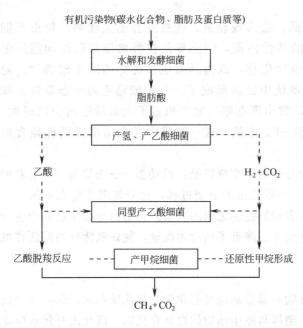

图 6-8　厌氧消化过程及微生物

厌氧微生物群包含专性厌氧和兼性厌氧两大类，它们在自然界的分布非常广泛，河流湖泊的底部淤泥及土壤中都存在着大量的厌氧微生物群。在有机污染物的厌氧处理过程中，各种厌氧微生物在有机物降解过程中发挥着不同的作用。有机物的厌氧消化过程及每一步骤中起作用的主要微生物群如图 6-8 所示。

厌氧消化过程一般可以分为四个步骤：①有机物的水解和发酵，在发酵细菌分泌的胞外酶作用下，将有机物先水解为各自的单体，如单糖、脂肪酸及氨基酸，这些单体化合物能被发酵细菌摄入胞内并通过发酵作用将它们分解为低级脂肪酸、醇等，并释放出 CO_2、H_2、NH_3 及 H_2S 等气体；②在产氢产乙酸细菌的作用下将各种有机酸和醇进一步分解为乙酸、甲酸、甲醇、H_2 和 CO_2 等；③产甲烷阶段，在产甲烷细菌的作用下，乙酸及甲酸等通过裂解及还原反应被转化为甲烷（约占甲烷总量的 70%），H_2 和 CO_2 则在合成酶的作用下也被合成为甲烷（约占 30%）；④在同型产乙酸菌的作用下将 H_2 和 CO_2 重新合成为乙酸，这一步在厌氧消化中的贡献不是很大。

6.3.2.1 水解发酵细菌

要将复杂的大分子有机污染物，如碳水化合物、脂肪和蛋白质等降解，第一步是要将它们水解为能够被微生物利用的小分子单体，因此在厌氧处理系统中必须存在能够产生水解酶的微生物群。如果有机污染物主要以大分子的形式存在，水解作用往往是整个消化过程的速率限制步骤，也是影响污染物降解效果的关键。

碳水化合物的代表是淀粉和纤维素。淀粉的水解比较容易，许多厌氧细菌都能够分泌淀粉酶，如丁酸羧菌、乳杆菌、枯草芽孢杆菌、蜡状芽孢杆菌、地衣芽孢杆菌等，能将淀粉，糖原及其他多糖降解成单糖，以便于这些细菌本身及其他微生物利用。纤维素的水解要比淀粉困难得多。纤维素是由葡萄糖经 β-1,4 糖苷键连接而成的大分子。纤维素的水解是外切纤维素酶、内切纤维素酶和 β-葡萄糖苷酶共同作用的结果。多糖的水解产物是单糖，能够被许多微生物所利用，特别是葡萄糖，几乎能作为所有微生物的碳源。厌氧发酵的主要产物是乙酸、乳酸及氢等，但是巨球型菌、丙酸梭菌、戊糖丙酸杆菌及谢氏丙酸杆菌的发酵产物是丙酸和丁二酸；乳酸菌发酵的主要产物是乳酸。能利用葡萄糖的微生物一般都能以乳酸作为碳源并将乳酸进一步分解为乙酸等产物。有些乳酸发酵菌还能利用柠檬酸作为碳源，发酵产物是 3-羟基丙酮和丁二酮，如乳脂链球菌，这类细菌在厌氧处理含柠檬酸的废水（如柠檬酸发酵工业和乳制品工业等）时起着重要的作用。

在厌氧消化器中，脂肪的水解尚未得到普遍证实，其原因可能是在细菌的混合培养时脂肪酶的活力会受到蛋白酶的抑制。许多微生物产生的脂肪酶只能作用于甘油酯的1位和3位的酯键，只有少数作用于甘油酯的所有3个酯键。

在厌氧消化系统中不少蛋白质分解菌能够产生蛋白酶，如双酶梭菌、丁酸梭菌、产气甲膜梭菌、芒氏梭菌、象牙海岸梭菌、厌氧消化球菌及金黄色葡萄球菌等。此外八叠球菌属、拟杆菌属及丙酸杆菌属的某些菌种也能生产蛋白酶，有些菌还同时具有水解多糖的能力。蛋白质的水解产物氨基酸能够被微生物摄入体内进行发酵，主要代谢途径是脱氢反应和还原脱氨反应。脱氢反应可以将有机物氧化分解，产生的氢将被甲烷菌利用合成甲醇。通过还原脱氨反应，精氨酸将被分解为 NH_3 和 CO_2，鸟氨酸被转化为乙酸、丙酸、丁酸和戊酸，赖氨酸则分解为乙酸和丁酸等。参与氨基酸厌氧代谢的微生物主要有梭菌、链球菌及支原体等。

6.3.2.2 产氢、产乙酸细菌

乙酸是废水厌氧消化的主要代谢中间产物，一部分来自于发酵过程，另一部分则来自于产氢、产乙酸细菌对脂肪酸的降解。脂肪酶将脂肪水解后得到的脂肪酸能被产氢、产乙酸细菌利用，其中碳链数是偶数的脂肪酸被降解为乙酸和氢气，而奇数碳链的脂肪酸则被分解为乙酸、丙酸和氢气。这类细菌一般要与利用氢的产甲烷菌或脱硫弧菌共栖生存，在厌氧消化污泥中，只能与氢利用细菌共栖才能生存的细菌浓度高达 4.5×10^6 个·mL^{-1}。

由于产甲烷菌通常只能利用乙酸，只有极少数才能够利用丙酸，而在发酵和奇数碳链脂肪酸的降解过程中都会产生丙酸和丁酸等，这些有机酸如不能被降解，将使厌氧消化液的 pH 值降低，产生酸败。因此在厌氧消化的微生物群中还应该包含能将丙酸和丁酸等降解为乙酸和氢的微生物，人们将它们称为 OHPA 菌。沃氏互营单胞菌就能将丙酸分解为乙酸和氢。

由 OHPA 菌代谢产生的乙酸和氢约占产甲烷菌底物的一半左右，因此 OHPA 菌在厌氧消化系统中起着重要的作用。但是 OHPA 菌对 pH 值非常敏感，必须保证厌氧消化液的 pH 值在中性范围内，否则就会造成酸败；同时它们的倍增周期需要 2~6 天，生长速率比甲烷菌要慢得多，这样在连续厌氧消化操作中如何保证这类细菌不酸败、不流失就成了关键问题。

6.3.2.3 产甲烷细菌

发酵细菌和 OHPA 菌的生长和代谢需要消耗大量的 ATP。与好氧过程可以通过呼吸链产生大量的 ATP 不同，厌氧过程只能在生物脱氢过程中获得 ATP，产 ATP 的效率要比好氧呼吸低得多。因此消耗大量的 ATP 就意味着需要降解更多的有机物、发生更多的脱氢反应。脱氢反应的进行则依赖于细菌内的氢受体 NAD^+，但是 NAD^+ 的数量是有限的，因而又依赖于还原态 $NADH_2$ 的重新氧化。$NADH_2$ 的氧化有两条途径：一是在脱氢酶的作用下 $NADH_2$ 直接脱氢形成 H_2 逸出系统，这一途径在厌氧消化系统中并不常见；二是以部分代谢中间产物作为氢受体，在 $NADH_2$ 氧化的同时使中间代谢产物本身转化为还原态发酵产物。由于这些发酵产物基本上都是有机酸，因此又会对 pH 值的控制和微生物生长产生不利影响。解决这些问题的关键是系统中必须存在产甲烷菌，通过产甲烷菌的代谢，就能将从底物上脱除下来的氢用于甲烷的合成而逸出系统，这样就可以保持系统中 pH 值稳定。产甲烷细菌在厌氧消化系统中虽然处于食物链的末端，但对有机污染物的降解和系统的正常运行起着

决定性作用。

迄今为止，已经分离鉴别的产甲烷细菌有 70 种左右，根据它们的形态和代谢特征划分为 3 目、7 科、19 属，见表 6-10。此外，还有一些不属于这三个目的产甲烷细菌。

产甲烷细菌能利用的碳源和能源有：H_2/CO_2、甲酸、甲醇、甲胺和乙酸等。它们中有些还能利用 CO 作为碳源，但生长很差。有些能利用异丙醇和 CO_2；也有些能以甲硫醇或二甲基硫化物为底物合成甲烷。

多数产甲烷细菌能利用氢，但也有例外，例如嗜乙酸型的索氏甲烷细菌、甲烷八叠球菌 TM-1 菌株和嗜乙酸甲烷八叠球菌等都不能利用氢。另外，专性甲基营养型的蒂氏甲烷叶状菌、嗜甲基甲烷拟球菌和甲烷嗜盐菌等只能利用甲醇、甲胺和二甲基硫化物等含甲基的底物，也不能利用氢。若系统中硫酸盐的浓度过高，即使本来能利用氢的产甲烷菌也会丧失其消耗氢的能力。产甲烷菌都能利用氨作为氮源，但利用有机氮源的能力很弱。因此即使系统中存在氨基酸和肽等，细菌的生长仍离不开氨。

低浓度的硫酸盐具有刺激某些产甲烷菌生长的作用，但它们不能利用硫酸盐作为硫源，大多数产甲烷菌只能利用硫化物，少数能够利用半胱氨酸和蛋氨酸等含硫氨基酸中的硫作为硫源。金属离子 Ni、Co 和 Fe 对产甲烷菌的生长和代谢具有重要意义。Ni 离子是脱氢酶和辅酶 F420 的重要成分，Co 离子在咕啉合成中是必须的，Fe 离子的需求量也很大。许多产甲烷菌的生长还需要生物素。

表 6-10　产甲烷细菌的分类

目	科	属
甲烷杆菌目 Methanobacteriales	甲烷杆菌科	甲烷杆菌属
		甲烷短杆菌属
		甲烷球状菌属
	高温甲烷杆菌科	高温甲烷菌属
甲烷球菌目 Methanococcales	甲烷球菌科	甲烷球菌属
甲烷微菌目 Methanomicrobiales	甲烷微菌科	甲烷微菌属
		甲烷螺菌属
		产甲烷菌属
		甲烷叶状菌属
		甲烷袋形菌属
	甲烷八叠球菌科	甲烷八叠球菌属
		甲烷叶菌属
		甲烷丝菌属
		甲烷拟球菌属
		甲烷毛状菌属
		甲烷嗜盐菌属
	甲烷片菌科	甲烷片菌属
		甲烷盐菌属
	甲烷微粒菌科	甲烷微粒菌属

甲烷的产生需要一些特殊的辅酶参与酶催化反应，这些辅酶是辅酶 F420、辅酶 M、甲烷蝶呤（MPF）及二氧化碳还原因子（CDR）。

在产甲烷细菌中已经比较清楚的代谢途径是由 H_2 和 CO_2 合成甲烷的途径、甲醇转化为甲烷的途径和乙酸分解途径。

6.3.2.4　厌氧消化系统中微生物群的动态平衡

在厌氧消化系统中存在着复杂的微生物群，每种微生物都具有特殊的底物要求和代谢途径，承担着有机物降解过程中的某一特定步骤。微生物群中，微生物的种类和数量与污染物种类、工艺条件（如温度、pH 值、无机物组成及污染物添加速率等）的变化有很大的关系。在厌氧消化系统启动阶段，微生物群会随着营养成分的变化而改变其组成。细菌在厌氧消化系统中的作用及相互关系，对操作条件进行优化和控制、使系统中的微生物群能够更好地发挥各自的作用及最大限度地降解有机污染物有着重要的意义。提高有机物的容积负荷率将促进水解及发酵细菌的生长，使有机酸的产量增加，有机酸浓度的提高则会刺激产甲烷菌的生长和活性，使系统的沼气产量增加。

我国在厌氧消化方面进行了大量的研究，特别是在农村沼气的研究和推广应用中取得了很大的成绩。表 6-11 为利用农牧业肥料生产沼气的产气数据。

表 6-11　利用农牧业肥料生产沼气的产气数据

原　　料	含水量/%	发酵时间/天	每千克干物质产气量/L	气体中的 CH_4/%
猪粪	95	94	440～500	65
牛粪	75	94	190～210	66
青草	76	90	290～320	68
稻草	17	92	150～200	65
麦秆	82	41	51～60	61

6.3.3　环境中微生物的相互作用

在自然环境中，许多不同微生物共同生活，相互之间存在着复杂的关系。微生物用于处理环境中的污染物时，往往通过多种微生物、甚至原生动物的共同作用完成。因此研究微生物之间的相互关系对于污染物的生化处理具有特别重要的意义。在自然或人工的生态系统中，由于环境因素的影响，如营养物种类、pH 值及温度等，微生物群中往往又是几种微生物占据着优势地位，优势微生物群的富集对污染物的处理非常有利。

微生物之间（这里指只有二三种微生物组成的简单系统）的相互作用可以根据一种微生物是否因为另一种微生物的存在而受益、受害或不受影响进行分类。微生物间各种相互作用的类型见表 6-12。

表 6-12　微生物间相互作用的分类

类　　别	特　　点	相互作用对微生物的影响	
		微生物 A	微生物 B
种间共处（neutralism）	微生物间没有相互作用	0	0
共栖现象（commensalisms）	一种受益而另一种不受影响	0	+
互惠共生（mutualism）	每一种都因其他种的存在而受益	+	+
竞争作用（competition）	微生物间为营养或空间而竞争	—	
偏害共生（amensalism）	一种微生物改变了环境并不利于另外物种生长	0 或 +	—
寄生现象（parasatism）	一种微生物寄生在另一种微生物上	+	—
捕食现象（predation）	一种微生物捕食其他微生物	+	—

注：0—不受影响；+—有利于生长；——不利于生长。

（1）种间共处

能够种间共处的微生物各自利用不同的营养物质，它们释放到环境中的代谢产物也不会影响其他微生物的生长。这种情况在自然界几乎不存在，只在实验室观察到几个特殊的例子。例如，专性无机化能厌氧菌 *Thiobacillus neapolitanus* 和专性厌氧菌 *Spirillum* G7 能够在交替供应还原态硫化物和醋酸的培养基中共存，它们的生长不会因为对方的存在而受到影响。

（2）共栖现象

共栖现象可以分为两种情况：一类是一种微生物的代谢产物是另一种微生物生长所必须的营养物质，而后者对前一种微生物的生长则没有明显的影响；另一类是一种微生物除去了环境中的有害物质，使得其他微生物能够生长。共栖生长的共同特点是一种微生物受益而其他微生物不受影响。表 6-13 列出了这两种共栖生长的例子。

表 6-13 共栖现象的典型例子

（a）一种微生物为另一种微生物提供生长所需的物质

化合物	产生该化合物的微生物	受益微生物	化合物	产生该化合物的微生物	受益微生物
烟酸	酵母	变形杆菌	硝酸盐	硝化杆菌	反硝化杆菌
硫化氢	脱硫弧菌	硫细菌	果糖	醋杆菌	酵母
甲烷	厌氧甲烷菌	甲烷氧化菌			

（b）一种微生物除去了有害于另一种微生物生长的化合物

化合物	微生物间的相互关系
氧	好氧微生物消耗氧气有利于厌氧微生物的生长
硫化物	有毒的硫化氢被光自养型硫细菌消耗有利于其他微生物的生长
食品防腐剂	一种微生物将苯甲酸等防腐剂降解，使其他微生物能够生长
含汞杀菌剂	脱硫菌将硫酸盐或硫化物还原为硫化氢并与含汞杀虫剂结合,其他微生物才能生长

（3）互惠共生

互惠共生微生物之间存在着密切的相互依赖关系，如果不加入特殊生长因子，每种微生物在单独培养时无法生存，但当它们混合培养时，由于能相互提供对方所需的生长因子，就能够生长。生长因子的交换对双方都有利。互惠共生的典型例子是乳杆菌和链球菌之间的关系，乳杆菌的生长需要苯丙氨酸，能产生叶酸，而链球菌正好相反，需要叶酸而产生苯丙氨酸。两者混合培养时正好满足了对方生长需求。另外一个生态系统中的例子是藻类和细菌之间的关系，通过光合作用，藻类利用二氧化碳合成碳水化合物，并产生氧气；而细菌则利用藻类产生的碳水化合物和氧气，释放出二氧化碳。这是自然界中碳循环的重要组成部分。

（4）竞争作用

竞争作用指许多微生物为了生存而对环境中那些有限的、共同需要的营养要素，如营养物质、光、水及生存空间等，进行竞争的现象。在微生物系统中，微生物之间的竞争一般不是因为一种微生物产生了对其他微生物有害或有利的化合物，而是由于各种微生物密度不同和传代速度的快慢引起的。这种竞争往往很激烈，只有当环境中有限的营养资源消耗完时竞争才结束。竞争也是微生物产生突变的重要原因，通过突变使微生物具有更强的利用营养物质的能力或获得抗生素抗性，这些突变株就会比原菌株具有更强的竞争力。

（5）偏害共生

偏害共生关系中，一种微生物在代谢过程中产生的有机或无机产物会抑制其他微生物的生长。微生物所合成的某些次级代谢产物，如抗生素就起着这样的作用。

（6）寄生关系

在寄生关系中，一种较小的有机体寄生在较大的宿主细胞上，通过消耗宿主细胞来满足寄生细菌的营养需求。寄生者不一定杀死宿主细胞，这一点是与捕食关系相区别的关键。噬菌体系统就是典型的寄生关系，噬菌体本身不会利用环境中的营养物质，完全通过获取宿主细胞中的遗传物质进行复制和合成。

（7）捕食关系

在捕食关系中存在着捕食者（predator）和牺牲品（prey）之间的关系。捕食者通过掠夺牺牲品而自身大量繁殖，当繁殖到一定程度时，就会出现牺牲品数量大量减少、满足不了捕食者需要的情况，捕食者本身开始死亡。捕食者的数目减少又会使牺牲品数目恢复增长，捕食者由于有了充分的食物也会随之增长，开始新一轮循环。捕食关系已经在微生物和动物界得到证明，并在活性污泥法处理废水时起着重要作用。

在环境保护领域，一般都是各种微生物和原生动物共同作用的结果，微生物群之间的相互作用有很重要的意义。例如，利用微生物之间的互惠共生系统可以将环境中的有害化合物降解得更彻底；利用降解有害化合物菌群的生长优势，废水不经过灭菌就可以进行生化处理，并能获得更好的处理效果；利用捕食者和牺牲品的关系可以减少活性污泥的排放量等。

6.4 影响污染物生物降解的因素

在环境系统中，有机污染物一般可通过物理、化学与生物的途径降解，最终将其转化为二氧化碳和水。污染物的生物可降解性、降解途径和程度与污染物质的分子结构、微生物的种群、微生物和基质的浓度以及过程的环境因素等有关。

6.4.1 污染物的生物可降解性

污染物的生物可降解或可分解性是指在微生物作用下将有机污染物转变成小分子化合物的可能性。如果该有机物被彻底分解，则最终转化成二氧化碳和水，或称为终极降解。有机污染物的可生物降解程度有较大差异，一般分为可降解、难降解和不能降解型三类。单糖、蛋白质、淀粉等易降解，纤维素、农药、烃类等次之，而塑料、尼龙等基本不能生物降解。

污染物的可生物降解性主要根据 BOD_5/COD 比值进行判断，也可以采用基质生化呼吸线、相对耗氧速率线以及基质生物氧化率等多种方法评定。通过测定待处理废水的 BOD_5 和 COD 值，就可用 BOD_5/COD 的比值来判定该种有机污染物可生物降解性。表 6-14 为 BOD_5/COD 比值与生物分解速率及可生化性之间的关系，主要针对生活污水和低浓度有机废水。对高浓度有机废水，即使 BOD_5/COD 比值小于 0.25，若 BOD_5 的绝对值并不低，仍可采用适当的生化法处理，只是出水的 COD 很难达到排放标准，必须再经过其他物理、化学或生物方法处理后才能排放。

表 6-14 BOD_5/COD 比值与生物分解速率及可生化性之间的关系

BOD_5/COD	<0.2	0.2~0.3	0.3~0.45	>0.45
生物分解速率	很慢	较慢	一般	较快
废水可生化性	不宜生化	较难生化	可生化	易生化

影响污染可生物降解性的主要因素有：微生物与污染物间发生的共代谢（co-metabolism）、激活、去毒及吸着等。

（1）微生物的共代谢作用

某些有机物在生物降解过程中不能作为微生物的惟一碳源，而只能依靠另一种有机物作为碳源与能源时才能被降解的现象，称为共代谢。在共代谢过程中，微生物既不能从基质的氧化代谢中获取足够能量，也不能从基质分子所含的 C、N、S 或 P 中获得营养进行生物合成。在纯培养中，由共代谢产生的有机产物，称为终死产物，不能转化为典型的细胞组分；在复杂的微生物群落中，终死产物可能被另外的微生物种群代谢或利用。

（2）微生物的解毒作用

通过微生物对污染物的转化、降解、矿化等作用，使污染物的分子结构发生改变，从而降低或去除污染物的毒性的过程称为去毒，也称为钝化。去毒过程可由一种微生物作用于一种污染物，也可能是微生物群落同时作用于一种污染物，将具有毒理学活性物质转化为无活性产物。促使活性分子转化为无毒产物的酶反应通常在细胞内进行，其解毒的历程如图 6-9 所示，形成的产物有三种形式：将钝化产物直接分泌到细胞外；经酶反应进入正常代谢途径，碳以 CO_2 的形式释放；经酶反应进入正常代谢途径，以有机废物的形式分泌到胞外。微生物的脱毒作用有利于提高污染物的可生化性。

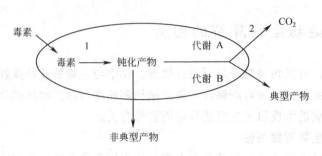

图 6-9 化学品解毒历程
1—解毒反应；2—矿化作用

微生物对有机污染物的去毒主要通过以下途径：①对酯键或酰胺键的水解脱毒；②苯环或脂肪链上的羟基化，以 OH 取代 H 使毒物失去毒性；③杀虫剂中氯和其他卤素的脱卤；④杀虫剂中与氮、氧或硫相连甲基和烷基的去甲基或去烷基使毒物转化为无毒产物；⑤对有毒酚类物质的甲基化，使酚类钝化；⑥将硝基还原成氨基，以减轻基质的毒性；⑦醚草通脱氨基后变为无毒害物；⑧卤代苯氧羧酸类除草剂在植物体内断裂醚键，降解成相应的酚，消除其对植物的毒害；⑨将腈转化为酰胺，降低毒性；⑩共轭作用，利用生物体内的中间代谢产物和异生素的反应合成无毒产物。

(3) 微生物的激活作用

在微生物处理过程中，未必都是消除有害物质，也会产生新的污染物。微生物的激活作用与去毒作用相反，是指无害的前体物质通过微生物的作用转化成有毒产物的过程。因此，需要密切注意废物生物处理过程中，有机物分子降解的中间产物和最终产物对环境敏感物（人、动物、植物和微生物）的毒性。如图 6-10 所示，激活作用的结果是通过微生物合成了致癌物、致畸物、致突变物、神经毒素、毒植物素、杀虫剂和杀菌剂

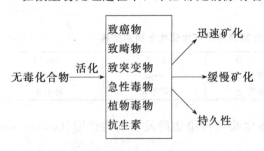

图 6-10 无毒化合物的活化作用

等。显然，微生物的激活作用将降低污染物的可生化性。

环境中的激活作用大部分与微生物活动有关，但与去毒作用类似，并不都是微生物代谢的结果。典型的激活作用有：①脱卤作用，如三氯乙烯（TCE）在厌氧环境中脱卤形成1,1-二氯乙烯、1,2-二氯乙烯和氯乙烯，降解物均为致癌物；②N-亚硝化作用，如在土壤中仲胺通过 N-亚硝化作用形成致毒物亚硝胺；③环氧化，微生物可以使一些带双键的化合物形成有毒的环氧化物；④硫-氧转化，在土壤或微生物培养物中，硫代磷酸酯转化为相应的磷酸酯、对硫磷转化为对氧磷、乐果转化成氧化乐果等，都将引起毒性增加；⑤硫醚的氧化，类似于硫-氧转化，在微生物的纯培养物或土壤中，不少含有硫醚键的杀虫剂也会被氧

化成相应的亚砜和砜，其毒性比硫醚更大；⑥酯的水解，麦草氟甲酯、新燕灵等除草剂在土壤中经酶水解成游离酸及相应的醇，具有植物毒素的作用；⑦砷、汞、锡的甲基化，甲基化砷、甲基化汞及甲基化锡均有很高的毒性，而且代谢缓慢，易被生物富集与积累。

（4）微生物的吸着和富集作用

吸着包括吸收和吸附。吸收指溶质被吸收到细胞内的现象；吸附指溶质或固体底物吸附到细胞或细胞团表面的现象。这两种情况都有利于污染物的分离或降解。例如，微生物从溶液中分离金属离子的机理是：细胞表面吸附或络合金属离子并进而通过离子通道进入细胞内富集，死的或活的微生物细胞表面都能吸附和络合金属离子，而胞内的大量富集则只有活的微生物才能进行。利用微生物菌体富集废水中的金属离子已经工业化。

生物富集的程度可用生物富集因子来表示，即生物机体内污染物的浓度与该污染物在环境介质中的浓度之比。生物富集程度的差异与生物体及其被富集物的性质、环境因素等有关。某些生物体对重金属和稳定的有机毒物具有选择性吸收、富集作用，如鱼能把铯富集3000倍，蛙则可将铯累积10 000倍。

污染物的生物累积指生物通过吸收、吸附、吞食等，蓄积某些重金属及其化合物或难分解有机毒物等，并随着生长、发育过程使污染物浓度进一步增加的现象。环境中污染物浓度大小对生物积累影响不大，但不同种类的生物或同种生物的不同器官或组织对污染物的平衡浓度或到达平衡所需时间差别很大，同种生物在不同的生长、发育阶段的生物积累系数也不同。一般情况下，在水体中生物积累速率高于陆地环境，特别是单细胞的浮游植物积累重金属和有机卤代化合物很快，植食性动物次之，大型野生动物的生物积累水平较低。

生物放大是指在生态系统中基于食物链关系的生物富集与积累，使某种元素或难分解毒物在生物机体中的浓度随营养级的提高而逐步增大的现象。结果使食物链上高营养级生物机体中积累毒物的浓度大大超过环境浓度。大部分进入人体的有机污染物质可分解成简单的化合物，并被重新排到环境中，但某些污染物会在生物体内转化成新的有毒物质，如含汞废液进入水体，通过食物链被鱼富集并甲基化，人和其他生物食用后就会发生中毒。因此，避免有毒物质进入食物链是预防污染物生物放大的最有效途径。

6.4.2 影响生物降解的因素

6.4.2.1 污染物种类和分子结构对生物降解性影响

污染物种类的可生物降解性有很大差异，大部分有机污染物可在好氧或厌氧状态下充分降解，如碳水化合物、烃类化合物、醇类化合物等；某些有机物则较难降解，如酚、醛、酮等；还有少量化合物难降解，如多环芳烃（PAH）、卤素有机物及持久性污染物。

化学结构对生物降解性影响，主要表现为取代基的影响，包括取代基种类、取代基数目以及取代基的位置等，其影响比较复杂。

（1）取代基种类对生物降解的影响

取代基团种类对降解性的影响大致可分三类：对带有—OH、—COOH、酰胺、酯类或酸酐取代基团的有机分子，取代基团可促进微生物对它们的降解；对带有—CH$_3$、—NH$_2$、—OH 和—OCH$_3$ 等取代基团的有机物，微生物对取代后化合物的生物降解难度增加；若单环芳烃、脂肪酸或其他易利用基质分子中带有—Cl、—SO$_3$H、—Br、—CN、—CF$_3$ 等基团时，则会大大增加分子的抗性，使它们不能被大多数微生物降解。表6-15显示了苯酚的邻位取代基对生物降解速率的影响。

表 6-15 苯酚的邻位取代基对生物降解速率的影响

取代基基团	—COO⁻	—CH₃	—OH	—Cl	—NO₂
负电性增加方向	→	→	→	→	
降解速率/mg·g⁻¹(干污泥)·h⁻¹	94.8	55.0	55.0	25	13.9

（2）取代基位置的影响

芳香烃或苯胺的邻位被羟基取代后会导致开环反应容易进行，使可生物降解性增加，而氯原子取代化合物的可降解性要低于羟基与羧基。苯环上三类取代基位置的可降解性顺序是邻位＞间位＞对位。对于脂肪烃类化合物，接近碳链末端的羧基或者羟基取代能够增加化合物的生物可降解性。

（3）取代基数目的影响

对脂肪烃和芳香烃类化合物，取代的羟基或羧基数目越多越容易降解；相反，氨基、卤代基、硝基、磺酸基等的数目越多则越难降解。脂肪酸、脂肪醇和芳烃分子中甲基、磺酸和偶氮取代基数目越多，生物可降解性也越低。

（4）烷基分支的影响

烷烃侧链上的烷基分支存在时，则酶的催化作用将会受到空间位阻的抑制，使代谢困难，导致生物降解速率降低。烷烃所带的侧链越多，则生物降解也会越困难。

（5）其他因素的影响

一般情况下，环的数目越多越难降解，多环芳烃中含有稠环越多也越难生物降解。如多氯联苯、三环的蒽和菲、四环的芘等都很难被微生物降解；另外，尼龙、农药、烷基苯磺酸等人工合成的高聚合物及表面活性剂也难以生物降解。

6.4.2.2 环境条件对生物降解的影响

每种微生物菌株的生长和代谢都对环境有特定的要求，当环境条件超出微生物的耐受范围时，微生物的生长和对有机物的降解作用就不会发生。如果某一环境中有几种降解微生物同时存在，将比只有一种降解微生物单独存在的耐受范围要宽。

影响微生物生长的因素除了营养条件外，还与 pH 值、环境温度、供氧、光照、氧化还原电位、水分、渗透压（盐度）等环境条件有关。

每种微生物都有其最适生长温度。根据微生物生长温度的不同，可以将微生物分为低温菌、中温菌及高温菌。一般来说，在一定的温度范围内，增加温度将加快微生物的繁殖和代谢，但当超过温度上限时，微生物的生长停止甚至死亡。因此在利用微生物处理污染物时，需要对温度进行控制，否则将影响处理的效果。

根据微生物对环境 pH 值的要求，也可以将微生物分为嗜酸菌、中性菌及嗜碱菌。应该根据微生物对 pH 值的要求，对降解过程的 pH 值进行调节和控制。

微生物进行代谢活动需要有足够的水分。在水环境中的微生物不会因缺水而限制其生长，但是在土壤中的微生物或固体废弃物的生物降解时可能由于水分不足而成为微生物降解的限制因素。当土壤空隙率在 38％～81％ 范围时，水和氧的活性最大，水呈饱和态时好氧微生物的活性最佳；但若存在游离水，由于氧通过水的扩散速率较慢，会限制微生物的活性。

微生物的生长往往需要一些无机盐，但若盐的浓度太高，就会抑制微生物的生长，只有一些嗜盐菌才能在盐碱地、海水和盐湖中生长。

压强对微生物的生长影响不大，只有当压强高于几百万兆帕时才会引起极大部分微生物的死亡，超高压已经用于食品工业灭菌。有些油类污染物的密度比海水大，会沉积到海底。海底属于高静水压和低温环境，在这样的环境中微生物活性很低，有机物的降解十分缓慢。

6.5 典型有机污染物的生物降解机理

6.5.1 卤代有机物的生物降解

卤代有机物具有较强的毒性，有些能致癌和致畸变，属于较难生物降解的污染物。卤代有机物广泛用做有机合成的原料及溶剂，在生产和应用工艺中，不可避免地产生含卤代有机物的废水和废气。许多研究人员对卤代有机物的生物降解进行了深入研究，降解机理已经比较清楚。

6.5.1.1 卤代脂肪烃的好氧生物降解机理

卤代脂肪烃的碳-卤键断裂机理可归纳为以下 6 种：①水解脱卤，由水解脱卤酶催化卤代脂肪烃水解，常见的水解酶有烷烃水解脱卤酶和卤酸水解酶，卤代支链被水化羟基基团取代；②分子内取代，通过卤代醇脱卤酶催化亲核取代反应，卤素与邻位羟基基团进行亲核取代反应，生成环氧化物；③硫解脱卤，在细菌利用二氯甲烷代谢中，谷胱甘肽 S 转化酶催化形成谷胱甘肽和氯甲烷的中间物，伴随进行脱卤反应；④脱卤化氢，这类脱卤反应由脱卤化氢酶催化，反应放出 HCl，分子内随之生成双键；⑤还原脱卤，还原脱卤酶参与反应，卤素侧链被氢原子取代；⑥水合，3-氯丙烯酸的脱卤酶催化水分子的亲核性基团加成到烯键的碳原子上，形成杂环不稳定中间产物，然后再降解成醛，卤素随之脱下。

另外，甲烷营养菌的甲烷单加氧酶是一个特异性很低的氧化酶，可以把一个氧原子加到三氯乙烯（TCE）上，形成环氧化物中间产物，在酸性条件下，环氧化物转化成二氯乙酸和乙醛酸；在碱性条件下，环氧化物则转化成一氧化碳和甲酸。

6.5.1.2 卤代脂肪烃的厌氧生物降解机理

Widdel 发现在硫酸盐还原或反硝化环境中的菌株纯培养物，可以彻底氧化 6~20 个碳原子的卤代脂肪烃。

卤代脂肪烃厌氧降解过程属于还原脱卤，可以失去一个或多个卤原子，其中以失去一个卤原子和氢的还原脱卤过程为主。脱卤作用取决于分子中由卤-碳键强度决定的氧化还原电位，键强度越高，卤原子越难脱去。键强度与卤原子的类型和数目有关，也与卤代分子的饱和程度有关。一般来说，溴和碘取代物比氯取代物的键强度低，易于脱卤；氟取代物比氯取代物键强度高，难于脱卤；随着分子的饱和程度下降而使键强度增加，使饱和化合物（烷烃类）比不饱和化合物（烯烃类、炔烃类）的还原性脱卤敏感。在氯代烯烃厌氧代谢中，脱氯速率由快到慢的次序是：四氯乙烯、三氯乙烯、1,2-二氯乙烯和氯乙烯。

6.5.1.3 典型卤代脂肪烃的降解

用于卤代脂肪烃降解的微生物一般都属于革兰阴性菌，如黄色杆菌、假单胞菌等。下面将以三氯乙烯为例说明生物脱卤降解过程。

三氯乙烯是一种常用的有机溶剂和金属清洗剂。过去，美国军方常用于擦洗武器。因此，人们在那些已经废弃的军事基地的土壤、地表水及地下水中都发现了三氯乙烯污染。同时，又发现三氯乙烯可以致癌和致畸变，使三氯乙烯污染的处理提上了议事日程，有许多研究小组都对此进行了研究。

人们发现，甲烷单加氧酶、氨单加氧酶、异戊二烯氧化酶、丙烷单加氧酶、甲苯-邻-单加氧酶和甲苯双加氧酶等都能够氧化降解 TCE。在大多数微生物中，上述酶系都需要有适当的诱导物存在时才能合成，而这些诱导物往往都是有毒有机物。科学家们通过大量的筛选工作获得了一株洋葱假单胞菌的组成型突变株，它不需要诱导就能够合成甲苯-邻-加氧酶，可以直接用于 TCE 的生物降解。

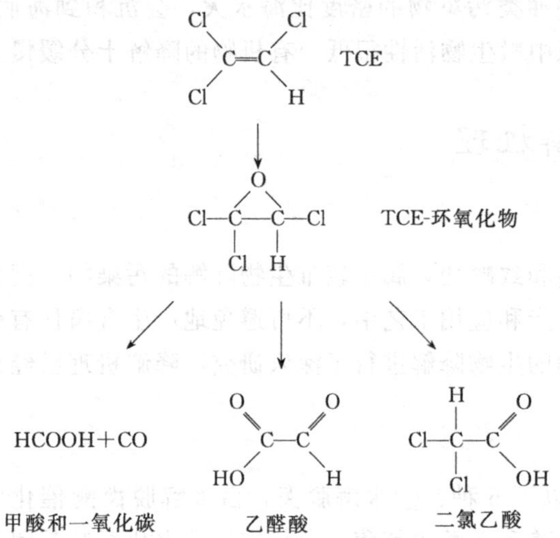

TCE 的氧化降解产物取决于最初氧化作用的机制。单加氧酶作用先产生 TCE-环氧化物，然后自发地水解为二氯乙酸、乙醛酸、甲酸和 CO，降解机理如图 6-11 所示。而双加氧酶作用最初产生 TCE-氧杂环化物和 1,2-羟基-TCE，然后重排形成甲酸和乙

图 6-11 甲烷营养菌好氧降解 TCE

醛酸。前者由甲烷营养菌氧化，最后产物为其他菌所利用。在这个过程中，有少量副产物三氯乙醛（Cl_3CCHO），能被假单胞菌代谢。

6.5.2 降解木质素及多环芳烃的微生物

木质素是地球上仅次于纤维素的第二大可再生的有机物质，主要存在于高等植物中。在植物体内，它与纤维素紧密结合在一起构成植物的细胞壁。木质素是主要由芥子醇、松柏醇和香豆酮三种基本结构单元构成的、具有三维结构的芳香族高聚物，由各种 C—C 键和苯氧基联结在一起。木质素这种特殊结构使微生物几乎不能通过水解方式进行分解。

木质素降解在自然界的碳元素循环中占有重要地位。对木质素降解起作用的酶包括木素过氧化物酶（Lip）、锰过氧化物酶（Mnp）、漆酶（La）、苯酚氧化酶（Pho）及芳香醇氧化酶（Aao）等，主要由白腐菌产生，其中最重要的是黄孢原毛平革菌及其所产生的木素过氧化物酶和锰过氧化物酶、彩绒革盖菌及其所产生的漆酶。

6.5.2.1 黄孢原毛平革菌

黄孢原毛平革菌属于担子菌纲、同担子菌亚纲、非褶菌目、丝核菌科。它的无性阶段产无色粉状分生孢子，菌丝体成平伏状。黄孢原毛平革菌能够产生一系列的胞外过氧化物酶和氧化酶，包括木素过氧化物酶、锰过氧化物酶、漆酶、乙二醛酶等，也能产生纤维素酶和半纤维素酶。在木质素降解中起主要作用的是过氧化物酶和乙二醛酶，过氧化物酶的催化作用依赖于 H_2O_2 的存在，但是过量的 H_2O_2 反而会引起过氧化物酶的失活；乙二醛酶则起到了提供适量 H_2O_2 的作用。过氧化物酶都含有血红素，事实上是一组同工酶。

木素过氧化物酶降解木质素及多环芳烃的机理如图 6-12 所示。在酶催化反应过程中，该酶形成了两个中间体 Lip1 和 Lip2。Lip1 是 Lip 被 H_2O_2 氧化后失去两个电子而形成的过渡态形式；Lip1 与一个底物分子反应得到一个电子并生成另一种过渡态 Lip2 和一个自由基产物；最后 Lip2 又与第二个底物分子反应，得到第二个电子，使底物分子形成另一个自由基产物，酶本身则回复到原酶形态 Lip。每一循环中生成两个芳香正离子自由基，具有很强的活性，经过一系列反应后，会发生侧链 C—C 键断裂、甲氧基水合或脱甲基等反应，最终使木质素降解。

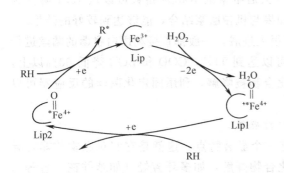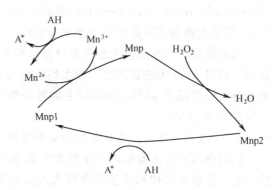

图 6-12　木素过氧化物酶降解　　　　　　图 6-13　锰过氧化物酶降解
　　木质素及多环芳烃的机理　　　　　　　　木质素及多环芳烃的机理

锰过氧化物酶只有在 Mn^{2+} 存在时才具有催化活性，首先 H_2O_2 将 Mn^{2+} 氧化为 Mn^{3+}，含 Mn^{3+} 的酶是一个非特异性氧化剂，能将有机物氧化，本身则还原为含 Mn^{2+} 的原酶。锰过氧化物酶的催化机理如图 6-13 所示，与木素过氧化物酶类似，也生成两个酶中间体 Mnp1 和 Mnp2，酶的每一个循环能将两个底物分子氧化。

6.5.2.2　彩绒革盖菌

彩绒革盖菌又称为杂色云芝，是一种具有药用价值的担子菌，属于无隔担子菌亚纲。它所产生的木质素降解酶主要是漆酶，又称为酚酶或多酚氧化酶。这是一种非特异性含铜的氧化酶，能够氧化多酚、甲氧基酚、二胺等多种有机化合物。漆酶氧化底物的机理是一种产生自由基的单电子反应，开始时形成的中间化合物不稳定，再经历第二次酶催化氧化或非酶催化反应，如水合反应、歧化反应、聚合反应等，最终得到氧化产物。与木素过氧化物酶和锰过氧化物酶需要过氧化氢不同，漆酶催化的反应只需要氧气作为电子受体，氧气本身被还原成水。

木质纤维素是由纤维素、半纤维素和木质素组成的结构复杂的材料，各种木质纤维素的组成和结构存在着很大的差别，木质素的降解又是一个复杂的多酶体系共同作用的结果。

6.5.2.3　白腐菌在造纸工业中的应用

造纸工业是造成环境污染的重要污染源。造纸厂的污水主要来自造纸原料的脱木素和纸浆漂白。人们之所以对白腐真菌感兴趣就是因为它们有可能改变传统化学制浆和化学漂白废水处理的现状，发展生物制浆和漂白废水生物处理的新工艺，达到降低污染、提高资源利用率和纸制品质量的目的。

白腐菌用于生物制浆可以采用两种方法：直接用菌丝体或经提取后的酶降解木质素。这种方法在利用白腐菌处理硬木牛皮纸浆时取得了较好的效果，5 天后纸浆的 Kappa 指数（Kappa 指数是造纸工业常用的木质素含量指标）从 11.6 降到了 7.9；在处理软木牛皮纸浆时直接效果并不明显，但是进一步用碱抽提后，Kappa 指数降到了 8.5，而不经白腐菌处理、直接用碱抽提时 Kappa 指数只能降到 24，表明白腐菌在处理软木牛皮纸浆时也起着重要作用。直接用白腐菌制纸浆的优点是不需要加过氧化氢，因为菌丝中的乙二酸酶能为木素过氧化物酶提供必需的过氧化氢。但是由于白腐菌也产生纤维素酶，直接采用菌丝也造成了一部分纤维素降解，从而降低了纸浆的收率。采用经过提纯的酶可以避免纤维素损失。由于过氧化物酶需要过氧化氢参与才具有降解木质素的功能，不需要过氧化氢的漆酶就受到了人们的重视，单独用漆酶处理硬木牛皮纸浆时效果不太理想，但是与 ABTS（2,2-azinobis-3-

ethylbenzthiazoline-6-sulphonate）共同处理，5 天后纸浆的 Kappa 指数可以从 12.1 降低到 9.2。目前生物制浆还处于工业化试验阶段，如果与机械磨浆结合，能够达到较好的效果。

白腐菌用于纸浆漂白废水处理已经取得了很大进展，一般都直接利用白腐菌的菌丝进行处理。经过 3～4 天的处理后，废水的脱色率可以达到 90%，COD 和 BOD 降低 60% 以上，氯代有机物可减少 45%，50% 以上的芳香族化合物被降解，利用固定化菌丝的反应器可以连续操作 30 天以上。

6.5.2.4 白腐菌在多环芳烃降解和染料降解中的应用

白腐菌所产生的能够降解木质素的酶系有一个显著特点，这就是它们对底物的非特异性。它们能够将结构和性质存在很大差异的化合物降解，如多环芳烃（如苯并芘、蒽等）、含氯芳香化合物（如五氯苯酚、4-氯苯胺、2,4,5-三氯苯氧乙酸等）、杀虫剂（如 DDT、六六六及氯丹等）、染料（如结晶紫、酸性黄 9、天青 B 及雷马唑亮蓝等）、炸药（如 TNT、RDX 及 HMX 等）和其他化合物如氰化物、叠氮化合物、甚至四氯化碳等。上述类型的有机化合物在一般的废水生化处理过程中是很难被降解的，浓度较高时还会引起活性污泥中微生物群的死亡。利用白腐菌降解的有机污染物中至少应该有一个广义 π 电子轨道系统，这种 π 分子轨道系统允许正离子/自由基离域，从而降低了自由能，维持了中间体的稳定。根据这一原理，白腐菌不能降解脂肪族醚类化合物，如甲基叔丁基醚等。

6.6　污染物在生态系统中的生物自净原理

被污染环境的自净指通过生态系统中物理、化学及生物作用，逐步消除污染物达到自然净化的过程。从各种途径进入环境的污染物当其浓度尚未超过容许范围，一般不会造成对环境系统的严重破坏，可以通过自然的扩散、稀释、分解或转化，维持环境的生态平衡；或虽被某一层次生物富集与积累，由于经过食物链的消化、吸收及代谢等过程，毒物被转化分解，使环境恢复原状。污染环境的自净可分为水体、大气和土壤自净。

6.6.1　水体的自净

水体的自净是指被污染水体中污染物通过水体中发生的物理、化学和生物等方面的作用降解，使水体经一段时间后恢复到受污染前状态的过程。在水体自净过程中，水中微生物和水生生物起着关键作用。影响污染物自净速率的主要因素是溶解氧浓度、温度及 pH 值等。

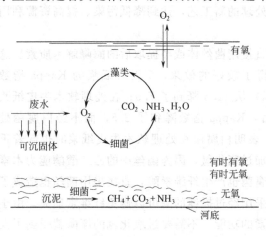

图 6-14　水体自净示意

一般地说，在水流湍急的河流中，氧传递能力很强，污染物的自净能力将大大高于几乎静止不动的河流及湖泊。在适宜的溶氧、温度（20～40 ℃）及酸碱度（pH 值 6～9）等条件下，当空气和养料充足时，水体中的微生物大量繁殖，并能将有机污染物迅速分解、氧化，最终矿化成二氧化碳、水、氨、硫酸盐及磷酸盐等。沉降到水底的污染物往往处于厌氧条件下，可以通过水底污泥中的厌氧微生物将有机污染物分解，生成甲烷、二氧化碳和硫化氢等。水体中污染物的自净机理如图 6-14 所示。

必须指出，只有当水体中的污染物未超过一定限度时，才能存在正常的生物循环，即细菌将有机物分解为无机物并合成新的细菌细胞，无机物又会被藻类转化为藻类细胞，两者都是浮游动物的食物；浮游动物又将是鱼类等水生动物的食物，鱼又成了鸟兽等高级动物和人类食物链的一部分；当人类和鸟兽排泄的废物流入水体后，水中的细菌又将有机物同化成细菌的细胞，形成自然的循环。

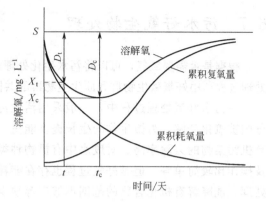

图 6-15　氧垂曲线

如图 6-15 所示，有机废水进入河流后，废水进入点上游的河水中溶解氧浓度较高，因此废水中的污染物得以迅速降解，与此同时，由于从空气中向水体补充氧的速率一般低于氧的消耗速率，使水中的溶解氧浓度逐渐下降，即产生了"氧亏"。随着污染物浓度下降，氧亏将达到极大值，然后，从空气中向水体补充氧的速率将高于氧的消耗速率，即河水又开始"复氧"。如果没有新的污水流入，河水中的溶氧浓度将重新恢复正常，这样就完成了水体的自然修复。

值得注意的是：在最大氧亏处，若溶氧浓度低于水中微生物及水生动植物的临界溶氧浓度，将造成水中微生物和动植物的大量死亡，水体将无法获得自然修复。同时一些对临界溶氧浓度要求很低的藻类就会大量繁殖。我国的滇池和太湖等严重的蓝绿藻污染及沿海的赤潮都属于这种情况。因此，对水体的自净能力（环境容量）千万不能有过高的估计，一旦造成污染后，再要进行治理将会十分困难。

6.6.2　土壤的自净

土壤污染物的自净取决于污染物的性质和浓度，土壤的性质及含水量，绿色植物根系的吸收、转化、降解和生物合成作用，土壤微生物的降解、转化和固定作用，有机、无机、胶体及其复合体的吸收、络合和沉淀、离子交换及气体扩散等综合作用。同样，虽然土壤有一定的自净能力，也不能有过高的估计，而且自净作用受到气候的影响，寒冷地区及降雨量很少地区的生态系统十分脆弱，土壤的自净能力也非常有限。另外还应注意污染形式的转换，土壤中的污染物很容易通过灌溉、降雨等转移到地面水、地表水及地下水。由于地下水中的溶解氧浓度低、更新周期长，地下水污染的治理非常困难。

6.6.3　空气的自净

空气的自净作用除了 CO_2 通过光合作用被植物及微生物吸收属于生物过程外，其他都属于物理与化学过程。主要通过稀释、沉降和随着雨水降落到地面上及通过紫外线催化的光化学反应发生分解。大气中过量的烃类化合物和氮氧化合物通过光化学反应将引起严重的光化学污染事故。

总之，自然生态系统的自净能力需要科学的认识和适当的利用。人类在长期的环境科学研究和实践中已经认识到了依赖自然生态系统的自净能力是不可靠的，已经提出了排放总量控制并逐年减少的战略原则，只有这样，才能保护地球的生态环境，才能可持续地发展。

虽然国际社会和我国政府都已经制订了严格的污染物排放标准，但现代社会向环境排放的大量废水、废气和固体污染物仍大大超过了环境的自净能力。为了抑制环境恶化的趋势，就必须采用物理、化学及生物的方法对污染物进行集中处理达到标准后才可以向环境排放。

在所有方法中，生物方法去除污染物最有效也最容易被人们所接受。

6.7 污水好氧生物处理

根据是否需要氧气，可以将污水生化处理过程分为好氧和厌氧处理两大类。污水好氧生化处理过程利用好氧微生物群和原生生物群的共同作用将有机物降解，降低污水的 BOD 及 COD。

在污水好氧处理过程中，一般采用活性污泥法，将一部分有机污染物转化为菌体，大部分则被氧化分解，为微生物的生长提供能量。污水好氧处理方法的优点是：污水处理量大、有机污染物的去除率高、对废水中有机物种类和浓度变化及环境条件有一定的适应性、设备及操作比较简单等。但是好氧过程也存在能耗比较高、剩余污泥量大、不适于高浓度废水的处理、能降解有机化合物的范围不够广等缺点。

活性污泥法是最早采用、也是应用最广的好氧污水生物处理方法。1914 年在英国曼彻斯特市建立了首座活性污泥法生活污水处理厂。这种方法以废水中有机污染物作为底物，在充分曝气供氧条件下，通过对悬浮生长的微生物絮体进行连续或间歇培养，将有机污染物转化为无机物质。经过近百年的研究和开发，活性污泥法有了许多改进和发展，而且还在不断完善。

6.7.1 活性污泥法基本概念

污水好氧处理的一般流程及机理如图 6-16 和图 6-17 所示，由初沉池、曝气池和二沉池组成。活性污泥法的核心是各种形式的曝气池。在曝气池中需要预先培养大量含有微生物和原生动物的活性污泥，刚开工的污水处理厂常采用类似废水处理装置的活性污泥接种。曝气池中需要通入空气、富氧空气甚至纯氧以满足活性污泥生长和污染物降解的需要，曝气池的名称即由此而来。从初沉池流入的废水在曝气池中迅速降解，一部分用于细胞物质合成，大部分则矿化为二氧化碳和水。经过处理的水流入二沉池。

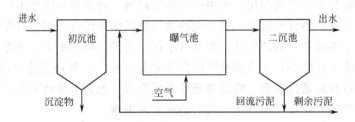

图 6-16　污水好氧生物处理流程示意

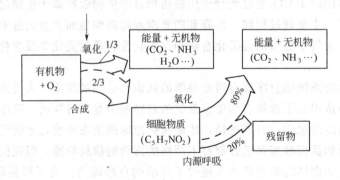

图 6-17　好氧生物处理分解与合成

200

虽然初沉池和二沉池只起物理沉淀作用，但是对活性污泥法的成功起着至关重要的作用。初沉池的作用是将污水中的可沉降悬浮固体沉淀除去，调节进入曝气池的污水流量和有机物负荷，保证曝气池的正常运行。二沉池的作用是将活性污泥沉降分离，使出水中不会夹带大量的活性污泥。活性污泥的主体是微生物，如果出水中的污泥不能有效地分离，出水质量就无法得到保障。

曝气池中污染物的降解速率与活性污泥的浓度有着直接的关系。提高活性污泥浓度就能够增加污染物降解速率，提高出水水质。因此，从二沉池沉淀分离的污泥一部分将回流到曝气池中，这样也可以减少剩余污泥的量。剩余污泥或者通过脱水干燥后填埋，或者进一步进行厌氧消化。

6.7.2 活性污泥指标及参数

表征活性污泥数量和性能好坏的指标主要如下。

① 污泥浓度（MLSS）。指 1 L 混合液内所含的悬浮固体量，单位为 $g \cdot L^{-1}$ 或 $mg \cdot L^{-1}$。污泥浓度的大小间接反映废水中所含微生物的量。也可采用混合液中挥发性悬浮固体（MLVSS）表示活性污泥的浓度。

② 污泥沉降比（SV）。是指一定量的曝气池废水静置 30min 后，沉淀污泥与废水的体积比，用％表示。污泥沉降比反映污泥沉淀和凝聚性能的好坏。污泥沉降比越大，越有利于活性污泥与水迅速分离，性能良好的污泥，一般沉降比可达 15％～30％。SV 值是二沉池设计和操作的重要指标。

③ 污泥容积指数（SVI）。污泥容积指数是指一定量的曝气池废水经 30 min 沉淀后，1 g 干污泥所占有沉淀污泥容积的体积，单位为 $mL \cdot g^{-1}$，也称污泥指数。污泥指数一般控制在 50～150 $mL \cdot g^{-1}$ 之间。

④ 污泥负荷。在活性污泥法中，一般将有机污染物与活性污泥的质量比（F/M），即单位质量活性污泥（kg MLSS）或单位体积曝气池（m^3）在单位时间（d）内所承受的有机物量（kgBOD），称为污泥负荷，用 L 表示。

⑤ 泥龄。细胞的平均停留时间 θ_c 也称泥龄，是微生物在曝气池中的平均培养时间。在间歇式试验装置中，θ_c 与水力停留时间 θ 相等。在实际的连续流活性污泥系统中，θ_c 将比 θ 大得多，且 θ_c 不受 θ 的限制。

6.7.3 活性污泥吸附与氧化阶段

活性污泥处理废水中有机物一般分为两个阶段进行，即生物吸附阶段和生物氧化阶段。

（1）生物吸附阶段

废水与活性污泥微生物充分接触，形成悬浊混合液，废水中的污染物被比表面积巨大、且表面上含有多糖类黏性物质的微生物吸附和黏附。呈胶体状的大分子有机物被吸附后，首先在水解酶作用下，分解为小分子物质，然后这些小分子及其他溶解性有机物在酶的作用下或在浓差推动下选择性渗入细胞内，使废水中的有机物含量下降而得到净化。这一阶段非常迅速，对于含悬浮状态有机物较多的废水，有机物去除率相当高，往往在 10～40 min 内，BOD 可下降 80％～90％。这一阶段的主要作用是吸附。

（2）生物氧化阶段

被吸附和吸收的有机物质继续被氧化，氧化过程非常缓慢，是控制污染物降解速率的关键步骤。在生物吸附阶段，随着有机物吸附量的增加，污泥的活性逐渐减弱。当吸附饱和后，污泥就失去了吸附能力。经过生物氧化阶段，吸附的有机物被氧化分解后，活性污泥又呈现活性，恢复了吸附能力。

在好氧条件下，活性污泥中的微生物能通过合成代谢途径，将有机物合成为新的细胞物质；也可通过分解代谢途径，将部分有机物分解为 CO_2 和水等稳定物质，并产生能量供合成代谢用。同时，微生物细胞自身会进行内源代谢或内源呼吸，使之氧化分解为无机物和能量。合成代谢、分解代谢以及内源呼吸的比例，大致如图 6-17 所示，也可通过生物化学反应计量学方程估算。

6.7.4 影响活性污泥活性的主要因素

影响活性污泥活性的主要因素包括：溶解氧、营养物、pH 值和温度。

① 溶解氧。氧是好氧微生物生存和代谢的必要条件，供氧不足会妨碍微生物代谢过程，造成丝状菌等耐低溶解氧的微生物滋长，使污泥不易沉淀，这种现象称为污泥膨胀。活性污泥混合液中溶解氧浓度以 $2\ mg \cdot L^{-1}$ 左右为宜。曝气不但满足了活性污泥生长和污染物氧化降解对氧的需要，而且为系统提供了充分的混合和搅拌。

② 营养物。微生物生长繁殖需要一定的营养物。碳元素的需要量以 BOD_5 负荷率表示，它直接影响到污泥增长、有机物降解速率、需氧量和沉淀性能。若以混合液悬浮固体 MLSS 表示活性污泥，一般活性污泥法 BOD_5 负荷率控制在 $0.3\ kg \cdot kg^{-1} \cdot d^{-1}$ 左右；而高负荷活性污泥法可高达 $2\ kg \cdot kg^{-1} \cdot d^{-1}$。除碳外，还需要氮、磷、硫、钾、镁、钙、铁以及各种微量元素。对氮、磷的需要量应满足 $BOD_5 : N : P = 100 : 5 : 1$ 的要求。同时还应控制进水中对生物有毒有害物质的浓度。

③ pH 值和温度。为维持活性污泥法处理设施正常运转，混合液的 pH 值应控制在 $6.5 \sim 9.0$ 范围内，温度以 $20 \sim 30\ ℃$ 为宜。

6.7.5 常用活性污泥处理工艺的类型和特点

活性污泥法自诞生以来，进行了许多研究和改进，发明了各种具有特色的工艺。活性污泥法的分类和特征列于表 6-16。

表 6-16 活性污泥法的分类和特征

划分依据	类 型	特 性
按废水和回流污泥的进入方式及其在曝气池中的混合方式	推流式	推流式活性污泥曝气池有若干个狭长的流槽，废水从一端进入，另一端流出。此类曝气池又可分为平行水流(并联)式和转折水流(串联)式两种。随着水流的过程，底物降解，微生物增长，F/M 沿程变化，系统处于生长曲线某一段上工作
	完全混合式	废水进入曝气池后，在搅拌下立即与池内活性污泥混合液混合，从而使进水得到良好的稀释，污泥与废水得到充分混合，可以最大限度地承受废水水质变化的冲击。同时，由于池内各点水质均匀，负荷一定，系统处于生长曲线某一点上工作。运行时可以调节负荷，使曝气池处于良好的工况条件下工作
按供氧方式	鼓风曝气式	采用空气(或纯氧)作氧源，以气泡形式鼓入废水中。它适合于长方形曝气池，布气设备装在曝气池的一侧或池底。气泡在形成、上升和破坏时向水中传氧并搅拌水流
	机械曝气式	是用专门的曝气机械，通过剧烈地搅动水面，使空气中的氧溶解于水中。通常，曝气兼有搅拌和充氧作用，使系统接近完全混合型。如果在一个长方形池内安装多个曝气机，废水从一端进入，经几次机械曝气之后，从另一端流出，这种形式相当于若干个完全混合式曝气池串联工作，适用于废水量很大的处理系统

常用活性污泥处理工艺的种类和特点见表 6-17。近年来，还开发了许多更高效率的好氧污水处理工艺，典型的如 AB 法。

吸附生物氧化法（AB 法）又称吸附生物降解，是在传统的二段活性污泥法和高负荷活性污泥法的基础上开发的一种废水生物处理新工艺，属超高负荷活性污泥法。AB 法与传统

表 6-17 常用活性污泥处理工艺的种类和特点

工 艺 种 类	混 合 方 式	曝 气 方 式	BOD去除率/%	备　　注
传统活性污泥法	推流	空气扩散曝气 机械曝气	85～95	用于低浓度生活污水处理,处理过程对冲击负荷很敏感
渐减曝气法	推流	鼓风曝气	85～95	供气量沿水流前进方向逐渐减少
完全混合式活性污泥法	完全混合 表面曝气机 机械鼓风曝气	鼓风曝气	85～95	耐冲击负荷,可用于浓度较高的有机废水
阶段曝气	推流	鼓风曝气	85～95	适用于传统活性污泥法处理厂的技术改造,以提高处理能力,也适用于其他有机废水的处理
接触稳定活性污泥法	推流	鼓风曝气 机械曝气	80～90	适用于现有污水处理厂的技术改造,废水所含有机物为胶体状或颗粒状的水质。运行灵活
延时曝气活性污泥法	完全混合	鼓风曝气 机械曝气		适用于以减少污泥量为目的的有机废水处理,规模不宜过大,运转灵活
纯氧活性污泥法	完全混合串联 完全混合	机械扩散纯氧		适用于容积有限、有廉价氧源利用的情况

活性污泥法相比,在处理效率、运行稳定性、工程投资及运行费用等方面均具有明显的优势。AB法的工艺流程如图6-18所示,该法的主要特点是一般不设初沉池,A段和B段的回流系统分开。A段可控制溶解氧的含量,以好氧或兼氧方式运行,BOD去除率可以调整,污泥产率高,污泥的沉降性能较好。由于A段的有效功能使B段的处理效果得到提高,不仅能进一步去除COD和BOD,而且能提高硝化效果。AB法对BOD、COD、SS、磷和氨氮的去除效果均高于常规活性污泥法,节省基建投资约20%,节约能耗25%左右。AB法对pH值和有毒物质的影响具有很大的缓冲作用,适用于处理高浓度、水质水量变化大的污水。

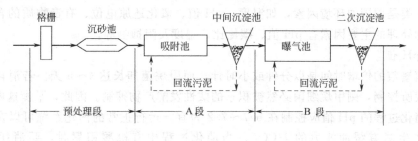

图 6-18 AB法工艺流程

6.8 污水厌氧生物处理

污水厌氧生化处理是利用厌氧微生物将污水中的有机物分解降解的方法,因此不需要氧气,能耗要比好氧处理方法低得多。污水厌氧生化处理不但使污染物降解,而且有机物的部分能量能够得到回收利用,而且菌体的产量也比较低,从而对外加营养物的要求低,剩余污泥量少。许多厌氧微生物还具有降解一般好氧微生物很难代谢的有机化合物或有毒物质(如含氯有机化合物等),因此厌氧处理对废水的适应能力更强。此外,厌氧微生物可以处理污染物浓度很高的废水，经过厌氧处理的有机废水，进一步用好氧法处理时污染物的可生化性也能得到提高。

与好氧处理将有机物降解为 CO_2 不同，厌氧微生物的代谢产物包括甲烷和氢气，厌氧生物处理产生的沼气中一般含有 60%～70%CH_4，25%～35%CO_2，约占 5% 的 H_2S 和 H_2 等。沼气中 CH_4 含量大于 50% 便可用做燃料，因此利用沼气发酵是解决能源问题的有效途径之一。

污水厌氧生化处理的缺点是厌氧生化处理后的废水 COD 或 BOD 值仍比较高，不能达到排放标准，一般还需要进一步的好氧处理。厌氧微生物降解有机物的速率比较低，对环境条件（如 pH 值及温度等）的要求高，设备投资也比较大。

厌氧污水处理装置包括厌氧生物反应器和沼气的收集和净化装置，为了保证出水质量，还需要经过好氧处理。常见的厌氧-好氧联合处理高浓度有机废水的流程如图 6-19 所示。从二沉池出来的剩余污泥，一部分回流到曝气池以增加活性污泥浓度，一部分则回流到位于厌氧消化罐前的调节池，与进口污水一起进入消化罐消化，只有少量剩余污泥排放。

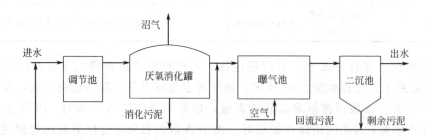

图 6-19　厌氧-好氧联合处理高浓度有机废水的流程

6.8.1　影响厌氧生物处理的主要因素

厌氧生物处理对环境的要求比好氧法严格。一般认为，控制厌氧生物处理效率的基本因素有两类：一类是基础因素，包括微生物量（污泥浓度）、营养比、混合接触状况、有机负荷等；另一类是周围的环境因素，如温度、pH 值、氧化还原电位、有毒物质的含量等。影响厌氧生物处理的主要因素有 pH 值、碳氮比、温度及阻抑物等。

6.8.1.1　pH 值

产酸菌繁殖的倍增时间是以分钟或小时计，而甲烷菌却长达 4～6 天。若消化过程被酸性发酵阶段所控制，则甲烷细菌必然被积累的酸性发酵产物抑制。因此，平衡这两类细菌非常重要，消化过程的 pH 值应控制在 6.7～7.2 为宜。运行正常的消化系统可以在消化的最终产物中产生具有缓冲能力的 HCO_3^-。当消化过程中有机酸积累时，要消耗掉大量的 HCO_3^-，使消化液的缓冲能力下降甚至消失，就有造成厌氧处理失败的危险。

6.8.1.2　碳氮比

在厌氧菌的生命过程中，由于呼吸作用没有分子氧参与，分解有机物所获得的能量仅为需氧条件下的 3%～10%，因此，对营养的要求主要是以能满足合成新的细胞物质为基础。

在高碳氮比值下进行发酵时，易造成产酸发酵占优势。当 pH 值降至 6 以下时，产气效果差，酸性气体超过 50%。到 pH 值降至 5.5 以下时，会出现酸阻遏现象，发酵基本停止，影响有机物的分解。而在低碳氮比值下进行发酵时，则易造成腐解发酵，蛋白质分解、氨释放加快，使发酵液 pH 值上升至 8 以上，气体中的甲烷含量降低，大量氨随沼气一起排出。碳氮比值控制的适宜范围以（20∶1）～（30∶1）为宜，能使发酵过程的产酸和释氨速度配合得当，酸碱中和使 pH 值稳定在 7 左右。

6.8.1.3 温度

与好氧消化相同，温度对厌氧消化也相当重要，因为温度直接影响生化反应速率的快慢。起消化作用的微生物中，一类是嗜温性微生物，可在 15～43 ℃之间的温度范围内存活，最适宜温度为 32～35 ℃；另一类是嗜热性微生物，它们可以在高温环境中繁殖，适宜温度为 49～54.5 ℃。采用较高温度进行消化可以缩短消化时间，一般地说，45～60 ℃消化温度是最有利的。但由于热损失高，还产生臭味，实际上较少采用。比较适宜的温度约为 35 ℃，即中温消化。在不加热的池中发酵，发酵周期或停留时间长，池容量要比在 50 ℃时增加4～5 倍。高、中低温消化法的单位容积处理能力比值为 2.5：(0.2～0.25)。

6.8.1.4 氧化还原电位

无氧环境是严格厌氧的产甲烷菌繁殖的最基本条件之一。产甲烷菌不会合成过氧化氢酶，因而对氧和氧化剂非常敏感。厌氧反应器中的溶氧浓度很低，无法直接测量，只能根据描述氧浓度与氧化还原电位关系的能斯特（Nernst）方程间接获得。研究表明，产甲烷菌初始繁殖时，环境中的氧化还原电位不能超过 -330 mV，按 Nernst 方程计算，相当于 $2.36×10^{56}$ L 水中只有 1 mol 溶氧，可见产甲烷菌对介质中分子态氧极为敏感。

在厌氧消化全过程中，不产甲烷阶段可在兼氧条件下完成，氧化还原电位为 $+0.1～0.1$ V；而在产甲烷阶段，氧化还原电位须控制为 $-0.3～0.35$ V（中温消化）与 $-0.56～0.6$ V（高温消化）。产甲烷阶段氧化还原电位的临界值为 -0.2 V。

氧是影响厌氧反应器中氧化还原电位的重要因素，但不是惟一因素。挥发性有机酸、pH 值及铵离子浓度等因素均影响系统的氧化还原电位。如 pH 值低，氧化还原电位就高，反之亦然。在厌氧生物处理中，微生物通过形成不同产物也可以改变系统的氧化还原电位。如在 pH 值 7.0 时，反应器气相中的氢浓度可改变微生物体内的 $[NADH]/[NAD^+]$ 比例，从而改变代谢产物的组成，产生不同的氧化还原电位。

6.8.1.5 有机负荷

在厌氧法中，有机负荷通常指容积有机负荷，即消化器单位有效容积每天接受的有机物量（$kgCOD·m^{-3}·d^{-1}$）。在污泥消化中，有机负荷习惯上以投配率或进料率表达，即每天所投加的湿污泥体积占消化器有效容积的百分数。由于各种湿污泥的含水率、挥发组分不尽一致，投配率不能反映实际的有机负荷，为此，又引入了反应器单位有效容积每天接受的挥发性固体质量这一参数，即 $kg MLSS·m^{-3}·d^{-1}$。

有机负荷是影响厌氧消化效率的一个重要因素，直接影响产气量和处理效率。在一定范围内，随着有机负荷提高，产气率即单位质量物料的产气量趋向下降，而消化器的容积产气量增多，反之亦然。若进料的有机物浓度一定，有机负荷或投配率的提高意味着停留时间缩短，有机物分解率将下降，也使单位质量物料的产气量减少。但因反应器的处理量增多了，单位容积的产气量将提高。

厌氧处理系统的正常运转取决于产酸与产甲烷反应速率的相对平衡。一般产酸速率大于产甲烷速率，若有机负荷过高，则产酸将大于用酸（产甲烷）率，挥发酸将累积而使 pH 值下降，破坏产甲烷阶段的正常进行，严重时产甲烷作用停顿，系统失败，并难以调整恢复。有机负荷过高还会提高水力负荷，使消化系统中污泥的流失速率大于增长速率而降低消化效率。相反若有机负荷过低，虽可提高物料产气率或有机物去除率，但降低了容积产气率和消化设备的利用效率，增加投资和运行费用。在处理具体废水时最好通过试验确定最适宜的有机负荷。

6.8.1.6　厌氧活性污泥

厌氧活性污泥主要由厌氧微生物及吸附的有机物、无机物和代谢中间产物组成。厌氧活性污泥的浓度和性状是保证厌氧消化效率的基础。厌氧活性污泥的性质主要表现为代谢功能和沉淀性能。前者主要指活微生物的比例、对底物的适应性、污泥中低生长速率的产甲烷菌的数量及其与其他厌氧菌群的比例。活性污泥的沉淀性能是指在静止状态下污泥混合液的沉降速率，它与污泥的凝聚性有关。与好氧处理一样，厌氧活性污泥的沉淀性能也以 SVI 衡量。厌氧处理时，活性污泥浓度愈高，厌氧消化的效率也愈高。但提高到一定程度后，效率的增加不再明显。这主要因为：①厌氧污泥的生长速率低、增长速度慢，积累时间过长后，污泥中无机物比例增高，活性降低；②污泥浓度过高时易于引起设备堵塞而影响正常运行。

6.8.1.7　混合和搅拌

混合和搅拌也是提高消化效率的有效方法之一。搅拌的功能是消除池内浓度梯度、增加底物与微生物之间的接触、避免产生分层及促进沼气分离。图 6-20 比较了无搅拌的普通消化法与有搅拌的高速消化法的有机物去除率。当含不溶性物质较多时，因易于生成浮渣，搅拌的功效更加显著。搅拌方法一般采用：机械搅拌器搅拌法、消化液循环搅拌法或沼气循环搅拌法等。其中沼气循环搅拌法有利于使沼气中的 CO_2 作为产甲烷的底物被细菌利用，提高甲烷的产量。

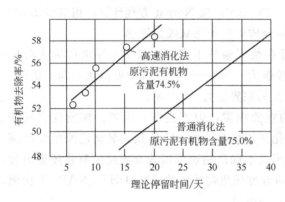

图 6-20　普通消化法与高速消化法和
有机物去除率的关系

6.8.1.8　生物抑制物质

厌氧消化过程的生物抑制物质主要有重金属离子和阴离子。重金属离子对甲烷消化所起的阻抑作用有两个方面：与酶结合产生变性物质和重金属离子及其碱性化合物的凝聚作用，使酶沉淀。抑制作用最大的阴离子是硫化物，当其浓度超过 100 mg·L^{-1} 时，对甲烷细菌有显著的抑制作用。硫化物是硫酸根在硫酸还原菌作用下还原而生成的，因此，消化过程中硫酸根浓度不应超过 5000 mg·L^{-1}。

6.8.2　厌氧生物处理工艺与反应器

6.8.2.1　厌氧生物处理工艺

厌氧生物处理工艺可以分为厌氧活性污泥法和厌氧生物膜法等。消化池、厌氧接触工艺和上流式厌氧污泥床等都属于厌氧活性污泥法。厌氧生物滤池、厌氧生物转盘、厌氧流化床等属于厌氧生物膜法。表 6-18 对各种厌氧处理工艺进行了比较。

6.8.2.2　厌氧生物处理反应器

厌氧反应器的结构与其用途有十分密切的关系。1881 年，Mouras 设计了一个所谓自动净化器用来处理粪便污水，但由于悬浮物与废水混在一起而效果不好；1895 年，Cameron 设计的腐化池，可让部分悬浮物沉到池底进行厌氧分解，废水中有机物的去除率大有提高，推动了污水厌氧处理的发展。

20 世纪初，Imhoff 设计的英霍夫池（Imhoff tank），将悬浮物的沉淀和污泥厌氧发酵用槽板隔开，上部沉淀，下部厌氧发酵。1920 年前后，改进成为沉淀与污泥发酵完全分开的消化池，后来进一步通过在消化池内加设搅拌和加热装置，使之成为一种早期的厌氧反应器，使处理效率和产气率大有提高。

表 6-18　各种厌氧处理工艺的比较

指　标	普通消化池	厌氧接触工艺	厌氧生物滤池	上流式厌氧污泥床
有机负荷(中温发酵、溶解性有机废水)/(kgCOD·m^{-3}·d^{-1})	2～3	5	10	10～15
最大负荷下 COD 去除率	70%	80%	90%	90%
对悬浮物的允许量	大(可处理城市污水污泥)	大(可处理城市污水污泥)	小(对于块状填料≤200 mg·L^{-1})	一般(≤500 mg·L^{-1})
进水 COD 浓度/(mg·L^{-1})	≥5000	≥5000	一般≥1000	≥1500
基建投资	高	较低	高	较低
操作控制	一般	一般	易	一般
对冲击负荷承受能力	低	较高	高	较高
对水温要求	较低	高	较高	较低
发生堵塞的可能性	小	小	大	小
工艺本身能耗	大	小	小	小

　　为进一步提高甲烷细菌的增殖率，并降低水力停留时间，近 10 年来，出现了不少新的厌氧反应器及其工艺。如两相厌氧工艺、厌氧接触工艺、上流式厌氧污泥床反应器（UAS-BR）等，以及厌氧填充床、厌氧膨胀床/流化床、厌氧生物转盘等一大批生物膜反应器及膜生物反应器。典型的厌氧处理新工艺及新型反应器如图 6-21 所示。

6.8.2.3　生物膜法反应器

　　随着新型生物滤料的开发和配套技术的不断完善，以生物膜法为代表的废水处理技术得到快速发展并广泛用于污水的好氧和厌氧生物处理。相对于活性污泥法，生物膜法具有生物膜体积小、微生物量高、污泥龄长、水力停留时间短、生物相稳定、对毒性物质和冲击负荷具有较强的抵抗性、可实现封闭运转以及处理效率高等优点。生物膜法也可与其他方法相结合组成新型的污水生物处理工艺，应用前景十分广阔。载体通常指的是细胞及酶固定过程中所需要的介质。不少无机和有机类物质均可作为载体材料，无机载体主要有砂子、碳酸盐类、各种玻璃材料、沸石类、陶瓷材料、碳纤维、矿渣、活性炭和金属等；有机载体主要包括各种树脂、塑料、纤维等。从强度、密度和加工成形等方面性能来说，有机载体比无机载体更好，已有商品化的载体可供选用。

　　微生物在其生存环境的 pH 值条件下，一般带有负电荷，对表面带正电的载体，微生物很容易附着固定。通常，需通过改变载体表面的亲疏水性及电性来促进微生物在载体表面的附着固定。根据微生物的特性与附着机制的不同，微生物在载体上的附着可分为表面吸附、键联、细胞间自交联、多聚体包埋和孔网状载体截留固定等方法。每种方法都有其特定的适用范围，在实际应用中，要结合生物反应器种类、应用场合、处理废物的特性等来合理选取不同的附着固定方法。常见的生物膜反应器类型如图 6-22 所示。

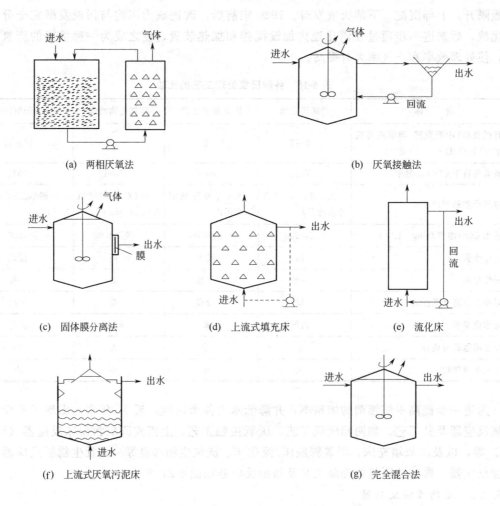

(a) 两相厌氧法　　　　　　　　　　　　　　(b) 厌氧接触法

(c) 固体膜分离法　　　(d) 上流式填充床　　　(e) 流化床

(f) 上流式厌氧污泥床　　　　　　　　　　　(g) 完全混合法

图 6-21　典型的厌氧处理新工艺及新型反应器

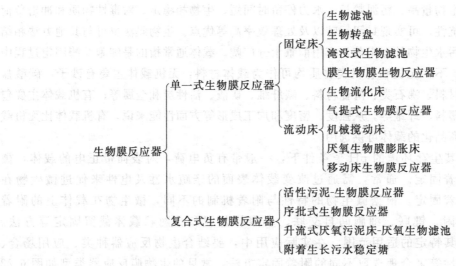

图 6-22　生物膜反应器主要类型

6.9 生物脱氮脱磷

氮和磷是造成水体富营养化的元凶。普通的好氧和厌氧处理污水时，除了剩余污泥带走少量的氮和磷外，只能将氮和磷分别转化为铵盐、硝酸盐及磷酸盐，并不能降低它们在出水中的含量。生物脱氮一般采用异养型微生物将污水中的含氮有机物氧化分解为铵氮，然后通过自养型硝化细菌将其转化为硝态氮，再经反硝化细菌将硝态氮还原为氮气释放到大气中的生物处理过程。生物脱磷则是利用聚磷菌大量积累磷从而将磷脱除的过程。

6.9.1 生物脱氮工艺

在污水处理系统中，生物脱氮过程如图 6-23 所示。硝化和反硝化过程可以各种方式与好氧及厌氧活性污泥法组合在一起。一般地说，硝化反应需在好氧条件下进行，而反硝化则需要在厌氧条件下才能进行，同时还需要有机碳源。按生物脱氮工艺中的硝化反应器类型，有微生物悬浮生长型（活性污泥法及其改良）和微生物附着型（生物膜反应器）之分。在废水的实际处理过程中，也有同时采用这两种反应器的脱氮工艺。生物脱氮一般分为单级和多级活性污泥系统。

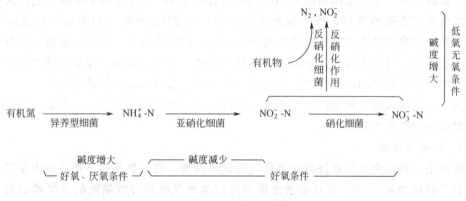

图 6-23　生物脱氮过程示意

虽然生物脱氮工艺有多种不同形式，但有不少工艺都是传统生物脱氮和 A/O 两种基本脱氮工艺的改良，以下主要介绍具有代表性的 A/O 工艺。

如图 6-24 所示的 A/O（Anoxic/Oxic）脱氮工艺是一种前置反硝化工艺，这是目前实际工程中采用较多的一种生物脱氮工艺。

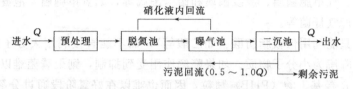

图 6-24　A/O（Anoxic/Oxic）脱氮工艺

在 A/O 工艺流程中，原污水经预处理后先进入缺氧池，再进入好氧池，并将好氧池的混合液与沉淀池的污泥同时回流到缺氧池。污泥和好氧池混合液的回流保证了缺氧池和好氧池中有足够数量的微生物，并使缺氧池得到好氧池中硝化产生的硝酸盐。而原污水和混合液的直接进入，又为缺氧池反硝化提供了充足的碳源，使反硝化反应能够在缺氧池中得以进行，反硝化后的出水又可在好氧池中进行污染物的进一步降解和硝化。

A/O脱氮系统是生物脱氮的基本工艺，其他不少工艺都是基于该工艺而改进发展的。例如A²/O工艺是在A/O工艺的基础上增设了一个厌氧池，该厌氧池主要促进菌胶团的细菌繁殖并抑制丝状菌在缺氧池和好氧池的繁殖。而Bardenpho工艺则是两级A/O工艺的组合，共有四个反应池。

6.9.2 生物除磷

6.9.2.1 微生物除磷原理

生物除磷通常指的是在活性污泥或生物膜法处理废水之后进一步利用微生物去除水体中磷的技术。该技术主要利用聚磷菌等一类细菌，过量地、超出其生理需要地从废水中摄取磷，并将其以聚合态储藏在体内，形成高磷污泥而排出系统，以实现废水除磷的目的。

在厌氧条件下，聚磷菌将体内储藏的聚磷分解，产生的磷酸盐进入液体中（放磷），同时产生的能量可供聚磷菌在厌氧条件下生理活动之需，另一方面用于主动吸收外界环境中的可溶性脂肪酸，在菌体内以聚β-羟基丁酸（PHB）的形式储存。细胞外的乙酸转移到细胞内生成乙酰CoA的过程也需要耗能，这部分能量来自菌体内聚磷的分解，聚磷分解会导致可溶性磷酸盐从菌体内的释放和金属阳离子转移到细胞外。

在好氧条件下，聚磷菌体内的PHB分解为乙酰CoA，一部分用于细胞合成，大部分进入三羧酸循环和乙醛酸循环，产生氢离子和电子；从PHB分解过程中也产生氢离子和电子，这两部分氢离子和电子经过电子传递产生能量，同时消耗氧。产生的能量一部分供聚磷菌正常生长繁殖，另一部分供其主动吸收环境中的磷，并合成聚磷，使能量储存在聚磷的高能磷酸键中，这就导致菌体从外界吸收可溶性的磷酸盐和金属阳离子进入体内。

磷的脱除可能包括5种途径：生物过量除磷、正常磷的同化作用、正常液相沉淀、加速液相沉淀以及生物膜沉淀等。

6.9.2.2 聚磷微生物

聚磷菌是一种适应厌氧和好氧交替环境的优势菌群，在好氧条件下不仅能大量吸收磷酸盐合成自身的核酸和ATP，而且能逆浓度梯度过量地吸收磷合成储能的多聚磷酸盐。一般聚磷微生物可以分为三大类，即不动细菌属、具有硝化或反硝化能力的聚磷菌以及假单胞菌属和气单胞菌属等其他聚磷菌。

不动细菌，如乙酸钙不动杆菌和鲁氏不动杆菌，其外观为粗短的杆状，革兰染色阴性或略紫色，对数期细胞大小$1\sim1.5\,\mu m$，杆状到球状，静止期细胞近球状，以成对、短链或簇状出现。实验也发现硝化杆菌属、反硝化球菌和亚硝化球菌等也能超量吸磷。其他聚磷菌主要有假单胞菌属、气单胞菌属、放线菌属和诺卡菌属等，如氢单胞菌、泡囊假单胞菌、沼泽红假单胞菌以及产气杆菌等。

聚磷菌一般只能利用低级脂肪酸（如乙酸等），而不能直接利用大分子的有机基质，因此大分子物质需降解为小分子物质。如果降解作用受到抑制，则聚磷菌难以利用放磷中产生的能量来合成聚β-羟基丁酸（PHB）颗粒，因而也难以在好氧阶段通过分解PHB来获得足够的能量过量地摄磷和聚磷，从而影响系统的处理效率。

6.9.2.3 除磷工艺

废水的生物除磷工艺过程中通常包括两个反应器，一个是厌氧放磷，另一个为好氧吸磷。图6-25为在工艺过程中厌氧放磷和好氧吸磷的生化机理示意。

污水生物处理中，主要是将有机磷转化为正磷酸盐，聚合磷酸盐也被水解成正盐形式。

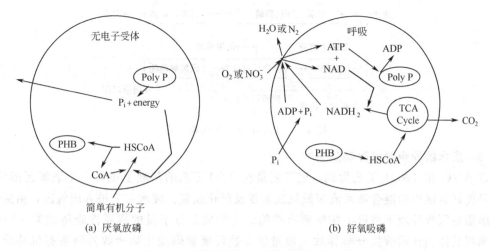

图 6-25　活性污泥法生物除磷的生化机理

废水的微生物除磷工艺中的好氧吸磷和除磷过程是以厌氧放磷过程为前提的。在厌氧条件下，聚磷菌体内的 ATP 水解，释放出磷酸和能量，形成 ADP，即：

$$ATP + H_2O \longrightarrow ADP + H_3PO_4 + 能量$$

实验证明，经过厌氧处理的活性污泥，在好氧条件下有很强的吸磷能力。好氧条件下，聚磷菌有氧呼吸，不断地从外界摄取有机物，ADP 利用分解有机物所得的能量与磷酸合成 ATP，即：

$$ADP + H_3PO_4 + 能量 \longrightarrow ATP + H_2O$$

其中大部分磷酸通过主动运输的方式从外部环境摄取，这就是所谓的"磷的过量摄取"现象。

典型的除磷 A/O 工艺由活性污泥反应池和二沉池构成，反应池分为厌氧区和好氧区，两个反应区进一步划分为体积相同的框格，污水和污泥顺次经厌氧和好氧交替循环流动，流态保持平推流。回流污泥进入厌氧池可吸收去除一部分有机物，并释放出大量磷，进入好氧池的废水中有机物被好氧降解，同时污泥也将大量摄取废水中的磷，部分富磷污泥以剩余污泥的形式排出，实现磷的脱除。

A/O 工艺流程简单，不需另加化学药品，基建和运行费用低。厌氧池在好氧池前，不仅有利于抑制丝状菌的生长，防止污泥膨胀，而且厌氧状态有利于聚磷菌的选择性增殖，污泥的含磷量可达干重的 6%。厌氧区分格有利于改善污泥的沉淀性能，而好氧区分格所形成的平推流又有利于磷的吸收。A/O 工艺高负荷运行，泥龄和停留时间短。但 A/O 废水除磷工艺的除磷效率较低。

Phostrip 工艺如图 6-26 所示，该工艺是在传统活性污泥的污泥回流管线上增设一个除磷池及一个混合反应沉淀池而构成的。与 A/O 一样，其除磷机理同样利用聚磷菌对磷的过量摄取作用而完成。该工艺不是将混合液置于厌氧状态，而是先将回流污泥（部分或全部）处于厌氧状态，使其在好氧过程中过量摄取的磷在除磷池中充分释放。Phostrip 工艺的特点是生物除磷和化学除磷结合在一起，与 A/O 工艺相比具有以下优点：出水总磷浓度低，小于 $1 \, mg \cdot L^{-1}$；回流污泥中磷含量较低，对进水水质波动的适应较强；大部分磷以石灰污泥的形式沉淀去除，污泥的处置不复杂；对现有工艺的改造只需在污泥回流管线上增设小规模的处理单元即可完成。

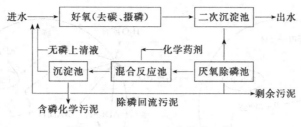

图 6-26　Phostrip 生物除磷工艺

6.9.3　废水的同步脱氮除磷工艺

以 A^2/O 和 $(AO)_2$ 工艺为例,该工艺是在 A/O 工艺的基础上增设一个缺氧区形成的,目的是使好氧区中的混合液回流至缺氧区实现反硝化脱氮。废水首先进入厌氧区,由兼性厌氧发酵菌在厌氧环境下将可生物降解有机物转化为较低分子量的挥发性脂肪酸类(VFA)。聚磷菌将其体内聚磷酸盐分解释放出能量供专性好氧聚磷微生物吸收并降解有机基质,以 PHB 的形式在其体内加以储存。随后,废水进入缺氧区,反硝化菌利用好氧区回流液中的硝酸盐以及废水中的有机基质进行反硝化,达到同时降低 BOD_5 和脱氮的目的。在好氧区中,聚磷菌通过分解其体内 PHB 所释放出的能量维持其生长,同时过量摄取环境中的溶解态磷,使出水中溶解磷浓度降低。由于好氧区中的有机物经厌氧、缺氧段分别被聚磷菌和反硝化菌利用后浓度很低,有利于自养硝化菌的生长,并通过硝化作用将铵氮转化为硝酸盐。其他非除磷的好氧性异养菌由于受到厌氧和缺氧段的双重抑制,在好氧区中又无足够营养,难以参与竞争。从以上分析可以看出,A^2/O 工艺具有同步脱氮除磷的效果。

6.10　废气生物净化与生物脱硫

6.10.1　废气生物净化

随着经济发展和人们生活水平提高,在各种经济活动和日常生活中排出的可挥发有机物(VOC)的数量和种类大大增加,VOC 已经成为空气污染的重要成分,对人们的健康产生了严重的威胁。据报道,室内环境污染(主要是装修材料中释放出来的甲醛等有机物)已经成为城市儿童的头号杀手;许多制鞋厂女工因长期接触含有机溶剂的黏合剂而染上了再生障碍性贫血等。一些车间、养殖场及厨房等为了改善室内环境,设置了大量的通风装置,将 VOC 未经任何处理就排放到大气中,虽然使 VOC 得到了稀释,但总量并未减少。

用生物法处理空气中的有机污染物可以追溯到 20 世纪 50 年代中期,最先是用于处理空气中低浓度的臭味物质,到 1970 年后 VOC 的处理引起了各国重视。到 1980 年,德国、日本、荷兰等国家已有相当数量工业规模的各类生物处理废气的装置投入运行,对混合有机废气的去除率一般在 95% 以上。

如图 6-27 所示,与常规的废气处理方法相比,生物处理具有效果好、设备简单、投资及运行费用低、安全性好、无二次污染、易于管理等优点,特别适合低浓度(<16 mg·L^{-1})有机废气的处理,不受处理量大小的影响。

适合于微生物处理的废气污染组分主要有:各种有机溶剂蒸气、有异味的含硫有机化合物、脂肪及脂肪酸蒸气等。应用领域已经包括:禽畜养殖业、烟草业、化工厂有机溶剂蒸气、油漆、餐饮业及制鞋等行业产生的含有机污染物尾气的处理,获得了良好的效果。尾气的微生物处理方法主要可分为生物吸收法、生物洗涤法和生物过滤法等。生物净化处理含有

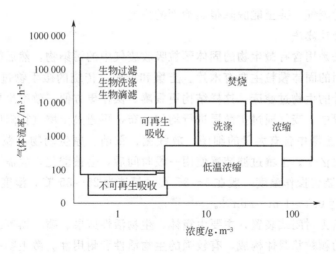

图 6-27 各种技术处理 VOC 的最适浓度范围

机污染物尾气的机理是：尾气中的有机污染物首先与水接触并溶解到水中，进而被微生物捕获或吸收，通过微生物对有机物进行氧化分解和同化合成，使污染物降解。

6.10.1.1 微生物吸收法

微生物吸收法是利用由微生物、营养物和水组成的微生物吸收液处理尾气中可溶性的气态污染物。吸收了污染物的微生物混合液再进行好氧处理，降解去除液体中吸收的污染物，经处理后的吸收液再重复使用。微生物吸收法的装置一般由吸收器和废水反应器两部分组成，如图 6-28 所示。

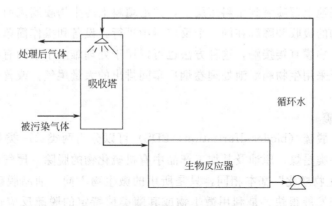

图 6-28 微生物吸收法处理废气工艺流程

吸收主要是物理溶解过程，可采用各种常用的吸收设备，如喷淋塔、筛板塔、鼓泡塔等。吸收过程速度很快，水在吸收设备中的停留时间约几秒钟；而生物反应的净化过程较慢，废水在反应器中一般要停留几分钟至十几个小时，所以吸收器和生物反应器要分开设置。废水在生物反应器中进行好氧处理，既可以采用活性污泥法，也可以采用生物膜法。微生物处理后的废水可以直接进入吸收器中重复使用，也可以经过泥水分离后再重复使用。

6.10.1.2 微生物洗涤法

微生物洗涤法的特点是利用污水处理厂剩余的活性污泥配置混合液，作为吸收剂处理废气。该法对脱除复合型臭气效果很好，适用于含量小于 1×10^{-3} 的废气处理，一般实际应用在臭气含量 $(5 \sim 500) \times 10^{-6}$ 范围内。把臭气氧化成二氧化碳和水，脱臭效率可达 99%。可以处理含有微粒的废气，甚至能脱除很难治理的焦臭。

6.10.1.3 微生物过滤法

微生物过滤法是用含有微生物的固体颗粒吸收废气中的污染物，然后微生物再将其转化为无害物质。常用的固体颗粒主要有木片、土壤和堆肥。传统的微生物过滤装置是敞开的，现在已有专门设计的生物过滤床，这样结构更紧凑、操作更方便、效率也更高。

土壤过滤装置中，废气通过扩散层进行均匀分布，再通过土壤进行降解。一般土壤层厚度大于 500 mm，土壤中含有大量的细菌、放线菌、霉菌、原生动物、藻类及其他微生物，每克土壤中可达数亿个。土壤过滤装置使用一段时间后，会被酸化，故需及时加入石灰调节 pH 值。土壤过滤装置操作温度一般在 5~35 ℃，最佳为 25~35 ℃，湿度 50%~70%，pH 值 7~8，气体流速 0.1~1 m·min^{-1}。

微生物过滤箱为封闭式装置，主要由箱体、生物活性床层、喷水器等组成。床层由多种有机物混合制成的颗粒状载体构成，有较强的生物活性和耐用性。微生物一部分附着在载体表面，一部分悬浮于床层水体中。废气通过床层，部分被水吸收，后由微生物进行降解。床层厚度按需要确定，含水量由喷水器连续或间歇喷淋水保持，并可在水中适当加入营养盐。微生物过滤箱已成功地用于化工厂、食品厂、污水处理厂的废气净化和脱臭，可以用来去除废气中的四氢呋喃、环乙酮、甲基乙基酮等有机溶剂蒸气。

6.10.1.4 生物滴滤池法

生物滴滤池（塔）是一种较新的处理有机废气工艺。生物滴滤池一般使用塑料球（环）、塑料蜂窝状填料、塑料波纹板填料、粗碎石或木片等，不具吸附性或吸附性很差，填料之间的空隙很大。微生物将附着在填料表面生长形成生物膜。含有机污染物尾气从下向上流动，而循环水则由滴滤池上部喷淋到填料床层上，并沿填料上的生物膜滴流而下。因此，在生物滴滤池中，污染物的吸收和降解在同一个反应器中进行，设备和操作简单，效率高。由于气体中的污染物与生物膜直接接触，这种方法也可以用于处理难溶于水的有机污染物。我国的烟草工业已经广泛采用生物滴滤池处理卷烟厂车间排出的大量尾气，改善了卷烟厂附近的空气质量。

6.10.2 生物脱硫

生物（催化）脱硫（biodesulfurization，BDS）可以分为两类：一类是燃烧尾气中 SO$_2$ 的生物脱除，另一类是煤、原油及其加工产品中有机硫化物的脱除。尾气中生物脱硫的工艺与 "6.10.1 废气生物净化" 基本相同，只是所用的微生物不同。油品脱硫是一种液相生物脱硫技术，近年来发展很快，是利用微生物或其酶类使特定的脱硫反应过程加速、释放出硫，并保持烃类不受破坏的一种新型脱硫技术。它可在常温（一般 40~50 ℃，使用时最高 60 ℃）和常压下进行，并可将石油中的硫转化为可溶性产品。具有投资少、条件温和、能耗低、无污染、操作费用省等优点。本节将重点介绍油品的生物脱硫。

生物脱硫的概念始于 20 世纪 30 年代，当时人们发现煤矿周围的环境总是酸性的，研究发现自然界中存在某些细菌能氧化无机硫化物，使环境变酸。1947 年 Clomer 等从煤矿酸性矿井水中分离得到一种无机化能自养菌——氧化亚铁硫杆菌，20 世纪 50~60 年代 Leathan 等首先将该菌用于脱硫研究。20 世纪 70 年代末，Kargi 发现了一种嗜热硫杆菌可用于脱硫。20 世纪 90 年代初，在意大利托雷斯（Tomes）港建成一个 50 kg（干煤）·h^{-1} 的微生物脱煤中除黄铁矿硫的中试厂，为工业放大提供了基础数据。近年来，研究工作的重点逐级转移到了柴油与汽油等油品的脱硫，并取得了很大的进展。

化石燃料中的硫以有机硫和无机硫两种形式存在。无机化合物中主要含硫化物和硫酸盐，在沥青煤中其含量可占总质量的6%；主要的有机硫是噻吩类物质，如硫芴（DBT），硫芴是化石燃料中含量最高、难降解的有机硫化物的典型代表。

6.10.2.1　脱硫微生物及酶

（1）煤脱硫微生物

按照脱除硫的形式，脱硫微生物可分为：专性自养微生物，如氧化亚铁硫杆菌、氧化铁硫杆菌和氧化亚铁钩端螺旋菌等；兼性自养微生物，如嗜热硫化裂片菌属和嗜酸硫杆菌等；异氧微生物，如假单胞菌属、不动杆菌和根瘤菌等。

专性自养微生物是一些嗜酸微生物，在pH值较低时常温下就可将Fe^{2+}或硫氧化，脱除率达80%左右（两周）。兼性自养微生物是一类嗜热微生物，硫化裂片菌属在60~80℃，pH值在1.5~4的范围内可脱除煤中65%的有机硫，在70℃下可脱除75%的无机硫如黄铁矿硫。

（2）石油脱硫微生物

美国气体技术研究所（IGT）首次分离得到了能够选择性催化DBT类含硫化合物的C—S键断裂而不改变分子碳氢结构的细菌IGTS7，实际上这是一种混合细菌，它主要将DBT代谢为2-羟基联苯，然后从热力学有利的角度提出了微生物催化选择性脱硫的"4S"，即亚砜/砜/硫酸盐/磺酸盐途径。从IGTS7中他们又分离得到了玫瑰色红球菌IGTS8，它能够将DBT中的C—S键打开并使硫脱除。其他研究者也相继分离出了一些类似的细菌，在脱除DBT中的硫以后，不会进一步降解脱硫后的2-羟基联苯产物，这些细菌包括红球菌属细菌UM3和UM9，红色红球菌属细菌DI和NI-36，棒杆菌属细菌SYI，嗜热菌AII-2，Gordona细菌CYKSI和诺卡菌CYKS2等。

（3）红球菌DBT-脱硫酶

红球菌DBT-脱硫酶具有相当宽松的底物特异性，可以把烷基或芳香族取代基团的DBT衍生物脱硫成为相应的单酚，相应于各种基团取代状况有不同的反应速率。天然的红球菌生物催化脱硫的反应速率慢、稳定性不够好、对硫的选择性也太窄。1999年，美国生物系统公司（EBC）申请了用于分离、辨别和使用脱硫基因的专利，采用基因重组技术来提高脱硫速率和扩大硫底物的范围，使重组脱硫酶BDS的催化活性提高了200倍。

6.10.2.2　生物脱硫途径与脱硫反应器

由于微生物的脱硫活动形成了硫酸，所以煤矿和煤堆中会有酸水产生。虽然煤和石油都能用做微生物的基质，但煤是固体，而石油和水不互溶，因此必须采取措施使微生物机体和基质紧密接触。

（1）无机硫的脱除

脱除无机硫的微生物主要是化能自养菌属以及嗜热硫化裂片菌属中的一些菌。这些菌氧化无机硫化物的机理分为：①间接作用机理，通过细菌氧化溶解Fe^{2+}，生成的强氧化剂Fe^{3+}再将硫化物氧化生成单质硫，然后Fe^{2+}又被氧化，硫再次被Fe^{3+}氧化生成水溶性硫酸盐；②直接氧化机理，通过细菌直接与硫化物的含硫部位接触，在细菌生物膜内作用生成还原性谷胱甘肽（GSH）的二硫衍生物（GSSH），继而进一步被氧化水解成亚硫酸盐，最终氧化为硫酸盐，生成的还原性辅酶被细胞色素氧化再生为氧化型辅酶。这两种途径的产物都是水溶性的，因此，脱硫的同时也脱除了燃料中的金属。

（2）有机硫的脱除

大多数微生物对脱除无机硫及非杂环硫较有效,对杂环硫的脱除效果甚微。少数可脱除杂环中有机硫的微生物有两种氧化方式:C—C键断裂氧化和C—S键断裂氧化。在前一途径中,DBT的一个芳香环被氧化降解,杂环硫不是从环中脱除,而是生成水溶性3-羟基-2-醛基-苯噻吩除去,将导致烃燃烧值降低;后一途径中杂环硫被脱除而且不引起芳香环碳骨架的断裂。例如,用 *Brevibacterium sp.* 氧化硫芴的过程中,单氧酶可以将硫芴通过转化最终断裂成苯甲酸和硫酸盐,并用清洗的方法将其除去。这是一条受到重视的较为理想的途径。

(3) 生物脱硫反应器

用于生物脱硫的生物反应器有:搅拌釜反应器、气升式反应器、流化床反应器、固定床反应器和膜反应器,但大多还处在实验室基础研究阶段。生物催化脱硫反应一般受产物和底物抑制,对 pH 值比较敏感,反应器和控制系统的设计必须相适应。

目前,生物脱硫在工业应用方面的研究和开发主要集中在:①筛选或培育出高脱除率的微生物、在高温下生存的嗜热菌微生物或混合微生物,目的是提高反应温度、加快反应速率以缩短脱硫反应时间;②利用基因工程技术构建新型工程菌株,在分子水平上优化脱硫酶,以进一步提高脱硫酶活性和脱硫效率;③设计具有良好混合特性的生化反应器,寻找有效的分离技术,在工艺上争取与加氢脱硫过程实现优势互补,达到深度脱硫的目的。生物脱硫技术是实现 21 世纪绿色化学工程的一个重要领域,具有很重要的经济和社会效益,通过深入研究和开发,将取得突破性进展。

6.11 污染环境的生物修复

在人类向工业化社会发展的进程中,由于对保护环境和发展生产的关系认识不足及资本的逐利本性,在经济快速发展的同时,环境也遭到了不同程度的破坏。大量未经处理的工业和生活污水排放污染了江河湖海,甚至进入土壤系统侵袭了土地和地下水;城市中冒着浓浓黑烟的烟囱;工业和生活垃圾对城市形成了包围,散发出阵阵异味。今天,人类虽然对环境保护已经有了清楚的认识,但是固体废弃填埋物的毒物渗漏、海上运输事故导致的原油污染事故、化工厂的事故排放、化肥及农药大量施用等,仍在不断地污染环境,影响着正常食物链循环,直接危及人类健康。

对于已经受到污染的环境,怎样才能清除那些对人类健康具有威胁的污染物?怎样才能恢复环境的生态功能?如果没有人类的干扰,虽然自然界的元素循环和自净功能也可能使受损的环境逐步得到修复,但是,这一过程将十分漫长。有人曾建议采用物理和化学的方法进行修复,但是工程非常浩大,而且可能造成污染物从一种形式向另一种形式的转移或新的污染。这样,生物修复(Bioremedation)就成了惟一能够实际使用的最有效、最安全的方法。与物理、化学修复方法相比,生物修复技术具有以下特点:污染物在原地或异地被降解消除;修复时间较短;就地处理操作方便、对周围环境干扰较小;修复成本较低;不产生二次污染,遗留问题少而且更容易被人们所接受等。

6.11.1 微生物生物修复

生物修复就是利用生物的吸收、富集、代谢等功能作用将污染物转化或降解为无害物质甚至有用物质,从而加速消除环境污染物、恢复生态系统的一种生物技术。

自然界及人畜产生的污染物都能通过微生物、酶、植物或某些化学物质及大气的联合作用达到自然降解，只是由于环境条件的限制，靠自然转化与降解来净化污染环境的过程十分缓慢，因此需要采用各种手段来强化并加速过程的进行。

生物修复主要用于被有机化合物、重金属与类金属、放射性物质等有毒有害物污染的土壤、水体、海洋以及大气层等污染的治理。污染物主要包括石油、洗涤剂、杀虫剂、氯代烃类、多环芳烃类、苯系物（BTEX）、杂酚以及其他溶剂等有毒有害化学物质。

生物修复包含微生物修复、植物修复以及水生生物修复等方法，其中以微生物修复最为常用。微生物修复就是通过人为选择、浓缩、驯化的微生物去攻击、降解或转化那些以碳氢化合物为骨架的毒素、污染物，以加快污染环境的净化，并使其恢复到污染前环境状态的过程。土壤污染的生物修复是指利用微生物及其他生物，将存在于土壤中的污染物降解成二氧化碳和水或转化成为无害物质的过程。主要处理由于过量使用农药和化肥，各类污水、污泥和固体废弃物的不当处理，有害物质的事故性排放及各类污染物在土壤中的积累等造成的土壤污染。水体污染的生物修复主要是修复被污染物严重污染并基本丧失了其功能的水体。海洋污染的生物修复主要是治理由于油船海难事故造成的原油泄漏，对污染的海面和海滩进行生物修复。

生物修复技术也具有一定的局限性，如目前所发现的微生物尚不能转化或降解所有进入环境的污染物；需要对污染环境进行详细和周密的调查研究，修复时间还是较长、费用也较高；微生物的活性受温度和其他环境条件的影响较大；对某些污染环境的修复无效。

通过基因工程改造微生物获得降解污染物的"超级微生物"、生物修复技术与其他物理和化学方法相结合或采用生物修复的集成技术，将能更有效地发挥生物修复技术的作用，相信生物修复技术将随着研究工作的深入和应用领域的进一步拓宽而得到更迅速的发展。

6.11.1.1 原位微生物修复技术

原位微生物修复技术是在不破坏土壤或地下水基本结构的情况下利用微生物就地修复受污染土壤或地下水的一类技术。最早的原位微生物修复技术是 1975 年 Raymond 提出的对汽油泄漏污染地下水的处理，他们通过深井向地下水中注入空气和营养成分促使地下水中微生物繁殖并使地下水的含油量迅速降低。此后，原位生物修复技术逐渐得到了重视。Sufita 在 1989 年提出了实施原位生物修复地下水的现场条件，包括：①蓄水层渗透性好且分布均匀；②污染源单一；③地下水水位梯度变化小；④无游离的污染物存在；⑤土壤无污染；⑥污染物易降解提取和固定。地下水原位生物修复如图 6-29 所示。

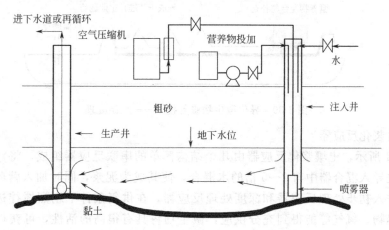

图 6-29　好氧地下水原位生物修复示意

原位微生物修复在受污染土壤的修复中迅速得到了应用。通过向土壤中投放大量预先培养的高效微生物，并为微生物创造良好的营养、通气和水分等条件，经过几个季节的处理，就可以使受污染土壤迅速得到恢复。原位微生物修复受污染土壤一般都与植物修复同时进行，既能加速修复过程，又能保持良好的景观。

近年来发展了一种新的化学和生物相结合原位处理受污染地下水或土壤的方法。该方法将阳离子表面活性剂键合到带负电荷的黏土表面上制成人工合成的有机黏土。有机黏土中的表面活性剂可以将有毒有机物吸附到黏土上富集，有利于微生物对污染物的原位降解。

原位微生物修复具有如下特点：①可以同时降解多种污染物，而且污染物转化后没有二次污染问题；②不破坏植物生长需要的土壤环境；③处理效果好，去除率可达99％以上；④操作简单、成本低廉。

6.11.1.2 异位微生物修复方法

异位微生物修复是将污染物质通过某种途径从污染现场运走，在特定的地点，利用高效的生物反应器对受污染的土壤进行生物修复，经修复后的土壤再运到原地回填。这种方法可能会增加运输费用，但处理过程中便于对修复过程进行控制、效率高、污染物降解速度快。

异位微生物修复的常用技术包括：预制床技术、生物反应器技术、厌氧处理和常规的堆肥法。

（1）预制床法

在不会渗漏的平台上，铺上石子和沙子，将受污染的土壤以15～30 cm的厚度平铺其上，并加入微生物、营养物和水，必要时也可加一些表面活性剂，定期翻动土壤补充氧气，以满足土壤中微生物的生长需要。

（2）堆制处理

如图6-30所示，在土壤中直接渗入能提高通气保水能力的支撑材料，并提供微生物丰富的营养物质，使用机械翻动或压力系统充氧，同时加石灰调节最适pH值，使微生物的降解活性大大提高。其最大特点是通过添加土壤改良剂，如树枝、树叶、秸秆、稻草、粪肥等，为微生物生长和石油类物质降解提供能量。堆制处理过程中，自身将产生热量，使降解过程在冬季仍能正常进行，但在夏季则应加强通风以维持适当的温度。该方法适宜对高挥发、高浓度石油污染土层的修复。

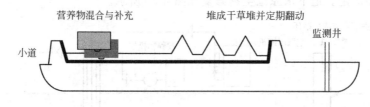

图6-30　异位微生物修复技术——堆制处理

（3）土壤浆化反应器

如图6-31所示，土壤浆化反应器由几个结构简单的串联反应器组成，将污染的土壤污泥或沉积物先导入混合器中与2～5倍的水混合，使其成为泥浆，同时加入营养物并接种微生物，依次进入初步处理反应器和深度处理反应器，在供氧条件下剧烈搅拌进行微生物降解。由于营养物、氧气等能得到充分供应，微生物将具有很高的活性，可获得较高的降解效率。

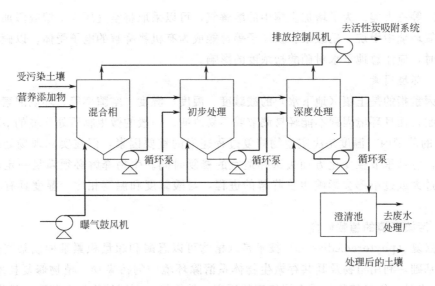

图 6-31　生物修复反应器处理方式示意

（4）好氧-厌氧集成处理工艺

许多有机化合物不能被好氧菌降解，但可以被厌氧菌进行脱卤还原。因而可以将厌氧和好氧方法结合起来，用于被难降解有机毒物污染土壤的生物修复。好氧-厌氧工艺分两步进行，反应器内先实行厌氧处理，把土壤中难降解的复杂有机物还原为简单有机物或降低毒性，以利于好氧处理。

6.11.1.3　原位-异位联合修复技术

原位-异位联合修复技术可分为水洗-生物反应器法和土壤通气-堆肥法。水洗-生物反应器法是用水淋洗污染场地中的污染物，并将含有该污染物的废水经回收系统引入附近的生物反应器中，通过常规的活性污泥法将污染物除去。土壤通气-堆肥法是先对污染场地进行通气微生物原位降解，然后进行堆肥处理，以去除难挥发、难降解污染物。

6.11.2　影响微生物修复的因素

6.11.2.1　有机污染物和土壤的物化性质

有毒、有害有机污染物的物化性质主要指与生物修复有关的特性，如化合物的物性、反应性、降解性。与土壤有关的物性包括土壤吸附参数、土壤挥发参数、土壤空隙率等与淋失、吸附、挥发、化学反应和生物降解等影响生物修复的性质。

6.11.2.2　营养物质

土壤和地下水中，尤其是地下水中，氮、磷是限制微生物活动的重要因素。为了达到完全的降解，适当添加营养物质常常比接种特殊的微生物更为重要。添加酵母菌或酵母废液可以明显地促进石油烃类化合物的降解。为达到良好的效果，必须在添加营养盐之前确定营养盐的形式、合适的浓度以及适当的比例。目前已经使用的营养盐类型很多，如铵盐、磷酸盐或聚磷酸盐等。但是，过多地加入营养物质也会造成富营养化促进藻类繁殖，不利于污染物的降解。如大量引入硝酸盐还可能导致厌氧降解占优势，抑制好气菌的生长等。

6.11.2.3　电子受体

土壤中污染物氧化分解的最终电子受体种类和浓度也极大地影响着污染物降解的速率和程度。最终电子受体包括溶解氧、有机物分解的中间产物和无机酸根（如硝酸根、硫酸根和碳酸根等）等三大类。为了增加土壤中的溶解氧，可以采取将空气压入土壤或添加产氧剂等措施。厌氧环境中甲烷、硝酸根和铁离子等都能成为有机物降解的电子受体。以硝酸盐作为电子受体时，应注意地下水对硝酸盐浓度的影响。

6.11.2.4 环境因素

环境因素指的是土壤（地下水）的酸碱度、温度、湿度、空隙率等。环境因素使生物修复受到限制，而且环境因素不能轻易调节或不易改变。一般的微生物所处环境的 pH 值应在 6.5～8.5 的范围内。温度是决定生物修复过程速率的重要因素，但在实际现场处理中，温度不可控，应从季节性变化方面去选择适宜的修复时间。生物降解必须满足一定的湿度要求，湿度过大或过小都会影响生物降解的进程，与酸碱度和温度相比，湿度具有较大的可调性。

6.11.3 污染环境的植物修复

植物修复（phytoremediation）技术是以植物可以忍耐和超量积累某种或某些化学元素的能力为基础，利用植物及其共存微生物体系清除环境中的污染物。植物修复技术始于 20 世纪 50 年代时人们对植物耐重金属机理的研究。植物修复利用植物具有萃取、吸收、积累、挥发等特性进行土壤中金属元素去除、有机物降解和去除及在富营养化水体中的水质净化等。广义的植物修复技术包括利用植物修复重金属污染的土壤、净化空气、清除放射性元素污染和利用根际微生物共存体系净化土壤中有机污染物等四个方面。植物修复是一个低耗费、多收益、而且人类乐于接受的环境修复技术。

当利用植物修复清除污染土壤中的重金属时，主要是利用植物的以下特性：①植物具有积累或超积累金属元素的能力，能将土壤中的重金属元素萃取、富集并输运到植物根部或枝条，折衷方法也被称为植物萃取（phytoextration）；②利用超积累或耐重金属水生植物从污水中吸收、沉淀和富集有毒金属的根际过滤（rhizofiltration）；③利用植物挥发特性将污染物通过植物挥发（phytovolatilization）；④利用耐重金属植物或超积累植物降低重金属的活性，减少重金属被淋滤到地下水或通过空气扩散到环境的植物固化（phytostabilization）。

长期生长在重金属含量较高土壤中的植物，一类植物已经适应了重金属的胁迫，使其不吸收或少吸收重金属；另一类将吸收的重金属钝化在植物地下部分，使其不向地上部分转移；少数植物能大量吸收重金属，而且能正常生长。在植物修复中，可利用前两类植物在重金属污染土壤上种植，仍可获得金属含量较低、符合环境标准的农产品；利用第三类植物可以逐渐清除土壤中的重金属污染，但要注意防止所种植的植物进入食物链，所收获的植物要经过处理，或者回收重金属，或者燃烧后将固体废弃物采取适当措施后填埋。属于第三类植物的例子有：可积累锌和镉元素的天蓝遏蓝菜和芥子科植物，具有积累镍元素功能的香雪球植物等。

一些植物虽能吸收和超量积累重金属，但大多数植物仍将重金属排除在组织外，重金属的积累通常在 $0.1～100 \ mg \cdot kg^{-1}$ 范围内。寻找具有超量积累金属能力的天然作物，将它们与生物产量高的亲缘植物杂交，可以筛选出具有高效吸收、转移和耐受金属的木本或草本植物新品种。也可以通过筛选突变株或采用基因工程技术改造植物获得超量积累植株，如通过引入金属硫蛋白基因可以增加植物对金属的耐受性，使转基因豌豆积累的铁比野生豌豆提高 10～100 倍。

某些植物能将金属离子转化成易挥发的物质，以降低金属的毒性。如硒转变成二甲硒、甲基汞转变成汞蒸气等。这些植物只适用于挥发性污染物，而且会引起污染物转移，在应用时应予以重视。

根部过滤作用是指通过植物本身或与根际有关的微生物从水流中除去污染物质的过程。

一般认为，植物去除环境中的有机污染物质的机制主要有三种：①通过植物萃取直接吸收环境中的有机污染物质；②植物释放的分泌物和酶促进环境有机物的去除；③植物根际有利于微生物的繁殖，通过微生物的作用使有机污染物降解。据报道，白杨树可以用来去除树根附近土壤中的三氯乙烯污染，一些植物则具有分解污染土壤的爆炸物，如 TNT。

6.11.4 生物修复的典型工程实例

（1）石油污染土壤的生物修复

1984 年美国密苏里州西部发生石油运输管道泄漏事件后，实施了土壤生物修复工程。这个工程由抽水井、油水分离器、曝气塔、营养物添加装置、注水井等组成，使受石油烃类化合物污染的地区进行原位生物修复处理。其中曝气塔可借助人工曝气以增加溶氧，添加的 N、P 营养则有助于石油降解微生物的生长繁殖，以提高石油降解菌的浓度，加快石油降解的速率。经过 32 个月的运行，获得了良好的处理效果。该地的苯、甲苯和二甲苯浓度从 $20 \sim 30$ mg·L^{-1} 降低到 $0.05 \sim 0.1$ mg·L^{-1}，整个运行期间汽油去除速率为每月 $1.2 \sim 1.4$ t，生物修复技术去除的汽油约占总去除量的 88%。

（2）Valdez 油船在阿拉斯加溢油

1989 年 3 月 Exxon 公司的超级油轮 Valdez 号在美国的威廉王子湾搁浅，导致了 42 000 m^3 原油泄漏，污染了 3200 km 的海岸带。在以后的 4 个月里造成 90 多种 30 000 多只鸟类死亡，成为美国最大的污染事件之一。

事故发生后，阿拉斯加州政府要求公司对海岸油污染进行处理。Exxon 公司最初使用的是物理方法，即用热水冲洗附着在海滩石头上的油污。这种方法每天要花费 100 万美元，但效果还是不明显。后来，美国环保局和 Exxon 公司达成协议，拟采用生物修复方法消除石油污染，通过大量室内和现场试验，最后采用氮、磷等营养盐以促进土著微生物降解石油中正烷烃的方案。首先在示范试验区筛选出亲油微生物，经培养后应用于清除海滩原油污染，结果使岸边又黑又黏的岩石表面变成白色。取得局部试验成功后，这种方法推广应用到了整个污染区并获得了成功。采用生物修复技术后，使威廉王子湾石油污染清除周期从 $10 \sim 20$ 年缩短到 $2 \sim 3$ 年。事后，经毒理学和生态毒学试验表明，生物修复工程对环境是安全的。

（3）利用杂交杨修复有机废物污染的土壤

在衣华州的 Amana 河边土壤受到了除草剂莠去津和硝酸盐的污染，使地表水中硝酸盐含量高达 $50 \sim 100$ mg·L^{-1}，对地下水和河流下游造成了威胁。经过种植杂交杨树 6 个生长季后，平均每年每公顷生产的干物质为 12 t，同时地表水的硝酸盐含量降低到小于 5 mg·L^{-1}，并有 10%～20% 的莠去津被树木吸收分解。

思考题

1. 当地球上出现生命以后，为何大气中的 CO_2 浓度急剧降低，而近 200 年来又开始上升？请估算地球上由人和动物呼吸所释放到大气中的 CO_2 通量。

2. 比较表 6-6，如何解释地球大气层中的氮含量？氮含量是否还在进一步增加？

3. 什么是生物富集，生物浓缩与生物放大有何差异？请举例说明。

4. 好氧生物处理与厌氧生物处理有哪些主要区别？

5. 活性污泥法中有哪些参数可表示微生物的工作状态？

6. 请论述生物膜的形成机制及其处理废水机理。

7. 何为膜-生物膜反应器？请解释其与生物膜反应器及膜-生物反应器的差异。

8. 什么是生物修复？地下水的生物修复有哪些方法？

9. 为什么用厌氧生物处理的废水通常不能直接排放？

10. 造成水体富营养化的主要因素有哪些？如何降低湖泊水体的富营养化？

11. 若地下水被污染，可采用哪些生物方法来处理？

12. 请设计一个生物处理方案处理水体或土壤的重金属污染问题。

13. 请比较生物降解与生物转化的差异。

14. 论述微生物处理废气的基本原理和主要方法。

15. 有机物的生物脱硫方法有哪几种？请选择一种脱除煤中有机硫的理想脱硫方法。

16. 请比较生物过滤、生物洗涤、生物滴滤处理有机废气处理的异同与特点。

17. 何为氧垂曲线，请解释水体的自净机理。

18. 解释磷元素的作用与危害，为什么要对磷元素进行控制？

19. 简述含氯农药对环境的危害，为什么严禁含氯农药的使用？

20. 如何判定有机污染物生物降解的难易程度，请举例说明？

主要参考书目

1　Ehlers E, Krafft T. Understanding the earth system. Berlin：Springer-Verlag，2001

2　Barners P. Who owns the sky?. Washington：Island Press，2001

3　沈国舫，金鉴明主编. 中国环境问题院士谈. 北京：中国纺织出版社，2001

4　易正. 中国抉择，关于中国生存条件的报告. 北京：石油工业出版社，2001

5　孔繁翔主编. 环境生物学. 北京：高等教育出版社，2000

6　Rittmann B E, McCarty P L. Environmental Biotechnology：Principles and Applicationg. 北京：清华大学出版社、麦格劳-希尔教育出版集团，2002

7　任南琦，马放等编著. 污染环境微生物学. 哈尔滨：哈尔滨工业大学出版社，2002

8　许保玖，龙腾锐. 当代给水与废水处理原理. 第2版. 北京：高等教育出版社，2000

9　陈坚. 环境生物技术. 北京：中国轻工业出版社，1999

10　沈耀良，王宝贞. 废水生物处理新技术. 北京：中国环境科学出版社，1999

11　马文漪，杨柳燕. 环境微生物工程. 南京：南京大学出版社，1998

12　Maier R M, Pepper I L, Gerba C P. Environmental Microbiology, San Diego：Acdemic Press，2000

13　Alexander M. Biodegradation and Bioremediation. 2nd ed. San Diego：Acdemic Press，1999

14　伦世仪，陈坚，曲音波主编. 环境生物工程. 北京：化学工业出版社，2002

15　蒋展鹏. 环境工程学. 北京：高等教育出版社，1992

16　陈欢林主编. 环境生物技术与工程. 北京：化学工业出版社，2003

17　周少奇. 环境生物技术. 北京：科学出版社，2003

18　郑平. 环境微生物学. 杭州：浙江大学出版社，2002

19　周群英，高廷耀. 环境工程微生物学. 第2版. 北京：高等教育出版社，2000

内 容 提 要

本书共分 6 章，在对生物工程的学科基础、研究和服务领域进行简要介绍的基础上，重点阐述了基因工程、细胞工程、酶工程、微生物工程、环境生物工程的基本理论、研究领域、应用和发展前景。通过对本书的学习，将使读者对生物工程有一个全面和正确的了解。

本书适用于非生物工程专业（化工、材料、环境、管理、经济、人文学科等）本科生使用。